高 等 学 校 规 划 教 材
沈阳建筑大学首批一流本科教材建设项目

土木制图技术

周佳新 主编
王志勇 王铮铮 王 娜 副主编

化学工业出版社
·北京·

内 容 简 介

《土木制图技术》共十一章，包括制图基本知识，点、直线和平面的投影，立体及表面的交线，轴测投影，组合体，建筑形体的表达方法，建筑施工图，结构施工图，设备施工图，路、桥、涵、隧工程图，计算机绘图等内容。

《土木制图技术》可作为土木工程、安全工程、智能建造工程、建筑电气与智能化、无机非金属材料工程、高分子材料与工程、材料化学、功能材料、道路桥梁与渡河工程、测绘工程、给排水科学与工程、建筑环境与能源应用工程、环境工程、环境设计、产品设计、工程管理、工程造价、房地产开发与管理、土地资源管理、城市管理等土木类及近土木类专业本科、专科学生的教学用书，也可供相关工程技术人员参考。

与《土木制图技术》配套的《土木制图技术习题集》（周佳新主编）由化学工业出版社同时出版。教材和习题集均配有PPT课件，课件采用了VRML技术，动态模型与投影图一一对应。需要者可登录出版社网站 www.cip.com.cn 注册下载。咨询电话 010-64519326。

图书在版编目（CIP）数据

土木制图技术/周佳新主编. —北京：化学工业出版社，2021.1（2022.7重印）
高等学校规划教材
ISBN 978-7-122-35998-8

Ⅰ.①土…　Ⅱ.①周…　Ⅲ.①土木工程-建筑制图-高等学校-教材　Ⅳ.①TU204.2

中国版本图书馆 CIP 数据核字（2020）第 043308 号

责任编辑：满悦芝　　　　　　　　　　　　　　　文字编辑：吴开亮　师明远
责任校对：赵懿桐　　　　　　　　　　　　　　　装帧设计：张　辉

出版发行：化学工业出版社（北京市东城区青年湖南街 13 号　邮政编码 100011）
印　　刷：北京云浩印刷有限责任公司
装　　订：三河市振勇印装有限公司
787mm×1092mm　1/16　印张 20　字数 650 千字　2022 年 7 月北京第 1 版第 5 次印刷

购书咨询：010-64518888　　　　　　　　　　　售后服务：010-64518899
网　　址：http://www.cip.com.cn
凡购买本书，如有缺损质量问题，本社销售中心负责调换。

定　　价：65.00 元　　　　　　　　　　　　　　　　　　版权所有　违者必究

前　言

　　《土木制图技术》是在原有《画法几何学》(周佳新主编，化学工业出版社，2015.3)、《土木工程制图》(周佳新主编，化学工业出版社，2015.4)、《计算机绘图技术》(周佳新主编，化学工业出版社，2018.1) 基础上，结合近年来的教学实践和教学改革成果，依据教育部批准印发的《普通高等学校工程图学课程教学基本要求》(2015 版) 和近年来国家市场监督管理总局发布的全新标准，充分考虑了各专业的教学特点，结合编者多年从事土木制图技术教学经验及工程实践而编写的。本教材为沈阳建筑大学 2019 年度 (首批) 一流本科教材建设立项项目，并获得沈阳建筑大学教材建设项目资助。

　　本书遵循认知规律，将工程实践与理论相融合，以新规范为指导，通过实例、图文结合，循序渐进地介绍了土木制图技术的基本知识，读图的思路、方法和技巧，精选内容，强调实用性和可读性。教材的体系具有科学性、启发性和实用性。

　　全书共分十一章，主要讲授画法几何学 (第二章至第五章)、土木制图基础 (第一章和第六章)、土木类专业图 (第七章至第十章) 和计算机绘图 (第十一章) 内容。着重培养学生的空间想象、空间分析、空间表达能力，为后续课程打基础。

　　与本书配套使用的《土木制图技术习题集》(周佳新主编) 同时出版，教材和习题集均配有采用了 VRML 技术的 PPT 课件，欢迎选用并提出宝贵意见。

　　本书由周佳新主编，王志勇、王铮铮、王娜副主编。在以往的工作中沈阳建筑大学的周佳新、王志勇、王铮铮、张喆、沈丽萍、刘鹏、马广韬、姜英硕、李鹏、张楠、牛彦；沈阳城市建设学院的王娜、范磊、商丽、刘菲菲、邢智慧、张晓林、侯景超、宋小艳等均做了大量的工作。

　　本书在编写过程中参考了很多教材及网络资源，在此特表示衷心的感谢！

　　由于水平所限，书中难免出现缺点和错误，敬请各位读者批评指正。

编　者

2020 年 12 月

目　录

第七章　建筑施工图 ··· 179

参考文献

绪　　论

根据投影原理、按照国家或部门有关标准的统一规定，表示工程对象，并有必要的技术说明的图形称为图样。图样被喻为"工程界的语言"，它是工程技术人员表达技术思想的重要工具，是工程技术部门交流技术经验的重要资料。图形是有别于文字、声音的另一种人类思想活动的交流工具。所谓的"图"通常是指绘制在画纸、图纸上的二维平面图形、图案、图样等。我们生活在三维的空间里，经常需要使用二维的平面图形去表达三维的形体。如何用二维图形准确地表达三维的形体，以及如何准确地理解二维图形所表达的三维形体，是"画法几何学"和"土木工程制图"课程需要研究的主要问题。

一、画法几何学的任务和学习方法

画法几何学是几何学的一个分支，是工科类各专业必修的技术基础课。

画法几何学主要包括投影的基本知识，点、线、面的投影及相互关系，立体的投影，轴测投影，组合体等，是土木工程制图的理论基础。

画法几何学研究两种解决问题的方法：图示法和图解法。

图示法主要研究利用投影法将空间几何元素（点、线、面、体）的三面投影及相对位置表示在图纸平面上，同时可以完整无误地推断出该几何元素的空间三维形体。即在二维平面图形与空间三维形体之间建立起一一对应的关系。在工程施工和机械生产中常需要将实物绘制成图样，并根据图样组织施工和生产，这是工程图学需要解决的基本问题。因而图示法必然成为工程图学的理论基础。

图解法主要研究在平面上使用作图方法来解决空间几何问题。确定空间几何元素的相对位置，如确定点、线、面的从属关系，求交点、交线的位置，等等，所有这些称为解决定位问题；而求几何元素间的距离、角度、实形等则属于解决度量问题。图解法具有直观、简便的优点，对于一般工程问题可以达到一定精度要求，对于有高精度要求的情况，可用图解与计算相结合的方法解决。综合两种方法的优点可使形象思维与抽象思维在认识中达到统一。

画法几何学的任务：

（1）学习投影法的基本理论，为绘制和应用各种工程图样打下理论基础；

（2）学习图示法：研究在平面上表达空间几何形体的方法；

（3）学习图解法：研究在平面上解答空间几何问题的方法；

（4）培养空间想象力和分析能力；

（5）培养认真负责的工作态度和严谨细致的工作作风。

画法几何学的学习方法：

（1）联系的观点：画法几何、平面几何、立体几何同属几何学范畴，应联系起来学习；

（2）投影的观点：运用投影的方法，掌握投影规律；

（3）想象的观点：会画图（将空间几何关系用投影的方法绘制到平面上），会看图（能根据绘制完成的平面图形想象出空间立体的形状）；

（4）实践的观点：理论联系实际，独立完成一定的作业、练习。

二、土木工程制图的任务和学习方法

工程是一切与生产、制造、建设、设备等相关的重大的工作门类的总称，如土木工程、机械工程、化学工程等。每个行业都有其自身的专业体系和专业规范，相应的有土木工程图、机械图、化工图等之分。然而，这些工程图样也有其共性之处，主要体现在几何形体的构成及表达、图样的投影原理、工程图通用规范的应用以及工程问题的分析方法。土木工程制图主要研究绘制和阅读土木工程图样的基本理论和方法，是土木建筑类及其相关专业必修的技术基础课。通过本课程的学习，使学生具有绘制和阅读土木建筑图样的能力、空间思维的能力、工程意识和创新意识，为后续课程打好基础。

土木工程制图的主要内容有两部分：土木工程制图基础和相关专业制图。

土木工程制图基础包括制图的基本知识与技能，绘图工具和仪器的使用方法，建筑形体的表达方法等。其主要内容是介绍、贯彻国家有关制图标准，是学习土木工程制图基本知识和技能的主要渠道。

相关专业制图包括建筑施工图，钢筋混凝土结构施工图，钢结构施工图，设备施工图，路、桥、涵、隧工程图，机械图等内容。其主要内容是介绍土木建筑相关专业的各种专业图的表达及绘制方法，着重培养学生相关专业图的绘制、阅读等能力。

土木工程制图的任务：

（1）研究用正投影法并遵照国家标准的规定绘制和阅读土木工程图样；

（2）培养学生图学的思维方式，提升学生的图学素养，提高学生的空间想象能力和空间构思能力，为创新能力的培养打下坚实的基础；

（3）学习有关专业工程图样的主要表达内容及其特点；

（4）掌握尺规绘图、徒手绘图的方法，培养学生耐心细致的工作作风和严肃认真的工作态度。

土木工程制图的学习方法：

（1）正确使用制图工具和仪器，按照正确的工作方法和步骤来画图，使所绘制的图样内容正确、图面整洁；

（2）认真听课，按时完成作业，熟练掌握基本原理和基本方法；

（3）注意画图和看图相结合，实体与图样相结合，要多看、多画、多想，注意培养空间想象能力和空间构思能力；

（4）严格遵守有关制图等国家标准的规定，学会查阅并使用标准和有关资料的方法。

三、计算机绘图的任务和学习方法

计算机绘图技术是工程技术人员必须掌握的技能之一。计算机应用技术的日臻成熟，极大地促进了图学的发展，计算机图形学的兴起开创了图学应用和发展的新纪元。以计算机图形学为基础的计算机辅助设计（CAD）技术，推动了几乎所有领域的设计革命。设计者可以在计算机所提供的虚拟空间中进行构思设计，设计的"形"与生产的"物"之间，是以计算机的"数"进行交换的，亦即以计算机中的数据取代了图纸中的图样，这种三维的设计理念对传统的二维设计方法造成了强烈的冲击，也是今后工程应用发展的方向。

计算机绘图的任务是：

（1）应用常用的 AutoCAD 软件绘制土木工程基础图样；

（2）进一步应用各类技巧快速准确绘制有关专业工程图样。

计算机绘图的学习方法：

（1）熟练掌握各种命令，按照正确的方法和步骤来绘图，使所绘制的图样内容正确、图面整洁；

（2）遵守制图、计算机绘图等国家标准的规定，应用一定技巧提高绘图质量与效率。

着重强调两个方面：一是计算机的广泛应用，并不意味着可以取代人的作用；二是 CAD/CAPP/CAM 一体化，实现无纸生产，并不等于无图生产，反而对图提出了更高的要求。计算机的广泛应用，CAD/CAPP/CAM 一体化，技术人员可以用更多的时间进行创造性的设计工作，而创造性的设计离不开运用图形工具进行表达、构思和交流，所以，随着 CAD 和无纸生产技术的发展，图形的作用不仅不会削弱，反而显得更加重要。因此，作为从事土木工程的技术人员，掌握工程图学的知识必不可少。

总之，本课程的学习有一个鲜明的特点，就是用作图来培养空间逻辑思维能力和空间想象能力。即在学习的过程中，必须始终将平面上的投影与想象的空间几何元素结合起来。平面投影分析与空间形体想象的结合，是二维平面思维与三维空间思维间的转换。而这种转换能力的培养和提升，需循序渐进。首先，认真听课是学习课程内容的重要手段。课程中各章节的概念和难点，通过教师在课堂上形象地讲授，更容易理解和接受。其次，必须要有"量"的积累，须完成一定数量的作业练习。画图和读图的过程是实现空间思维分析的过程，也是培养空间逻辑思维能力和空间想象能力的过程。只有通过实践作图，才能检验是否真正地掌握了课堂上所学的内容。学习中，要密切联系与本课程有关的初等几何知识，着重训练二维与三维的图示和图解的相互转换。最后，由于本课程采用"作图"方法描述的特点，经常出现点、线重影的情况，其相对位置关系并非显而易见。建议解题时，用简要文字记录步骤，以便对照复习、温故知新，熟练掌握所学知识点，为后续专业课程学习和工作打下坚实基础。

第一章　制图基本知识

第一节　绘图工具和仪器

绘制工程图样按使用工具的不同，可分为尺规绘图、徒手绘图和计算机绘图。尺规绘图是借助绘图工具进行手工绘图的一种绘图方法。虽然目前技术图样已多使用计算机绘制，但尺规绘图作为工程技术人员必备的一种技能，是学习和巩固图学理论和实践知识不可缺少的方法，应熟练掌握。

一、图板、丁字尺和三角板

1. 图板

图板是画图时的垫板。要求板面平坦、光洁。贴图纸用透明胶带，不宜用图钉。图板的左边是导边，导边要求平直，从而使丁字尺的工作边在任何位置均能保持水平，如图 1-1（a）所示。

图板的大小有各种不同规格，可根据需要而选定。0 号图板适用于画 A0 号图纸，1 号图板适用于画 A1 号图纸，四周还略有宽余。图板放在桌面上，板身宜与水平桌面成 10～15°倾斜。图板不可用水刷洗和在日光下曝晒。

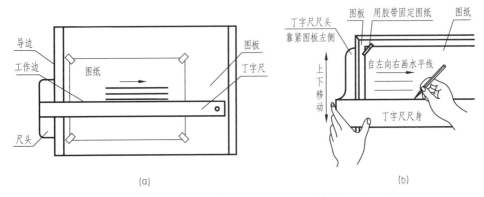

图 1-1　丁字尺的尺头靠紧图板导边，上下移动画水平线

2. 丁字尺

丁字尺由相互垂直的尺头和尺身组成。尺身要牢固地连接在尺头上，尺头的内侧面必须平直，使用时应紧靠图板的左侧——导边。在画同一张图纸时，尺头不可在图板的其他边滑动，以避免由于图板各边不成直角时，画出的线不准确。丁字尺的尺身工作边必须平直光滑，不可用丁字尺击物和用刀片沿尺身工作边裁纸。丁字尺用完后，宜竖直挂起来，以避免

尺身弯曲变形或折断。

　　丁字尺主要用于画水平线，并且只能沿尺身上侧画线。作图时，左手把住尺头，使其始终紧靠图板左侧，然后上下移动丁字尺，直至工作边对准需画线位置，再从左向右画水平线。画较长的水平线时，可把左手滑过按住尺身，以防止尺尾翘起和尺身摆动，如图 1-1（b）所示。

3. 三角板

　　一副三角板共有两块，画铅垂线时，先将丁字尺移动到所绘图线的下方，再把三角板放在应画线的右方，并使一直角边紧靠丁字尺的工作边，然后移动三角板，直到另一直角边对准画线位置，再用左手按住丁字尺和三角板，自下而上画线，如图 1-2（a）所示。三角板与丁字尺配合可以画 30°、60°、45°、15°、75°等倾斜线，如图 1-2（b）所示。

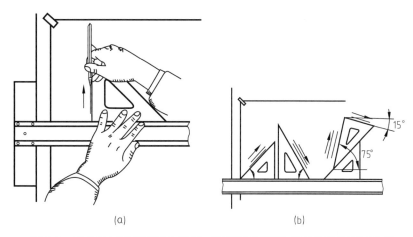

(a)　　　　　　　　　　　　(b)

图 1-2　三角板与丁字尺配合使用，可以画 15°整数倍的各种角度倾斜线

　　两块三角板配合可以画已知直线的平行线或垂直线，如图 1-3 所示。

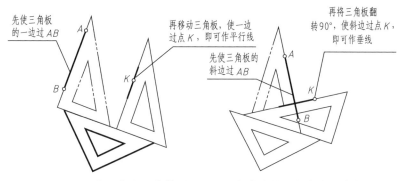

图 1-3　两块三角板配合使用——画已知直线的平行线或垂直线

二、圆规与分规

1. 圆规

　　圆规用以画圆或圆弧，换上带针插腿也可当分规使用。圆规的一条腿上装有钢针，另一条腿上装有带铅芯的插腿，如图 1-4（a）所示。画圆时，使用带台阶一端的针尖插入圆心，以防止圆心扩大，从而保证画圆的准确度，如图 1-4（b）所示。画圆时，圆规稍向前倾斜，

顺时针旋转。画较大圆时，应调整针尖和插腿与纸面垂直。画更大圆时，要卸下插腿连接上延长杆，如图 1-4（c）所示。圆规铅芯宜磨成凿形，并使斜面向外。铅芯硬度应比画同种直线的铅笔软一号，以保证图线深浅一致。

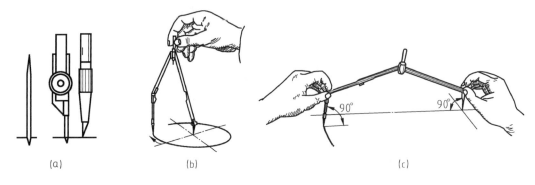

图 1-4　圆规的使用

2. 分规

分规用以量取长度和截取或等分线段，使用方法如图 1-5 所示。两脚并拢后，其尖对齐。从比例尺上量取长度时，切忌用尖刺入尺面。当量取若干段相等线段时，可令两个针尖交替地作为旋转中心，使分规沿着不同的方向旋转前进。

图 1-5　分规的使用

三、绘图铅笔和绘图笔

1. 绘图铅笔

绘图铅笔有各种不同的硬度。标号 B、2B、…、6B 表示软铅芯，数字越大，表示铅芯越软。标号 H、2H、…、6H 表示硬铅芯，数字越大，表示铅芯越硬。标号 HB 表示中软。画底稿宜用 H 或 2H，徒手作图可用 HB 或 B，加深图线用 H、HB（细线或中粗线）、B 或 2B（粗线）。首先，将铅笔无标号一端的木质层部分削成圆锥形，使铅芯露出 6～8mm，如图 1-6（a）所示。削铅笔时要注意保留有标号的一端，以便始终能识别其软硬度。铅芯部分常见的削制形状有圆锥形和矩形，圆锥形用于画细线和写字，如图 1-6（b）所示，矩形用于加深图线或画粗实线使用，如图 1-6（c）所示。使

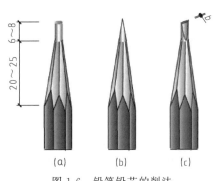

图 1-6　铅笔铅芯的削法

用铅笔绘图时，用力要均匀，用力过大会划破图纸或在纸上留下凹痕，甚至折断铅芯。画长线时要边画边转动铅笔，使线条粗细一致。画线时，从正面看笔身应倾斜约60°，从侧面看笔身应铅直。持笔的姿势要自然，笔尖与尺边距离始终保持一致，线条才能画得平直准确。

2. 绘图笔

绘图笔又叫针管笔，如图1-7所示。针管笔笔身为钢笔状，内部装入墨水，笔尖为长约2cm中空钢制圆管，里面藏有一条活动细钢针，上下摆动针管笔，能及时清除堵塞笔头的纸纤维。笔尖的口径有多种规格，针管笔的针管管径的大小决定所绘线条的宽窄，可视线型粗细而选用。针管笔是绘制图纸的基本工具之一，能绘制出均匀一致的线条。制图中至少应备有粗、中、细三种不同粗细的针管笔。画直线时直尺的圆角斜边须翻转向下，与图纸之间留出适当空隙，避免跑墨！针管笔一定要垂直于纸面，匀速行笔，并稍加转动。为保证墨水流畅，必须使用绘图墨水，用毕洗净针管。

图1-7 针管笔

使用针管笔时应注意：

（1）绘制图线时，针管笔身应尽量保持与纸面垂直，以保证画出粗细均匀一致的图线。

（2）针管笔作图顺序应依照先上后下、先左后右、先曲后直、先细后粗的原则，运笔速度及用力应均匀、平稳。

（3）用较粗的针管笔作图时，落笔及收笔均不应有停顿。

（4）针管笔除用来绘制直线段外，还可以借助圆规的附件和圆规连接起来绘制圆周线或圆弧线。

（5）平时宜正确使用和保养针管笔，以保证针管笔具有良好的工作状态及较长的使用寿命。针管笔在不使用时应随时套上笔帽，以免针尖墨水干结，并应定时清洗针管笔，以保持用笔流畅。

四、比例尺

比例尺有三棱式和板式两种，常用三棱式比例尺（简称三棱尺）。三棱尺有三个尺面六种比例的刻度：1:100、1:200、1:300、1:400、1:500、1:600，如图1-8（a）所示。比例尺上的数字以米（m）为单位。比例尺的用途是：绘图时按要求的比例，直接在比例尺上用分规量取要画线段的长度，如图1-8（b）所示；读图时根据图样比例，用相应的比例

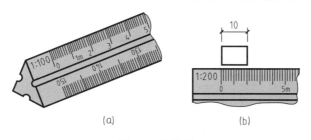

(a)   (b)

图1-8 比例尺

尺去度量图样上的距离，可直接读出其实际长度。比例尺只能用来量尺寸，不能作直尺使用，以免损坏刻度。

五、曲线板和建筑模板

1. 曲线板

曲线板用以画非圆曲线，其轮廓线由多段不同曲率半径的曲线组成，如图1-9（a）所示。使用曲线板之前，必须先定出曲线上的若干控制点，用铅笔徒手沿各点轻轻勾画出曲线，然后选择曲线板上相应曲率的部分，分段描绘。每次至少有三点与曲线板相吻合，如图1-9（b）所示，并留下一小段不描，在下段中与曲线板再次吻合后描绘，如图1-9（c）所示，以保证曲线光滑，如图1-9（d）所示。

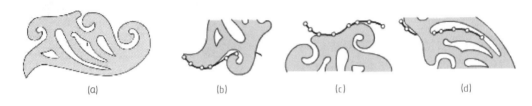

图 1-9　曲线板

2. 建筑模板

模板有多种，供不同专业绘制专业图时使用。建筑模板主要用来绘制各种建筑标准图例和常用符号。模板上刻有可以画出各种不同图例或符号的孔，其大小已符合一定的比例，只要用笔沿孔内画一周，即完成图例的绘制，如图1-10所示。

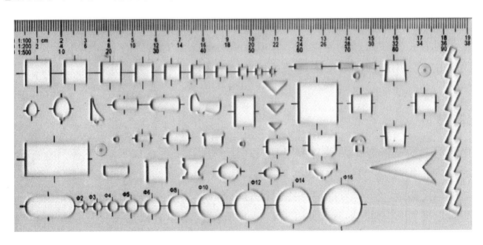

图 1-10　建筑模板

六、其他

为了提高绘图质量和速度，还要准备一些其他用具，如图1-11所示的擦图片、胶带、橡皮、修图刀片等。

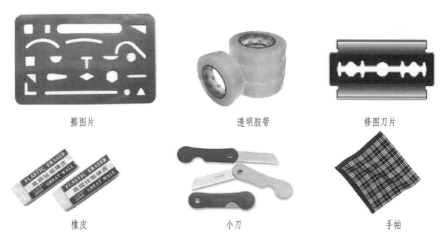

擦图片　　　　　　　　　　透明胶带　　　　　　　　　　修图刀片

橡皮　　　　　　　　　　　　小刀　　　　　　　　　　　　手帕

图 1-11　其他绘图工具

第二节　制图标准的基本规定

为便于绘制、阅读和管理工程图样，国家标准管理机构依据国际标准化组织制定的国际标准，制定并颁布了各种工程图样的制图国家标准，简称"国标"，代号"GB"。其中，技术制图标准适用于工程界各种专业技术图样。有关建筑制图的国家标准主要包括总纲性质的《房屋建筑制图统一标准》（GB/T 50001—2017）和专业部分的《总图制图标准》（GB/T 50103—2010）、《建筑制图标准》（GB/T 50104—2010）等。工程建设人员应熟悉并严格遵守国家标准的有关规定。

一、图纸幅面和格式

1. 图纸幅面

图纸幅面简称图幅，即图纸幅面的大小，图纸的幅面是指图纸长度与宽度组成的图面。为了使用和管理图纸方便、规整，所有的设计图纸的幅面必须符合国家标准的规定，见表 1-1。

表 1-1　图纸幅面及图框尺寸　　　　　　　　　　　　　　　　　　　　　　mm

尺寸代号	幅面代号				
	A0	A1	A2	A3	A4
$b \times l$	841×1189	594×841	420×594	297×420	210×297
c	10			5	
a	25				

注：表中 b 为幅面短边尺寸，l 为幅面长边尺寸，c 为图框线与幅面线间宽度，a 为图框线与装订边间宽度。

必要时允许选用规定的加长幅面，图纸的短边一般不应加长，长边可以加长，但应符合表 1-2 的规定。

表 1-2 图纸长边加长尺寸　　　　　　　　　　　　　　　　　　　　　　　　　mm

幅面代号	长边尺寸	长边加长后的尺寸				
A0	1189	1486 (A0+1/4*l*)	1783 (A0+1/2*l*)	2080 (A0+3/4*l*)	2378 (A0+*l*)	
A1	841	1051 (A1+1/4*l*)	1261 (A1+1/2*l*)	1471 (A1+3/4*l*)	1682 (A1+*l*)	1892 (A1+5/4*l*)
		2102 (A1+3/2*l*)				
A2	594	743 (A2+1/4*l*)	891 (A2+1/2*l*)	1041 (A2+3/4*l*)	1189 (A2+*l*)	1338 (A2+5/4*l*)
		1486 (A2+3/2*l*)	1635 (A2+7/4*l*)	1783 (A2+2*l*)	1932 (A2+9/4*l*)	2080 (A2+5/2*l*)
A3	420	630 (A3+1/2*l*)	841 (A3+*l*)	1051 (A3+3/2*l*)	1261 (A3+2*l*)	1471 (A3+5/2*l*)
		1682 (A3+3*l*)	1892 (A3+7/2*l*)			

注：有特殊需要的图纸，可采用 $b \times l$ 为 841mm×891mm 与 1189mm×1261mm 的幅面。l 为幅面长边尺寸。

2. 图幅格式

图幅的格式有横式和立式两种，以长边作为水平边称为横式，以短边作为水平边称为立式。

横式使用的图纸应按如图 1-12 （a）、（b）、（c）所示规定的形式布置。

立式使用的图纸应按如图 1-12 （d）、（e）、（f）所示规定的形式布置。

3. 图框线

图框线是图纸上限定绘图区域的线框，是图纸上绘图区域的边界线，如图 1-12 所示。

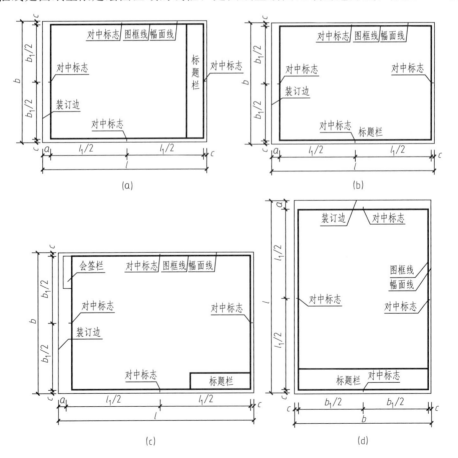

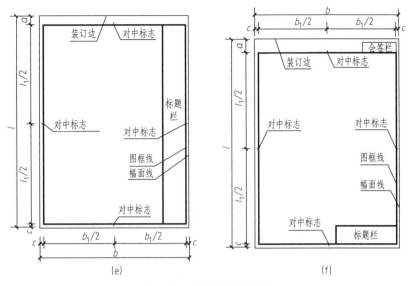

图 1-12　幅面代号及意义

4. 标题栏

由名称区、代号区、签字区、更改区和其他区组成的栏目称为标题栏，简称图标。标题栏是用来标明设计单位、工程名称、图名、设计人员签名和图号等内容的，必须画在规定位置，标题栏中的文字方向代表看图方向。应根据工程的需要确定标题栏，格式如图 1-13

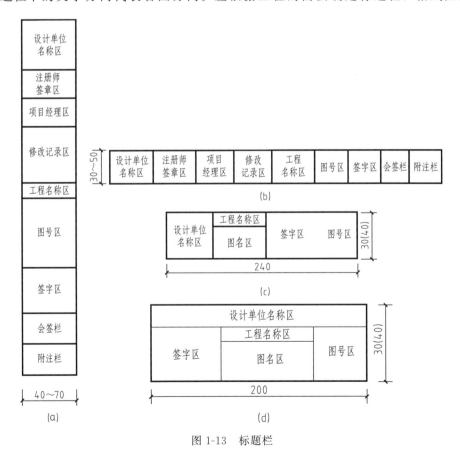

图 1-13　标题栏

（a）、（b）、（c）、（d）所示。涉外工程的标题栏内，各项主要内容的中文下方应附有译文，设计单位的上方或左方应加注"中华人民共和国"字样。

5. 会签栏

会签栏是各设计专业负责人签字用的一个表格，如图 1-14 所示。会签栏宜画在图框线外侧，如图 1-12（c）、（f）所示。不需会签的图纸可不设会签栏，如图 1-12（a）、（b）、（d）、（e）所示。

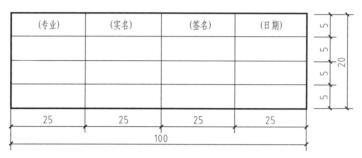

图 1-14　会签栏

6. 对中标志

需要缩微复制的图纸，可采用对中标志。对中标志应画在图框线各边的中点处，线宽应为 0.35mm，伸出图框线外 5mm，如图 1-12 所示。

二、图线

1. 图线宽度

为了使图样表达统一和图面清晰，国家标准规定了各类工程图样中图线的宽度 b，绘图时，应根据图样的复杂程度与比例大小，从下列线宽系列中选取粗线宽度 $b=1.4$mm、1.0mm、0.7mm、0.5mm；工程图样中各种线型分粗、中粗、中、细四种图线宽度。应按表 1-3 的规定选取。

表 1-3　线宽组　　　　　　　　　　　　　　　　　　　　　mm

线宽比	线宽组			
b	1.4	1.0	0.7	0.5
$0.7b$	1.0	0.7	0.5	0.35
$0.5b$	0.7	0.5	0.35	0.25
$0.25b$	0.35	0.25	0.18	0.13

注：1. 需要缩微的图纸，不宜采用 0.18mm 及更细的线宽。

2. 同一张图纸内，各不同线宽中的细线，可统一采用较细的线宽组的细线。

图纸的图框线和标题栏线，可采用表 1-4 所列线宽。

表 1-4　图框、标题栏的线宽　　　　　　　　　　　　　　　mm

幅面代号	图框线	标题栏外框线	幅面线、标题栏内分格线
A0、A1	b	$0.5b$	$0.25b$
A2、A3、A4	b	$0.7b$	$0.35b$

2. 图线线型及用途

各类图线及其主要用途列于表 1-5。

表 1-5　各类图线及其主要用途

名　称		线　型	线宽	主要用途
实线	粗		b	主要可见轮廓线
	中粗		$0.7b$	可见轮廓线、变更云线
	中		$0.5b$	可见轮廓线、尺寸线
	细		$0.25b$	图例填充线、家具线
虚线	粗		b	见各有关专业制图标准
	中粗		$0.7b$	不可见轮廓线
	中		$0.5b$	不可见轮廓线、图例线
	细		$0.25b$	图例填充线、家具线
单点长画线	粗		b	见各有关专业制图标准
	中		$0.5b$	见各有关专业制图标准
	细		$0.25b$	中心线、对称线、轴线等
双点长画线	粗		b	见各有关专业制图标准
	中		$0.5b$	见各有关专业制图标准
	细		$0.25b$	假想轮廓线、成型前原始轮廓线
折断线	细		$0.25b$	断开界线
波浪线	细		$0.25b$	断开界线

3. 图线的要求及注意事项

（1）同一张图纸内，相同比例的各个图样，应选用相同的线宽组。

（2）相互平行的图例线，其净间隙或线中间隙不宜小于 0.2mm。

（3）虚线、单点长画线或双点长画线的线段长度和间隔宜各自相等。

（4）单点长画线或双点长画线，当在较小图形中绘制有困难时，可用细实线代替。

（5）单点长画线或双点长画线的两端不应是点。点画线与点画线交接或点画线与其他图线交接时，应采用线段交接。

（6）图线不得与文字、数字或符号重叠、混淆，不可避免时，应首先保证文字的清晰。

三、字体

字体指图样上汉字、数字、字母和符号等的书写形式，国家标准规定书写字体均应"字体工整、笔画清晰、排列整齐、间隔均匀"，标点符号应清楚正确。文字、数字或符号的书写大小用号数表示。字体号数表示的是字体的高度，应按表 1-6 选择。

表 1-6　字体的高度　　　　　　　　　　　　　　　mm

字体种类	汉字矢量字体	Turn type 字体及非汉字矢量字体
字体高度	3.5、5、7、10、14、20	3、4、6、8、10、14、20

1. 汉字

图样及说明中的汉字应采用国家公布的简化字，宜采用长仿宋体书写，字号一般不小于

3.5，字高与字宽的比例应符合表1-7规定。

表 1-7　长仿宋体字字高宽关系　　　　　　　　　　mm

字高	3.5	5	7	10	14	20
字宽	2.5	3.5	5	7	10	14

书写长仿宋体的基本要领：横平竖直、注意起落、结构均匀、填满方格。如图1-15所示长仿宋体字示例。

图 1-15　长仿宋体字示例

2. 数字和字母

阿拉伯数字、拉丁字母和罗马数字的字体有正体和斜体（其斜度应是从字的底线逆时针向上倾斜75°）两种写法。它们的字号一般不小于2.5。拉丁字母示例如图1-16所示，罗马数字、阿拉伯数字示例如图1-17所示。用作指数、分数、注脚等的数字及字母一般应采用小一号字体。

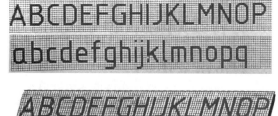

图 1-16　拉丁字母示例（正体与斜体）　　　　图 1-17　罗马数字、阿拉伯数字示例（正体与斜体）

四、比例

图样中图形与实物相应要素的线性尺寸之比称为比例。绘图所选用的比例是根据图样的用途和被绘制对象的复杂程度来确定的。图样一般应选用表1-8所示的常用比例，特殊情况下也可选用可用比例。

表 1-8　绘图比例

常用比例	1：1、1：2、1：5、1：10、1：20、1：30、1：50、1：100、1：150、1：200、1：500、1：1000、1：2000
可用比例	1：3、1：4、1：6、1：15、1：25、1：40、1：60、1：80、1：250、1：300、1：400、1：600、1：5000、1：10000、1：20000、1：50000、1：100000、1：200000

比例必须采用阿拉伯数字表示，比例一般应标注在标题栏中的"比例"栏内，如 1：50 或 1：100 等。比例一般注写在图名的右侧，与图名下对齐，比例的字高一般比图名的字高小一号或二号，如图 1-18 所示。

平面图 1:100　⑥ 1:20

图 1-18　比例的注写

比例分为原值比例、放大比例和缩小比例三种。原值比例即比值为 1：1 的比例；放大比例即比值大于 1 的比例，如 2：1 等；缩小比例即比值小于 1 的比例，如 1：2 等。

五、图例

以图形规定出的画法称为图例，图例应按"国标"规定画法绘出。在绘制工程图过程中，如用了一些"国标"上没有的图例，应在图纸的适当位置加以说明。

常用建筑材料图例见表 1-9。

表 1-9　常用建筑材料图例

名称	图例	说明	名称	图例	说明
自然土壤		包括各种自然土壤	夯实土壤		
砂、灰土	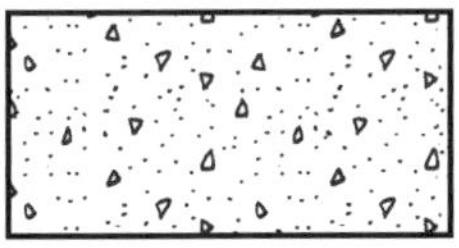	靠近轮廓线点较密	焦渣、矿渣	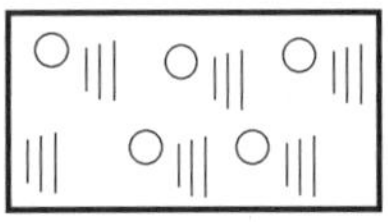	包括与水泥、石灰等混合而成的材料
普通砖	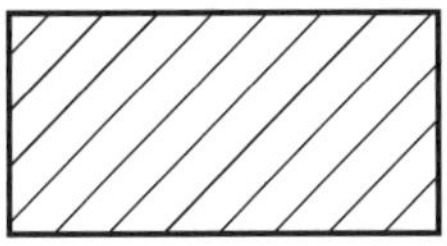	1. 包括砌体、砌块； 2. 断面较窄，不易画出图例线时可涂红	钢筋混凝土	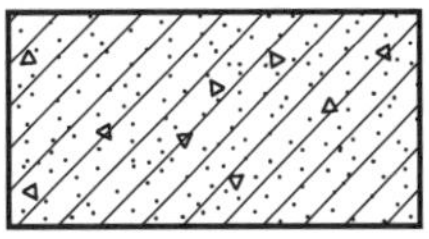	断面较窄，不易画出图例线时可涂黑
毛石			木材	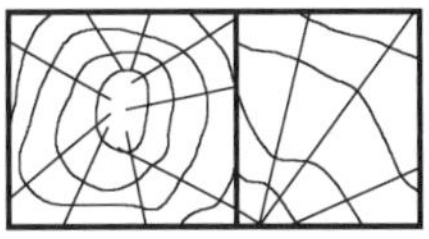	

注：图例中的斜线一律为 45°。

六、尺寸标注

图形只能表达形体的形状，而形体的大小则必须依据图样上标注的尺寸来确定。尺寸标注是绘制工程图样的一项重要内容，是施工的依据，应严格遵照国家标准中的有关规定，保证所标注的尺寸完整、清晰、准确。

1. 尺寸的组成与基本规定

图样上的尺寸由尺寸界线、尺寸线、起止符号和尺寸数字四部分组成，如图 1-19（a）所示。

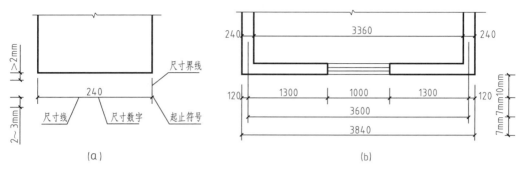

图 1-19 尺寸的组成与标注示例

（1）尺寸界线 用细实线绘制，表示被注尺寸的范围。一般应与被注长度垂直，其一端应离开图样轮廓线不小于 2mm，另一端宜超出尺寸线 2～3mm，如图 1-19（a）所示。必要时，图样轮廓线可用作尺寸界线，如图 1-19（b）所示的 240 和 3360。

（2）尺寸线 表示被注线段的长度。用细实线绘制，不能用其他图线代替。尺寸线应与被注长度平行，且不宜超出尺寸界线。每道尺寸线之间的距离一般为 7～10mm，如图 1-19（b）所示。

（3）尺寸起止符号 一般应用中粗斜短线绘制，其倾斜方向与尺寸界线成顺时针 45°角，长度（h）宜为 2～3mm，如图 1-20（a）所示。半径、直径、角度与弧长的尺寸起止符号应用箭头表示，箭头尖端与尺寸界线接触，不得超出也不得分开，如图 1-20（b）所示。

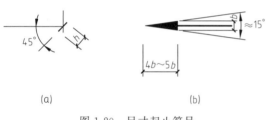

图 1-20 尺寸起止符号

（4）尺寸数字 表示被注尺寸的实际大小，它与绘图所选用的比例和绘图的准确程度无关。图样上的尺寸应以尺寸数字为准，不得从图上直接量取。尺寸的单位除标高和总平面图以 m（米）为单位外，其他一律以 mm（毫米）为单位，图样上的尺寸数字不再注写单位。同一张图样中，尺寸数字的大小应一致。

尺寸数字应按图 1-21（a）所示规定的方向注写。若尺寸数字在 30°斜线区内，宜按图 1-21（b）所示的形式注写。

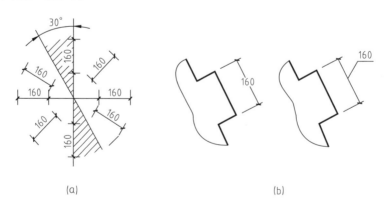

图 1-21 尺寸数字的注写

（5）尺寸的排列与布置　尺寸宜标注在图样轮廓线以外，不宜与图线、文字及符号等相交；互相平行的尺寸线，应从图样轮廓线由内向外整齐排列，小尺寸在内，大尺寸在外；尺寸线与图样轮廓线之间的距离不宜小于 10mm，尺寸线之间的间距为 7～10mm，并保持一致，如图 1-19（b）所示。

狭小部位的尺寸界线较密，尺寸数字没有位置注写时，最外边的尺寸数字可写在尺寸界线外侧，中间相邻的可错开或引出注写，如图 1-22 所示。

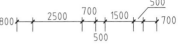

图 1-22　狭小部位的尺寸标注

2. 半径、直径、球的尺寸标注

半径的尺寸线应一端从圆心开始，另一端画箭头指向圆弧。半径数字前应加注符号"R"，如图 1-23 所示。较小的圆弧半径，可按图 1-23（b）所示标注，较大的圆弧半径，可如图 1-23（c）所示标注。

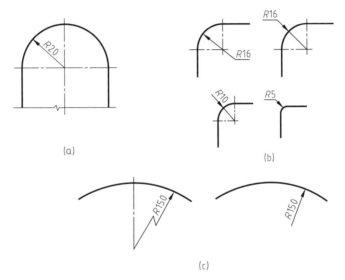

(a)

(b)

(c)

图 1-23　半径的尺寸标注

标注圆的直径尺寸时，在直径数字前应加注符号"ϕ"。在圆内标注的直径尺寸线应通过圆心画成斜线，两端画箭头指向圆弧，如图 1-24（a）所示。较小圆的直径，可按图 1-24（b）所示标注。

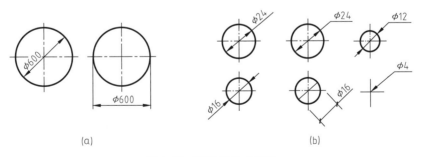

(a)

(b)

图 1-24　直径的尺寸标注

标注球的直径或半径尺寸时，应在直径或半径数字前加注符号"$S\phi$"或"SR"，注写方法与半径和直径相同，如图 1-25 所示。

直径尺寸线、半径尺寸线不可用中心线代替。

图 1-25　球的直径、半径尺寸标注

3. 角度、弧长、弦长的尺寸标注

（1）角度的尺寸线画成圆弧，圆心应是角的顶点，角的两条边为尺寸界线。角度数字一律水平书写。如果没有足够的位置画箭头，可用圆点代替箭头，如图 1-26（a）所示。

（2）标注圆弧的弧长时，尺寸线应以与该圆弧线同心的圆弧表示，尺寸界线垂直于该圆弧的切线方向，起止符号用箭头表示，弧长数字的上方应加注圆弧符号，如图 1-26（b）所示。

（3）标注圆弧的弦长时，尺寸线应以平行于该弦的直线表示，尺寸界线垂直于该弦，起止符号以中粗斜短线表示，如图 1-26（c）所示。

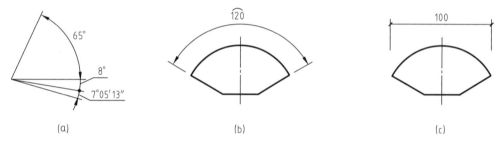

图 1-26　角度、弧长、弦长的尺寸标注

4. 坡度的尺寸标注

坡度可采用百分数或比例的形式标注。在坡度数字下，应加注坡度符号：单面箭头如图 1-27（a）所示或双面箭头如图 1-27（b）所示；箭头应指向下坡方向，如图 1-27（c）、（d）所示；坡度也可用直角三角形形式标注，如图 1-27（e）、（f）所示。

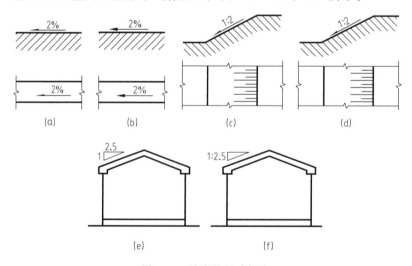

图 1-27　坡度的尺寸标注

5. 尺寸的简化标注

（1）杆件或管线的长度，在单线图（如桁架简图、钢筋简图、管线简图等）上，可直接将尺寸数字沿杆件或管线的一侧注写，但读数方法依旧按前述规则执行，如图1-28所示。

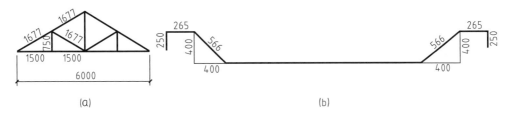

图1-28　杆件长度的尺寸标注

（2）连续排列的等长尺寸，可采用"等长尺寸×个数＝总长"或"总长（等分个数）"的形式表示，如图1-29所示。

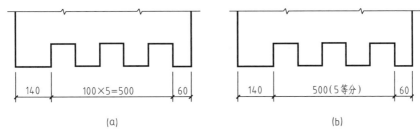

图1-29　等长尺寸的标注

（3）构配件内具有诸多相同构造要素（如孔、槽）时，可只标注其中一个要素的尺寸，如图1-30所示。

（4）对称构配件采用对称省略画法时，该对称构配件的尺寸线应略超过对称符号，仅在尺寸线的一端画尺寸起止符号，尺寸数字应按整体全尺寸注写，其注写位置宜与对称符号对齐，如图1-31所示。

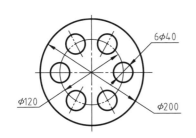

图1-30　相同构造要素的尺寸标注

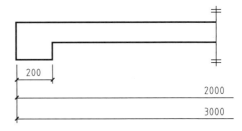

图1-31　对称杆件的尺寸标注

（5）两个构配件，如个别尺寸数字不同，可在同一图样中将其中一个构配件的不同尺寸数字注写在括号内，该构配件的名称也应注写在相应的括号内，如图1-32所示。

（6）多个构配件，如仅某些尺寸不同，这些有变化的尺寸数字，可用拉丁字母注写在同一图样中，其具体尺寸另列表格写明，如图1-33所示。

图1-32　形状相似构件的尺寸标注

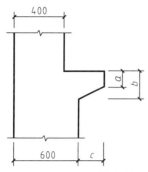

构件编号	类别		
	a	b	c
Z-1	200	200	200
Z-2	250	450	200
Z-3	200	450	250

图 1-33　多个相似构配件尺寸的列表标注

第三节　平面图形的画法

平面图形一般由一个或多个封闭线框组成，这些封闭线框由一些线段连接而成。因此，要想正确地绘制平面图形，首先必须对平面图形进行尺寸分析和线段分析。

一、平面图形的尺寸分析

1. 尺寸基准

标注尺寸的起点称为尺寸基准，简称基准。平面图形尺寸有水平和垂直两个方向（相当于坐标轴 x 方向和 y 方向），因此，基准也必须从水平和垂直两个方向考虑。平面图形中尺寸基准是点或线。常用的点基准有圆心、球心、多边形中心点、角点等，线基准往往是图形的对称中心线或图形中的边线。如图 1-34 所示平面图形的基准分别为长度方向的对称线（尺寸 90 和 50 的中心线），高度方向的底边（尺寸 58、6 和 70 的起点）。

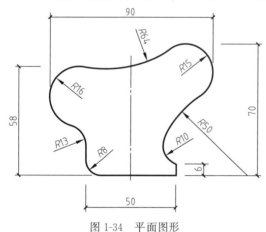

图 1-34　平面图形

2. 定形尺寸

定形尺寸是指确定平面图形上几何元素形状大小的尺寸，如图 1-34 中的 $R16$、$R15$ 等。一般情况下，确定几何图形所需定形尺寸的个数是一定的，如直线的定形尺寸是长度，圆的定形尺寸是直径，圆弧的定形尺寸是半径，正多边形的定形尺寸是边长，矩形的定形尺寸是长和宽两个尺寸等。

3. 定位尺寸

定位尺寸是指确定各几何元素相对位置的尺寸，如图 1-34 所示的 $R16$ 圆弧，长度方向的定位尺寸为 $90/2-16=29$，高度方向的定位尺寸为 $58-16=42$。确定平面图形位置需要两个方向的定位尺寸，即水平方向和垂直方向，也可以使用极坐标的形式定位，即半径加角度。

二、平面图形的线段分析

根据定形、定位尺寸是否齐全，可以将平面图形中的图线分为以下三大类。

1. 已知线段（圆弧）

指定形、定位尺寸齐全的线段（圆弧）。

作图时该类线段（圆弧）可以直接根据尺寸作图，如图 1-35（a）所示的 $R16$、$R15$ 圆弧以及尺寸 50 和 6 的直线。

2. 中间线段（圆弧）

指只有定形尺寸和一个定位尺寸的线段（圆弧）。

作图时必须根据该线段（圆弧）与相邻已知线段（圆弧）的几何关系，通过几何作图的方法求出，如图 1-35（b）所示的 $R50$ 圆弧。

3. 连接线段（圆弧）

指只有定形尺寸没有定位尺寸的线段（圆弧）。其定位尺寸需根据与线段（圆弧）相邻的两线段（圆弧）的几何关系，通过几何作图的方法求出，如图 1-35（c）所示的 $R13$、$R8$、$R10$ 圆弧以及 $R64$ 圆弧。

在两条已知线段（圆弧）之间，可以有多条中间线段（圆弧），但必须而且只能有一条连接线段（圆弧）。否则，尺寸将出现缺少或多余。

三、平面图形的绘图步骤

绘图步骤如图 1-35 所示。

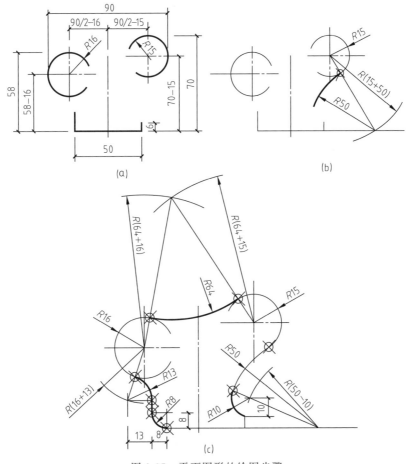

图 1-35　平面图形的绘图步骤

① 根据图形大小选择比例及图纸幅面。

② 分析平面图形中哪些是已知线段（圆弧），哪些是中间线段（圆弧），哪些是连接线段（圆弧），以及所给定的连接条件。

③ 根据各组成部分的尺寸关系确定作图基准、定位线。

④ 依次画基准线、定位线、已知线段（圆弧），中间线段（圆弧）和连接线段（圆弧）。

⑤ 整理全图，检查无误后加深图线，标注尺寸。

第四节　制图的方法和步骤

手工绘制图样，一般均要借助绘图工具和仪器。为了提高图样质量和绘图速度，除了必须熟悉国家制图标准，掌握几何作图的方法和正确使用绘图工具外，还必须掌握正确的制图方法和步骤。

一、绘图前的准备工作

（1）阅读有关文件、资料，了解所画图样的内容和要求。

（2）准备好绘图用的图板、丁字尺、三角板、圆规及其他工具、用品，按照线型要求削铅笔。

（3）根据所绘图形或物体的大小和复杂程度选定比例，确定图纸幅面，将图纸用透明胶带固定在图板上。在固定图纸时，应使图纸的上、下边与丁字尺的尺身平行。当图纸较小时，应将图纸布置在图板的左下方，且使图板的下边缘至少留有一个尺身的宽度，以便放置丁字尺。

二、画底稿

（1）按国家标准规定画幅面线、图框线和标题栏。

（2）布置图形的位置。根据每个图形的长、宽尺寸确定位置，同时要考虑标注尺寸或说明等其他内容所占的空间，使每一图形周围留有适当间距，各图形间要布置得均匀整齐。

（3）先画图形的轴线或对称中心线，再画主要轮廓线，然后由主到次、由整体到局部，画出其他所有图线。

（4）完成其他细部。图中的尺寸数字和说明在画底稿时可以不注写，待后续铅笔底稿加深或上墨时直接注写，但必须先在底稿上用轻、淡的细线画出注写数字的字高线和仿宋字的字格线。

三、校对、修正

仔细检查校对，擦去多余线条和图面污渍。

四、加深图线

加深或上墨的图线线型要遵守 GB/T 50001—2017 的规定，应做到线型正确，粗细分明，连接光滑，图面整洁。同一类线型，加深后的粗细要一致。加深或上墨图线宜先左后右、先上后下、先曲后直，分批进行加深。其顺序一般是：

（1）加深点画线。

（2）加深粗实线圆和圆弧。

（3）由上至下加深水平的粗实线，再由左至右加深垂直的粗实线，最后加深倾斜的粗实线。

（4）按加深粗实线的顺序依次加深所有的虚线圆及圆弧，水平的、垂直的和倾斜的虚线。

（5）加深细实线、波浪线。

（6）画符号和箭头，标注尺寸，书写注释和标题栏等。

五、复核

复核已完成的图纸，如发现错误和缺点，应该立即改正。如果在上墨线图中发现描错或染有小点墨污需要修改时，要待其全干后，在纸下垫上硬板，再用锋利的刀片轻刮，直至刮净，并作必要的修饰。

第二章 点、直线和平面的投影

第一节 投影法概述

在三维空间中，点、线、面是空间的几何元素，它们没有大小、宽窄、厚薄，由它们构成的空间形状叫做形体。将空间的三维形体转变为平面的二维图形是通过投影法来表达的。

一、投影法定义

在日常生活中，有一种常见的自然现象：当光线照射在物体上时，地面或墙面上必然会产生影子，这就是投影。这种影子只能反映物体的外形轮廓，不能反映内部情况。人们在这种自然现象的基础上，对影子的产生过程进行了科学的抽象，即把光线抽象为投射线，把物体抽象为形体，把地面抽象为投影面，于是就创造出投影的方法。当投射线投射到形体上时，就在投影面上得到了形体的投影，这个投影称为投影图，如图 2-1 所示。

投射线、投影面、形体（被投影对象）是产生投影的三要素。

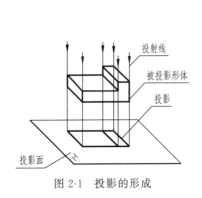

图 2-1 投影的形成

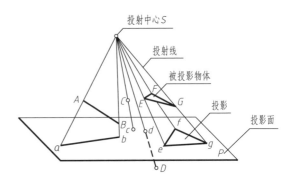

图 2-2 投影的概念（中心投影法）

如图 2-2 所示，设定平面 P 为投影面，不属于投影面的定点 S（如光源）为投射中心，投射线均由投射中心 S 发出。通过空间点 A 的投射线与投影面 P 相交于点 a，则 a 称作空间点 A 在投影面 P 上的投影。同样，b 也是空间点 B 在投影面 P 上的投影，c 也是空间点 C 在投影面 P 上的投影。

这种按几何法则将空间物体表示在平面上的方法称为投影法。

二、投影法分类

1. 中心投影法

当所有投射线都通过投射中心时，这种对形体进行投影的方法称为中心投影法，如图

2-2 所示。用中心投影法所得到的投影称为中心投影。由于中心投影法的各投射线对投影面的倾角不同，因而得到的投影与被投影对象的形状和大小有着比较复杂的关系。

2. 平行投影法

若将投射中心移向无穷远处，则所有的投射线变成互相平行，这种对形体进行投影的方法称为平行投影法，如图 2-3 所示。平行投影法又分为斜投影法和正投影法两种。

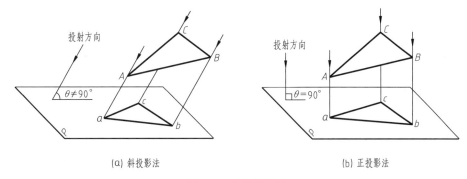

(a) 斜投影法　　　　　　　　　　　(b) 正投影法

图 2-3　平行投影法

（1）斜投影法　平行投影法中，当投射线倾斜于投影面时，这种对形体进行投影的方法称为斜投影法，如图 2-3（a）所示。用斜投影法得到的投影称为斜投影。由于投射线的方向以及投射线与投影面的倾角 θ 有无穷多种情况，故斜投影也可绘出无穷多种；但当投射线的方向 θ 角一定时，其投影是唯一的。

（2）正投影法　平行投影法中，当投射线垂直于投影面时，这种对形体进行投影的方法称为正投影法，如图 2-3（b）所示。用正投影法得到的投影称为正投影。由于平行投影是中心投影的特殊情况，而正投影又是平行投影的特殊情况，因而它的规律性较强，所以工程上常把正投影法作为工程图的绘图方法。

三、工程上常用的几种投影方法

1. 多面正投影法

多面正投影法是采用正投影法将空间几何元素或形体分别投影到相互垂直的两个或两个以上的投影面上，然后按一定规律将获得的投影排列在一起，从而得出投影图的方法。用正投影法所绘制的投影图称为正投影图。

如图 2-4（a）所示，就是把一个形体分别向三个相互垂直的投影面 H、V、W 作正投影的情形；如图 2-4（b）所示，是将形体移走后，将投影面连同形体的投影展开到一个平

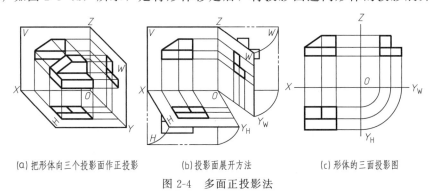

(a) 把形体向三个投影面作正投影　　　(b) 投影面展开方法　　　(c) 形体的三面投影图

图 2-4　多面正投影法

面上的方法；如图 2-4（c）所示，是去掉投影面边框后得到的三面投影图。

正投影图能反映形体的真实形状，绘制时度量方便，所以是工程界最常用的一种投影图。其缺点是直观性较差，看图时必须几个投影互相对照，才能想象出形体的形状，没受过专门训练的人不易读懂。

2. 轴测投影法

轴测投影法属于平行投影法，其获得的投影是单面投影。这一方法是把空间形体连同确定该形体位置的直角坐标系一起沿不平行于任一坐标平面的方向平行地投射到某一投影面上，从而得出其投影图的方法。用此法所绘制的投影图称为轴测投影图，简称轴测图。

如图 2-5（a）所示，就是把一个形体连同所选定的直角坐标系按某一投射方向投射到轴测投影面 P 上，在轴测投影面 P 上就得到了一个具有立体感的轴测图，如图 2-5（b）所示就是去掉轴测投影面边框后得到的轴测图。

轴测图虽然能同时反映形体三个方向的形状，但不能同时反映各表面的真实形状和大小，所以度量性较差，绘制不便。轴测图以其良好的直观性，经常用作书籍、产品说明书中的插图或工程图样中的辅助图样。

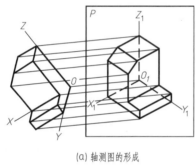

(a) 轴测图的形成   (b) 物体的轴测图

图 2-5   轴测投影法

3. 透视投影法

透视投影法属于中心投影法，其获得的投影也是单面投影。这一方法是由视点把形体按中心投影法投射到画面上，从而得出该形体投影图的方法。用此法所绘制的投影图称为透视投影图，简称透视图。

如图 2-6（a）所示，是一个建筑物透视图的形成过程，而图 2-6（b）则是该建筑物的透视图。

用透视投影法绘制的投影图与人们日常观察形体所得的视觉形象基本一致，符合近大远小的视觉效果。工程中常用此法绘制建筑物外部和内部的表现图。但这种方法的手工绘图过程较繁杂，而且根据透视图一般不能直接度量相应长度。

透视图可分为一点透视（心点透视、平行透视）、两点透视（成角透视）和三点透视。

三点透视一般用于表现高大的建筑物或其他大型的产品、设备。

透视投影广泛用于工艺美术及宣传广告图样。虽然其直观性强，但由于作图复杂且度量性差，故在工程上只用于土建工程及大型设备的辅助图样。若用计算机绘制透视图，可避免人工作图过程的复杂性，因此，在某些场合广泛地采用透视图，以取其直观性强的优点。

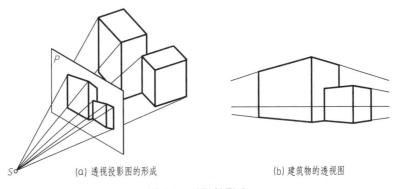

| (a) 透视投影图的形成 | (b) 建筑物的透视图 |

图 2-6　透视投影法

4. 标高投影法

标高投影法获得的投影也是单面投影。这一方法是用一系列不同高度的水平截平面剖切形体，然后依次作出各截面的正投影，并用数字把形体各部分的高度标注在该投影上，该投影图称为标高投影图。

如图 2-7（a）所示，取高差为 10m 的一系列水平面与山峰相交，得到一系列等高线，并将这些曲线投影到水平面上，即为标高投影图，如图 2-7（b）所示。标高投影常用来表示不规则曲面，如船舶、飞行器、汽车曲面以及地形等。

对于某些复杂的工程曲面，往往是采用标高投影和正投影结合的方法来表达。标高投影法是绘制地形图和土工结构物投影图的主要方法。

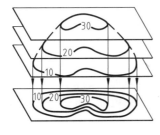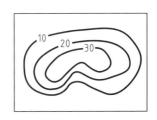

| (a) 曲面标高投影图的形成 | (b) 曲面的标高投影图 |

图 2-7　标高投影法

第二节　点 的 投 影

点是组成形体的最基本几何元素，这里研究的点只有空间位置，没有大小。

一、点的单面投影

如图 2-8（a）所示，点的投影仍为点。设投射方向为 S，空间点 A 在投影面 H 上有唯一的投影 a。反之，若已知点 A 在投影面 H 上的投影 a，却不能唯一确定 A 点的空间位置，（如 A_1、A_2、A_n），由此可见，点的一个投影不能唯一确定该点的空间位置。

同样，仅有形体的单面投影也无法确定该形体的空间形状，如图 2-8（b）所示。

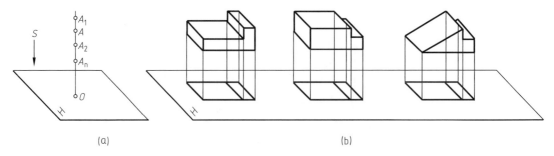

图 2-8　单面投影

二、点在两投影面体系中的投影

（一）两投影面体系的建立

如图 2-9（a）所示，建立两个相互垂直的投影面 H、V，H 面水平放置，V 面正对着观察者直立放置，两投影面垂直相交，交线为 OX。

V、H 两投影面组成两投影面体系，并将空间分成了四个部分，每一部分称为一个分角。它们在空间的排列顺序 I、II、III、IV，如图 2-9（a）所示。

我国的国家标准规定将形体放在第一分角进行投影。

1. 术语

如图 2-9（b）所示：

水平放置的投影面称为水平投影面，用 H 表示，简称 H 面。

正对着观察者与水平投影面垂直的投影面称为正立投影面，用 V 表示，简称 V 面。

两投影面的交线称为投影轴，V 面与 H 面的交线用 OX 表示。

空间点用大写字母（如 A、B、…）表示。

水平投影面上的投影称为水平投影，用相应的小写字母（如 a、b、…）表示。

正立投影面上的投影称为正面投影，用相应的小写字母加一撇（如 a'、b'、…）表示。

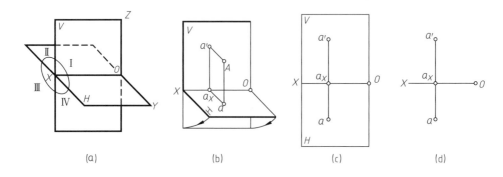

图 2-9　两投影面体系及点的两面投影

2. 规定

图 2-9（b）为点 A 在两投影面体系的投影直观图。空间点用空心小圆圈表示。

为了使点 A 的两个投影 a、a' 表示在同一平面上，规定 V 面保持不动，H 面绕 OX 轴按图示的方向旋转 90°与 V 面重合。这种旋转摊平后的平面图形称为点 A 的投影图，如

图 2-9（c）所示。投影面的范围可以任意扩大，为了简化作图，通常在投影图上不画其边界，只画出两个投影和投影轴 OX，如图 2-9（d）所示。投影图上两个投影之间的连线（如 a、a' 的连线）称为投影连线。在投影图中，投影连线用细实线绘制，点的投影用空心小圆圈表示。

（二）点的两面投影及其投影规律

1. 点的两面投影

设在第一分角内有一点 A，如图 2-9（b）所示。由点 A 分别向 H 面和 V 面作垂线 Aa、Aa'，其垂足 a 称为空间点 A 的水平投影，垂足 a' 称为空间点 A 的正面投影。如果移去点 A，过水平投影 a 和正面投影 a' 分别作 H 面和 V 面的垂线 Aa 和 $a'A$，二垂线必交于 A 点。因此，根据空间点的两面投影，可以唯一确定该点的空间位置。

通常采用图 2-9（d）所示的两面投影图来表示空间点的几何原形。

2. 点的投影规律

（1）点 A 的正面投影 a' 和水平投影 a 的连线必垂直于 OX 轴，即 $aa'\perp OX$。

在图 2-9（b）中，垂线 Aa 和 Aa' 构成了一个平面 $Aaa_X a'$，它垂直于 H 面，也垂直于 V 面，则必垂直于 H 面和 V 面的交线 OX。所以平面 $Aaa_X a'$ 上的直线 aa_X 和 $a'a_X$ 必垂直于 OX，即 $aa_X\perp OX$，$a'a_X\perp OX$。当 a 随 H 面旋转至与 V 面重合时，$aa_X\perp OX$ 的关系不变。因此投影图上的 a、a_X、a' 三点共线，即 $aa'\perp OX$。

（2）点 A 的正面投影 a' 到 OX 轴的距离等于点 A 到 H 面的距离，即 $a'a_X = Aa$；其水平投影 a 到 OX 轴的距离等于点 A 到 V 面的距离，即 $aa_X = Aa'$。

由图 2-9（b）可知，$Aaa_X a'$ 为一矩形，其对边相等，所以 $a'a_X = Aa$，$aa_X = Aa'$。

三、点在三投影面体系中的投影

点的两个投影虽已能唯一确定该点在空间的位置，但在表达复杂的形体或解决某些空间几何关系问题时，常常还需采用三个投影图或更多的投影图。此外，还有其相对应的术语、规定和投影规律。

（一）三投影面体系的建立

由于三投影面体系（图 2-10）是在两投影面体系的基础上发展而成，因此两投影面体系中的术语、规定及投影规律，在三投影面体系中仍然适用。

1. 术语

与水平投影面和正立投影面同时垂直的投影面称为侧立投影面，用 W 表示，简称 W 面。

侧立投影面上的投影称为侧面投影，用小写字母加两撇（如 a''、b''、…）表示。

H 面和 W 面的交线用 OY 表示，称为 OY 轴。

V 面与 W 面的交线用 OZ 表示，称为 OZ 轴。

三投影轴垂直相交的交点用 O 表示，称为投影原点。

H、V、W 三个投影面将空间分为八个分角，其排列顺序如图 2-10 所示。

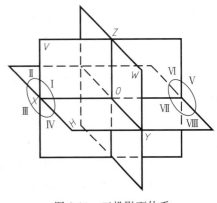

图 2-10　三投影面体系

2. 规定

投影面展开时，仍规定 V 面保持不动，W 面绕 OZ 轴向右旋转 $90°$ 与 V 面重合。OY 轴一分为二，随 H 面向下转动的用 OY_H 表示，称为 OY_H 轴，随 W 面向右转动的用 OY_W 表示，称为 OY_W 轴，如图 2-11（b）所示。

（二）点的三面投影及其投影规律

1. 点的三面投影

这里仍介绍点在第一分角内的投影。

如图 2-11（a）所示，设第一分角内有一点 A。自点 A 分别向 H、V、W 面作垂线 Aa、Aa'、Aa''，其垂足 a、a'、a'' 即为点 A 在三个投影面上的投影。

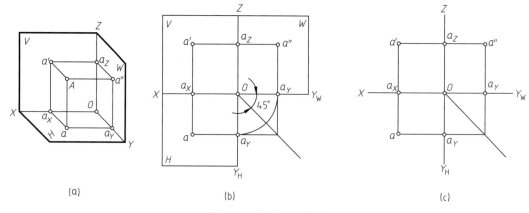

图 2-11　点的三面投影

将三个投影面按规定展开，如图 2-11（b）所示，展开成同一平面并取消投影面边界线后，就得到点 A 的三面投影图，如图 2-11（c）所示。但必须明确，OY_H 与 OY_W 在空间中是指同一投影轴。

2. 点的投影规律

图 2-11 所示的三投影面体系可看成是两个互相垂直的两投影面体系，一个是由 V 面和 H 面组成，另一个由 V 面和 W 面组成。根据前述的两投影面体系中点的投影规律，便可得出点在三投影面体系中的投影规律如下：

（1）点 A 的正面投影 a' 和水平投影 a 的连线垂直于 OX 轴，即 $aa' \perp OX$。

（2）点 A 的正面投影 a' 和侧面投影 a'' 的连线垂直于 OZ 轴，即 $a'a'' \perp OZ$。

（3）点 A 的水平投影 a 到 OX 轴的距离 aa_X 与点 A 的侧面投影 a'' 到 OZ 轴的距离 $a''a_Z$ 相等，均反映点 A 到 V 面的距离，即 $aa_X = a''a_Z$，如图 2-11（a）所示。

可见，点的投影规律与三面投影的三等规律"长对正，高平齐，宽相等"是完全一致的。

用作图方法表示 a 与 a'' 的关联时，可以用 $aa_X = a''a_Z$；也可以原点 O 为圆心，以 Oa_Y 为半径作圆弧求得；或自点 O 作 $45°$ 辅助线求得，如图 2-11（b）所示。

当点位于三投影面体系中其他分角内时，这些基本规律同样适用。只是位于不同分角内点的三面投影对投影轴的位置各不相同，具体分布情况以及投影特点，读者可自行分析。

例 2-1　如图 2-12（a）所示，已知空间点 A 的正面投影 a' 和水平投影 a，求作该点的侧面投影 a''。

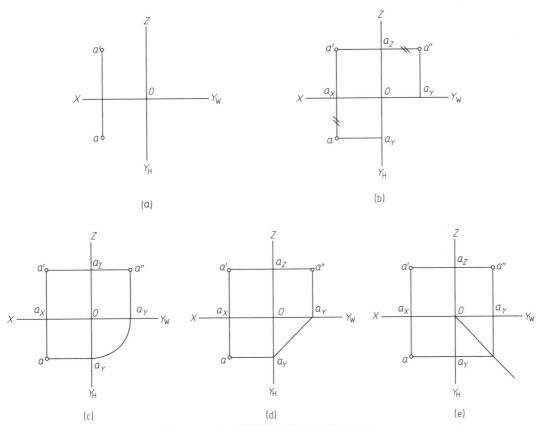

图 2-12　由点的两面投影求作第三面投影

分析：已知点的两面投影求作点的第三面投影，利用的是点的投影规律。本例已知点的正面和水平投影求作侧面投影，要用到"宽相等"，即点到 V 面的距离。共有四种作图方法。

作图步骤：

（1）方法一：由 a' 作 OZ 轴的垂线与 OZ 轴交于 a_Z，在此垂线上自 a_Z 向前量取 $a_Z a'' = aa_X$，则得到点 A 的侧面投影 a''，如图 2-12（b）所示。

（2）方法二：由 a' 作 OZ 轴的垂线与 OZ 轴交于 a_Z，并延长；过 a 作 OY_H 轴垂线与 OY_H 轴相交得 a_Y 点；以 O 为圆心，以 Oa_Y 长为半径画弧与 OY_W 轴相交得 a_Y 点；过 a_Y 作 OY_W 轴垂线与过 a' 所作 OZ 轴垂线的延长线相交，即得点 A 的侧面投影 a''，如图 2-12（c）所示。

（3）方法三：由 a' 作 OZ 轴的垂线与 OZ 轴交于 a_Z，并延长；过 a 作 OY_H 轴垂线与 OY_H 轴相交得 a_Y 点；过 a_Y 点，作与 OY_H 轴成 $45°$ 直线，与 OY_W 轴相交得 a_Y 点；过 a_Y 作 OY_W 轴垂线与过 a' 所作 OZ 轴垂线的延长线相交，即得点 A 的侧面投影 a''，如图 2-12（d）所示。

（4）方法四：作 $Y_H OY_W$ 的角平分线（$45°$ 直线）；过 a' 作 OZ 轴的垂线与 OZ 轴交于 a_Z，并延长；过 a 作 OY_H 轴垂线与 OY_H 轴相交于 a_Y 点，延长与 $45°$ 角平分线相交；过交点作 OY_W 轴垂线与 OY_W 轴相交得 a_Y 点；过 a_Y 作 OY_W 轴垂线与过 a' 所作 OZ 轴垂线的延长线相交，即得点 A 的侧面投影 a''，如图 2-12（e）所示。

（三）投影面和投影轴上点的投影

如图 2-13（a）所示，点 A 在 V 面上，点 B 在 H 面上，点 C 在 W 面上，图 2-13（b）是投影图，从图中可以看出投影面上的点的投影规律：

投影面上的点，其该面投影与空间点本身重合，其另外两个投影面上的投影分别位于相应的投影轴上。

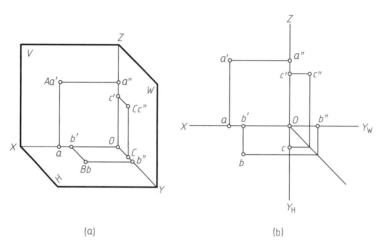

(a)　　　　　　　　　　　(b)

图 2-13　投影面上点的投影

如图 2-14（a）所示，点 A 在 OX 轴上，点 B 在 OY 轴上，点 C 在 OZ 轴上，图 2-14（b）是投影图，从图中可以看出投影轴上的点的投影规律：

投影轴上的点，在包含该投影轴的两个投影面上的投影均与空间点本身重合，其另一投影面上的投影与投影原点重合。

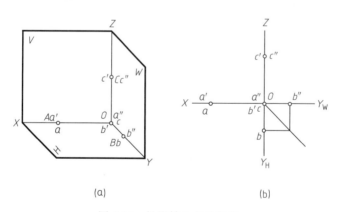

(a)　　　　　　　　　　　(b)

图 2-14　投影轴上点的投影

四、点的投影与直角坐标的关系

如图 2-15（a）所示，如果把三投影面体系看作空间直角坐标系，三投影面为直角坐标面，投影轴为坐标轴，投影原点为坐标原点，则空间点 A 到三个投影面的距离可用它的直角坐标（X，Y，Z）表示。空间点 A 到 W 面的距离就是点 A 的 X 坐标；点 A 到 V 面的距离就是点 A 的 Y 坐标；点 A 到 H 面的距离就是点 A 的 Z 坐标，如图 2-15（b）所示。

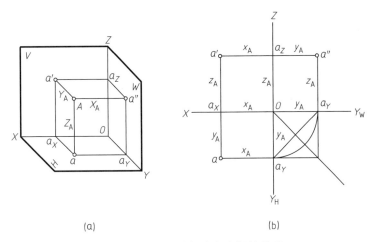

图 2-15　点的投影与直角坐标的关系

由于空间点 A 的位置可由它的坐标值（X，Y，Z）唯一确定，因而点 A 的三个投影也完全可用坐标确定，二者之间的关系如下：

水平投影 a 可由（X，Y）两坐标确定。

正面投影 a' 可由（X，Z）两坐标确定。

侧面投影 a'' 可由（Y，Z）两坐标确定。

从上可知，点的任意两个投影都反映点三个坐标值。因此，若已知点的任意两个投影，就必能作出其第三投影。

在三投影面体系中，原点 O 把每一坐标轴分成正负两部分，规定 OX、OY、OZ 从原点 O 分别向左、向前、向上为正，反之为负。

例 2-2　已知空间点 A（20，10，15），求作其三面投影图。

分析：利用点的投影与直角坐标的关系求解。点 A 的 X 坐标为 20mm，Y 坐标为 10mm，Z 坐标为 15mm。按照 1：1 的比例，在投影轴上截取实际长度即可。

作图步骤：

（1）由原点 O 向左沿 OX 轴量取 20mm 得 a_X，过 a_X 作 OX 轴的垂线，在垂线上自 a_X 向前量取 10mm 得 a，向上量取 15mm 得 a'；

（2）过 a' 作 OZ 轴的垂线交 OZ 轴于 a_Z，在此垂线上自 a_Z 向右量取 10mm 得 a''（也可按其他方法求得），如图 2-16 所示。

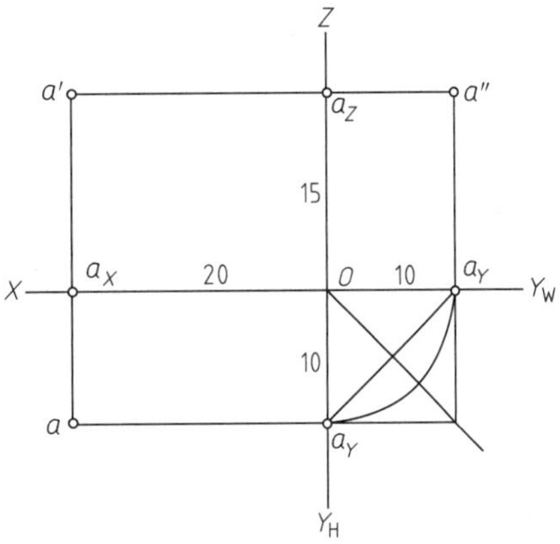

五、空间点的相对位置

空间两点的相对位置指空间两点的上下、前后、左右的位置关系。这种位置关系可通过两点的各同面投影之间的坐标大小来判断。

图 2-16　由点的坐标求作点的三面投影图

点的 X 坐标表示该点到 W 面的距离，因此根据两点 X 坐标值的大小可以判别两点的左右位置；同理，根据两点的 Z 坐标值的大小可以判别两点的上下位置；根据两点的 Y 坐标值的大小可以判别两点的前后位置。

如图 2-17 所示，点 B 的 X 坐标小于点 A 的 X 坐标，点 B 的 Y 坐标大于点 A 的 Y 坐标，点 B 的 Z 坐标小于点 A 的 Z 坐标，所以，点 B 在点 A 的右、前、下方。

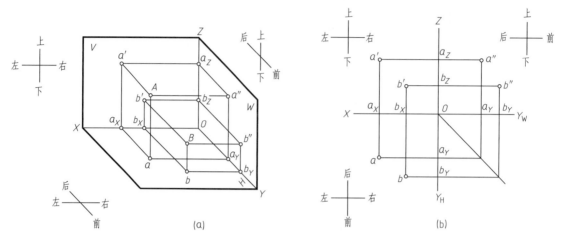

图 2-17　空间两点的相对位置

如果图 2-17 中的 A、B 两点是长方体的两个顶点，如图 2-18（a）所示，那么，这个长方体的尺寸，就是这两点的坐标差：

$$高 = |z_A - z_B|；长 = |x_A - x_B|；宽 = |y_B - y_A|。$$

只要保持坐标差数值不变，改变长方体与投影面的距离，并不影响长方体的尺寸，如图 2-18（b）所示，所以画图时可以不画投影轴，如图 2-18（c）所示。不设投影轴的投影图称为无轴投影图。

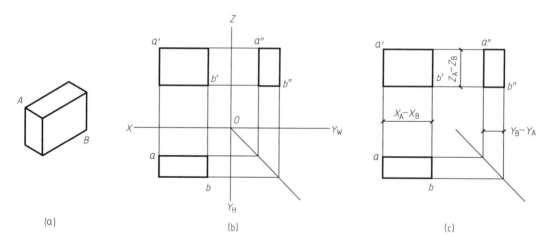

图 2-18　长方体中两点的相对位置

画形体的三面投影时，往往都是利用相对坐标作图，因此，工程制图基本上都绘制这种无轴投影图。

根据点的三面投影规律，以及空间点的相对位置，可以进一步了解为什么形体的三个投影会保持"长对正，高平齐，宽相等"的投影规律。

六、重影点及可见性

如果空间两点恰好位于某一投影面的同一条投射线线上,则这两点在该投影面上的投影必重合为一点。我们把在某一投影面上投影重合的两个点,称为该投影面的重影点。

如图 2-19 (a) 所示,A、B 两点的 X、Z 坐标相等,而 Y 坐标不等,则它们的正面投影重合为一点,所以 A、B 两点为 V 面的重影点。同理,C、D 两点的水平投影重合为一点,所以 C、D 两点为 H 面的重影点。在投影图中往往需要判断并标明重影点的可见性。如 A、B 两点向 V 面投影时,由于点 A 的 Y 坐标大于点 B 的 Y 坐标,即点 A 在点 B 的前方,所以,点 A 的 V 面投影 a' 可见,点 B 的 V 面投影 b' 不可见。通常在不可见的投影标记上加括号表示。如图 2-19 (b) 所示,A、B 两点的 V 面投影为 $a'(b')$。

同理,图 2-19 (a) 中的 C、D 两点为 H 面的重影点,其 H 面的投影为 $c(d)$,如图 2-19 (b) 所示。由于点 C 的 Z 坐标大于点 D 的 Z 坐标,即点 C 在点 D 的上方,故点 C 的 H 面投影 c 可见,点 D 的 H 面投影 d 不可见,其 H 面投影为 $c(d)$。同样地,E、F 两点为 W 面的重影点,其 W 面的投影为 $e''(f'')$。

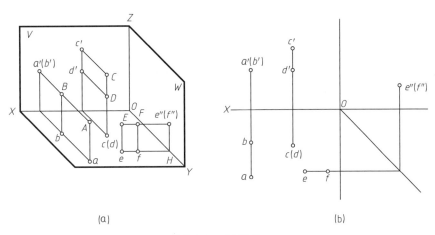

(a)   (b)

图 2-19 重影点

由此可见,当空间两点有两对坐标对应相等时,则此两点必为某一投影面的重影点;而重影点的可见性由不相等的那个坐标值决定:坐标大的投影为可见,坐标小的投影为不可见,即"前遮后,左遮右,上遮下"。

各种重影点及投影特性如表 2-1 所示。

表 2-1 各种重影点及投影特性

名称	水平重影点	正面重影点	侧面重影点
形体表面上的点			

名称	水平重影点	正面重影点	侧面重影点
立体图			
投影图			
投影特性	(1)正面投影和侧面投影反映两点的上下位置,上面的点可见,下面的点不可见。 (2)两点水平投影重合,不可见的点 B 的水平投影用(b)表示	(1)水平投影和侧面投影反映两点的前后位置,前面的点可见,后面的点不可见。 (2)两点正面投影重合,不可见的点 B 的正面投影用(b')表示	(1)水平投影和正面投影反映两点的左右位置,左面的点可见,右面的点不可见。 (2)两点侧面投影重合,不可见的点 B 的侧面投影用(b'')表示

第三节　直线的投影

直线常用线段的形式来表示,在不考虑线段本身的长度时,也常把线段称为直线。因为两点可以确定一条直线,所以只要作出线段两个端点的三面投影,然后用直线连接两个端点的同面投影,就可作出直线的三面投影。

直线的投影一般仍为直线,如图 2-20（a）所示。已知直线 AB 两个端点 A 和 B 的三面投影,如图 2-20（b）所示,则连线 ab、$a'b'$、$a''b''$,就是直线 AB 的三面投影,如

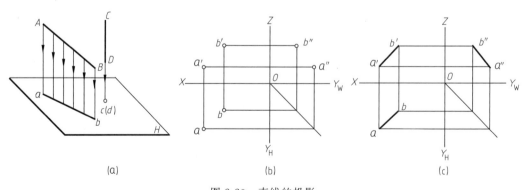

图 2-20　直线的投影

图 2-20 （c）所示，直线的投影用粗实线绘制。

一、直线对投影面的相对位置

直线按其与投影面相对位置的不同，可以分为一般位置线、投影面平行线和投影面垂直线，后两种直线统称为特殊位置直线。

1. 一般位置直线

同时倾斜于三个投影面的直线称为一般位置直线。空间直线与投影面之间的夹角称为直线对投影面的倾角。直线对 H 面的倾角用 α 表示，直线对 V 面的倾角用 β 表示，直线对 W 面的倾角用 γ 表示。

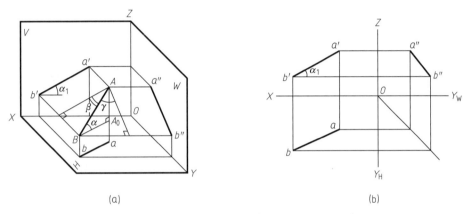

图 2-21　一般位置直线的投影

从图 2-21（a）所示的几何关系可知，直线对投影面的倾角可用空间直线与该直线在各投影面上的投影之间的夹角来度量。即倾角 α 是直线 AB 与其水平投影 ab 之间的夹角；倾角 β 是直线 AB 与其正面投影 $a'b'$ 之间的夹角；倾角 γ 是直线 AB 与其侧面投影 $a''b''$ 之间的夹角。一般位置直线的三面投影与投影轴之间的夹角不反映 α、β、γ 的真实大小，如图 2-21（b）所示中的 α_1 不等于 α。

直线 AB 的各个投影长度分别为：$ab = AB\cos\alpha$；$a'b' = AB\cos\beta$；$a''b'' = AB\cos\gamma$。如图 2-21（a）所示。一般位置直线的投影特征为：

（1）一般位置直线的三个投影均为直线，而且投影长度都小于线段的实长。

（2）一般位置直线的三个投影都倾斜于投影轴，且与投影轴的夹角均不反映空间直线与投影面倾角的真实大小。

2. 投影面平行线

只平行于某一个投影面，同时倾斜于另外两个投影面的直线，称为该投影面的平行线。根据直线对所平行的投影面的不同，有以下三种投影面平行线：

水平线——只平行于水平投影面（H 面）的直线；

正平线——只平行于正立投影面（V 面）的直线；

侧平线——只平行于侧立投影面（W 面）的直线。

以水平线 AB 为例，如表 2-2 所示，由于 AB 线平行于水平投影面，即对 H 面的倾角 $\alpha = 0$，即 AB 线上各点至 H 面的距离相等。因此，水平线的投影特性为：

（1）水平投影反映线段的实长，即 $ab = AB$；

（2）水平投影与 OX 轴的夹角等于该直线对 V 面的倾角 β，与 OY_H 的夹角等于该直线对 W 面的倾角 γ；

（3）其余两个投影分别平行于相应的投影轴，投影长度都小于线段的实长，即 $a'b'$ // OX，$a''b''$ // OY_W；$a'b' < AB$，$a''b'' < AB$。

正平线和侧平线也具有类似的投影特性，见表 2-2。

表 2-2　投影面平行线的投影特性

名称	水平线	正平线	侧平线
形体表面上的线	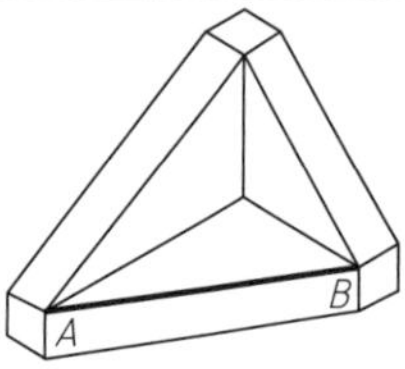	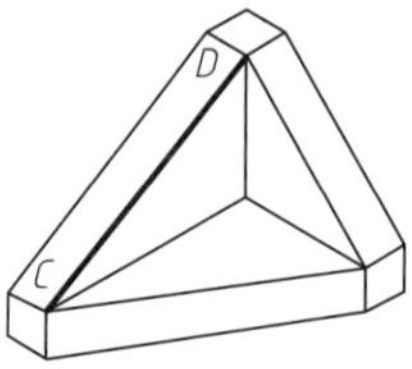	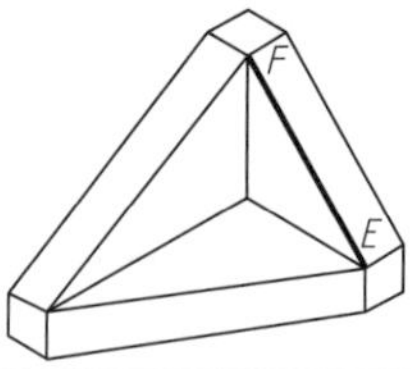
立体图	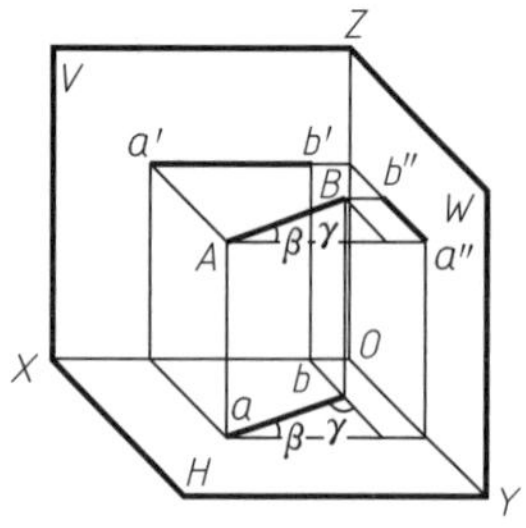	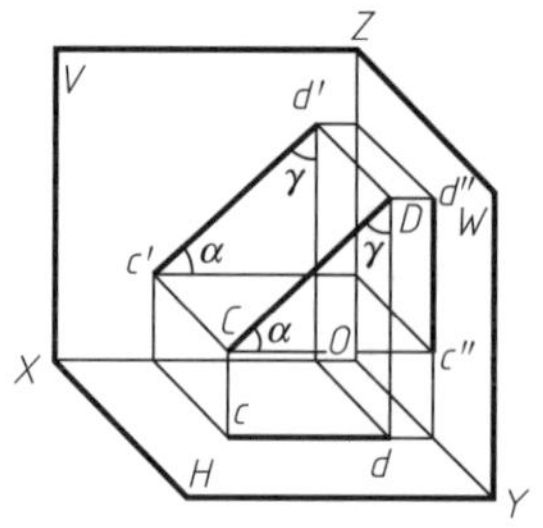	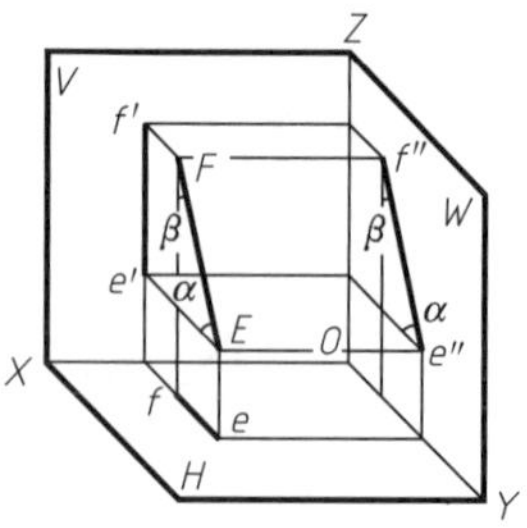
投影图	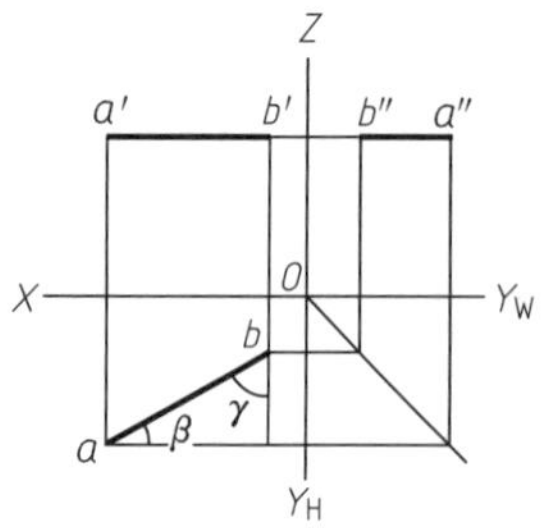	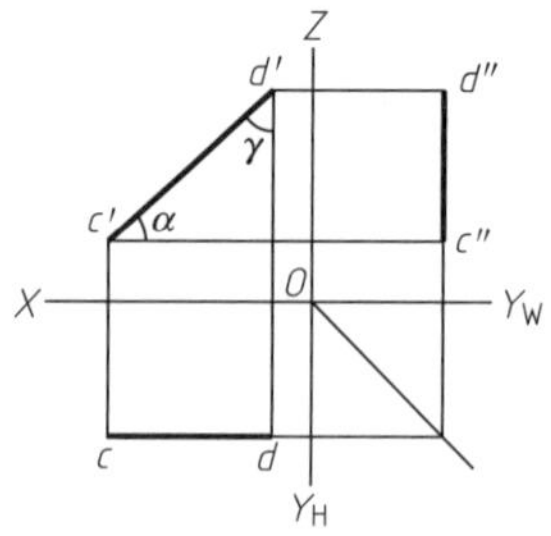	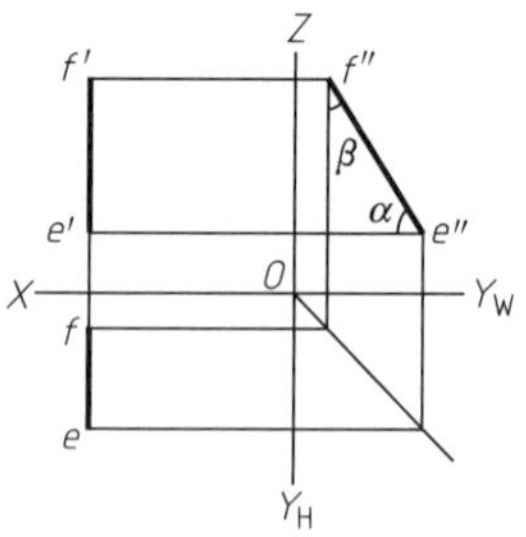
投影特性	(1) $ab = AB$。 (2) $a'b'$ // OX；$a''b''$ // OY_W。 (3) ab 与 OX 轴所成的 β 角为直线 AB 与 V 面的倾角；ab 与 OY_H 轴所成的 γ 角为直线 AB 与 W 面的倾角	(1) $c'd' = CD$。 (2) cd // OX；$c''d''$ // OZ。 (3) $c'd'$ 与 OX 轴所成的 α 角为直线 CD 与 H 面的倾角；$c'd'$ 与 OZ 轴所成的 γ 角为直线 CD 与 W 面的倾角	(1) $e''f'' = EF$。 (2) $e'f'$ // OZ；ef // OY_H。 (3) $e''f''$ 与 OY_W 轴所成的 α 角为直线 EF 与 H 面的倾角；$e''f''$ 与 OZ 轴所成的 β 角为直线 EF 与 V 面的倾角
共性	(1) 直线在其所平行投影面的投影反映直线的实长（显实性），该投影与相应投影轴的夹角反映直线与另外两个投影面的倾角。 (2) 直线在另外两个投影面的投影平行于直线所平行投影面的坐标轴，且均小于直线的实长		

三种投影面平行线的共性是：

直线在其平行的投影面上的投影反映该直线的实长，同时反映该直线与另外两个投影面的倾角；直线的另外两个投影分别平行于相应的投影轴，其投影长度都小于实长。

3. 投影面垂直线

垂直于某一投影面，必然同时平行于另外两个投影面的直线，称为该投影面的垂直线。

根据直线对所垂直的投影面的不同，有以下三种投影面垂直线：

铅垂线——垂直于水平投影面 H 面的直线；

正垂线——垂直于正立投影面（V 面）的直线；

侧垂线——垂直于侧立投影面（W 面）的直线。

以铅垂线 AB 为例，如表 2-3 所示，由于铅垂线 AB 垂直于水平投影面，则必同时平行于正立投影面和侧立投影面，因此，铅垂线的投影特性为：

（1）水平投影积聚成一点，即 $a(b)$；

（2）另外两个投影分别垂直于相应的投影轴，且反映线段的实长，即 $a'b' \perp OX$，$a''b'' \perp OY_W$，$a'b' = a''b'' = AB$。

正垂线和侧垂线也具有类似的投影特性，见表 2-3。

表 2-3　投影面垂直线的投影特性

名称	铅垂线	正垂线	侧垂线
形体表面上的线	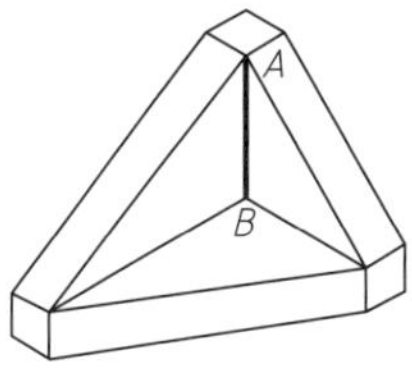	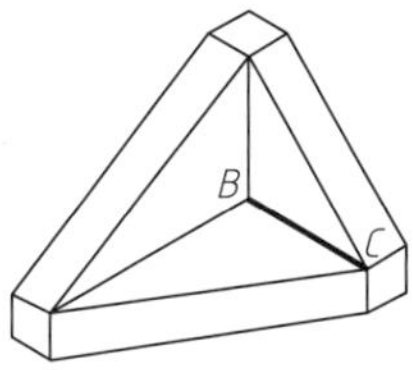	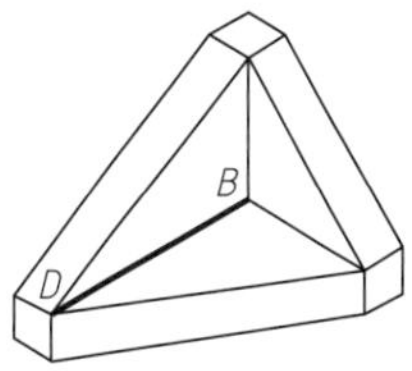
立体图	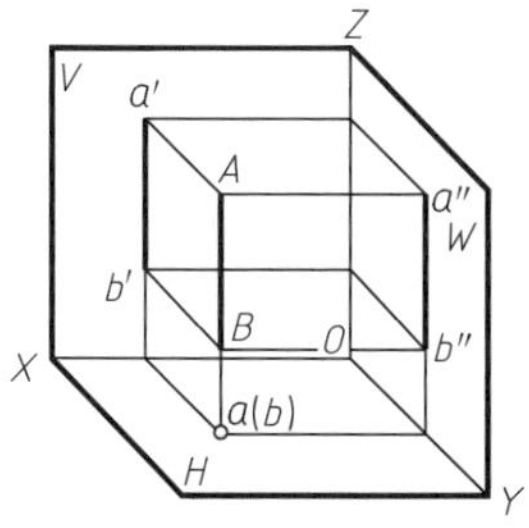	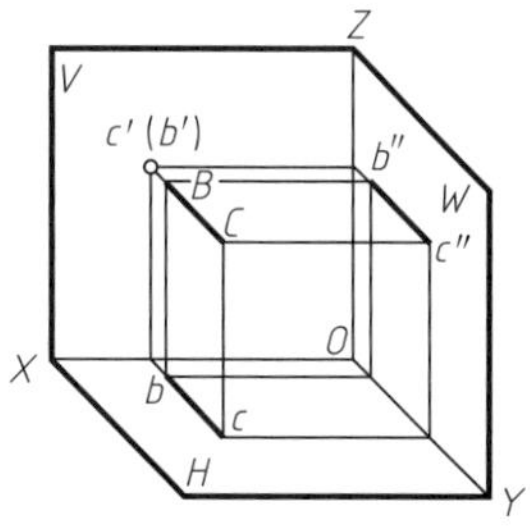	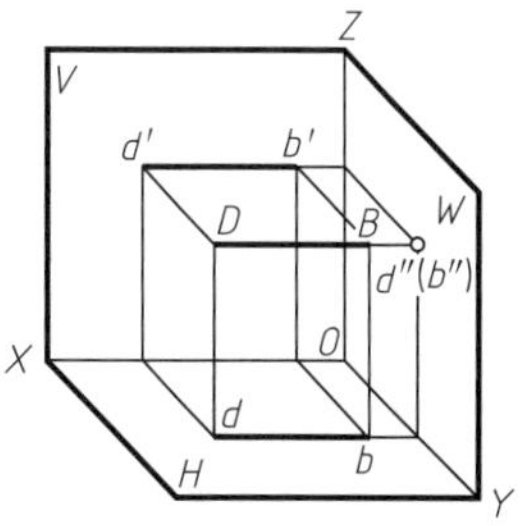
投影图	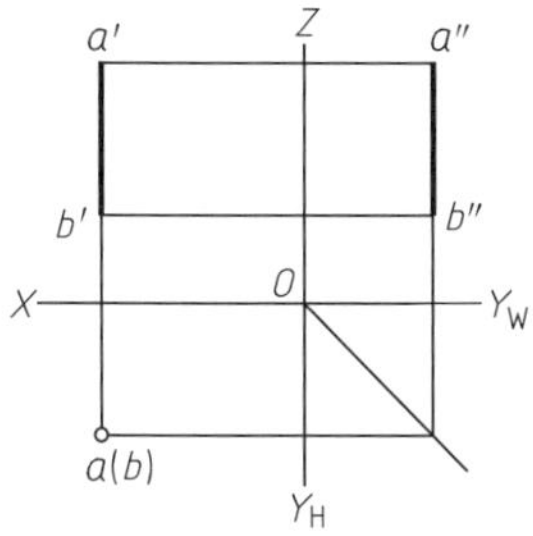	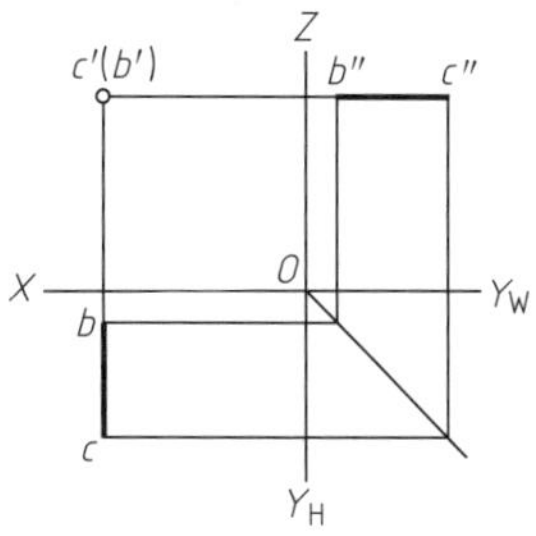	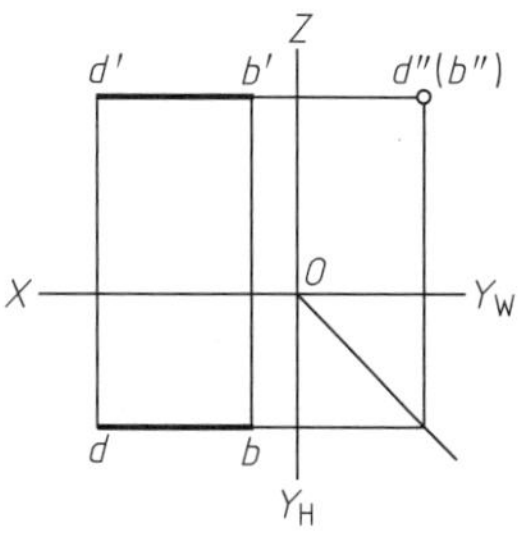
投影特性	(1) $a(b)$ 积聚为一点； (2) $a'b' \perp OX$，$a''b'' \perp OY_W$； (3) $a'b' = a''b'' = AB$	(1) $c'(b')$ 积聚为一点； (2) $cb \perp OX$，$c''b'' \perp OZ$； (3) $cb = c''b'' = CB$	(1) $d''(b'')$ 积聚为一点； (2) $db \perp OY_H$，$d'b' \perp OZ$； (3) $db = d'b' = DB$
共性	(1) 直线在其垂直的投影面上的投影积聚成一点（积聚性）。 (2) 直线在另外两个投影面上的投影反映直线的实长（显实性），并且垂直于相应的投影轴		

三种投影面垂直线的共性是：

直线在其垂直的投影面上的投影积聚成一点（积聚性）；直线的另外两个投影分别垂直于相应的投影轴，并反映其实长（显实性）。

比较各种直线的投影特点，可以看出：如果直线的一个投影是点，另外两个投影分别垂直于相应的投影轴，则该直线是投影面垂直线；如果直线的一个投影是斜线，另外两个投影分别平行于相应的投影轴，则该直线是投影面平行线；如果直线的三个投影都是斜线，则该直线是一般位置直线。

此外，还应该注意投影面平行线与投影面垂直线两者之间的区别。例如，铅垂线垂直于 H 面，且同时平行于 V 面和 W 面，但该直线不能称为正平线或侧平线，而只能称为铅垂线。

例 2-3 如图 2-22 所示，过 A 点作水平线 AB，实长为 20mm，与 V 面夹角为 30°，求出其两面投影，共有几个解？

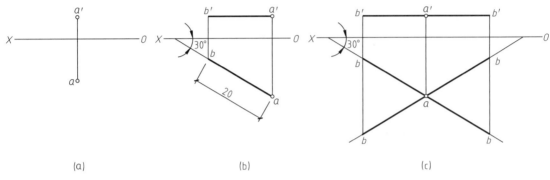

(a) (b) (c)

图 2-22 求水平线的投影

分析： 水平线的正面投影平行于 OX 轴。由于 a' 已知，因此所求水平线的正面投影在过 a' 与 OX 轴平行的直线上。水平线的水平投影与 OX 轴的夹角就是水平线与 V 面夹角 β，由于 a 为已知，所以过 a 作与 OX 轴夹角为 30°的直线，水平线的水平投影就在该直线上。

作图步骤：

(1) 过 a 作与 OX 轴夹角为 30°的直线（向左向右均可），在该直线上截取 20mm，得 b，如图 2-22 (b) 所示；

(2) 由 a' 作 OX 轴平行线（向左或向右与水平投影对应）；

(3) 过 b 作投影连线，与过 a' 作的 OX 轴平行线相交，得 b'；

(4) 连线 $a'b'$、ab 即为所求，如图 2-22 (c) 所示。

如图 2-22 (c) 所示，本题有四个解答（在有多解的情况下，一般只要求作一解即可）。

4. 投影面内的特殊位置直线

(1) 投影面内的特殊位置直线，是上述两类的特殊位置直线在投影面（V、H、W）内的特殊情况。它具有投影面平行线或垂直线的投影特点。其特点是：其所在的投影面内的投影与该直线本身重合，另外两个投影面内的投影分别在相应的投影轴上。

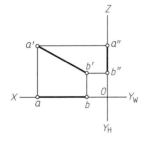

图 2-23 V 面内的正平线

如图 2-23 所示为在 V 面内的正平线 AB，其正面投影 $a'b'$ 与直线 AB 重合，反映实长；水平投影 ab 和侧面投影 $a''b''$ 分别在 OX 轴与 OZ 轴上。

如图 2-24 所示为在 V 面内的铅垂线 CD，其正面投影 $c'd'$ 与直线 CD 重合，反映实长；水平投影 cd 积聚成一点并在 OX 轴上，侧面投影 $c''d''$ 在 OZ 轴上，反映实长。

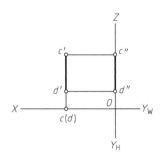

图 2-24　V 面内的铅垂线

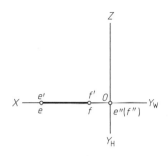

图 2-25　OX 轴上的侧垂线

（2）投影轴上的特殊位置直线，是更特殊的情况。这类直线必定是投影面的垂直线。其特点是：有两个投影与直线本身重合，另一投影积聚在原点上。如图 2-25 所示为 OX 轴上的侧垂线 EF 的投影。

二、线段的实长及其对投影面的倾角

由前面的讨论可知，特殊位置直线的投影能直接反映该线段的实长和对投影面的倾角，而一般位置线段的投影不能。但是，一般位置线段的两个投影已完全确定了它的空间位置和线段上各点间的相对位置，因此，可在投影图上用图解法求出该线段的实长及其对投影面的倾角。工程上常用的方法是直角三角形法，即在投影图上利用几何作图的方法求出一般位置直线的实长和倾角的方法。

1. 直角三角形法的作图原理

如图 2-26（a）所示，为一般位置直线 AB 的直观图。图中过点 A 作 $AC /\!/ ab$，构成直角三角形 ABC。该直角三角形的一直角边 $AC = ab$（即线段 AB 的水平投影）；另一直角边 $BC = Bb - Aa = Z_B - Z_A$（即线段 AB 的两端点的 Z 坐标差）。由于两直角边的长度在投影图上均已知，因此可以作出这个直角三角形，从而求得空间线段 AB 的实长和倾角 α 的大小。

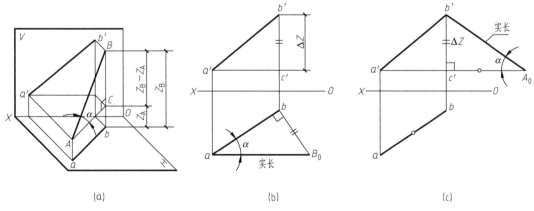

（a）　　　　　　　　　（b）　　　　　　　　　（c）

图 2-26　求一般位置线段的实长及倾角 α

2. 直角三角形法的作图方法

直角三角形可在投影图上任何空白位置作出，但为了作图简便准确，一般常利用投影图上已有的图线作为其中的一条直角边。

（1）求线段 AB 的实长及其对 H 面的倾角 α。

做法一：以 ab 为一直角边，在水平投影上作图，如图 2-26（b）所示。

① 过 a' 作 OX 轴的平行线与投影线 bb' 交于 c'，$b'c'=Z_B-Z_A$。

② 过 b（或 a）点作 ab 的垂线，并在此垂线上量取 $bB_0=b'c'=Z_B-Z_A$。

③ 连接 aB_0 即可作出直角三角形 abB_0，其斜边 aB_0 即为该线段 AB 的实长，$\angle baB_0$ 即为线段 AB 对 H 面的倾角 α。

做法二：利用 Z 坐标差值，在正面投影上作图，如图 2-26（c）所示。

① 过 a' 作 OX 轴的平行线与投影线 bb' 交于 c'，$b'c'=Z_B-Z_A$。

② 在 $a'c'$ 的延长线上，自 c' 在平行线上量取 $c'A_0=ab$，得点 A_0。

③ 连接 $b'A_0$ 作出直角三角形 $b'c'A_0$，其斜边 $b'A_0$ 即为该线段 AB 的实长，$\angle c'A_0b'$ 即为线段 AB 对 H 面的倾角 α。

显然，这两种方法所作的两个直角三角形是全等的。

（2）求线段 AB 的实长及其对 V 面的倾角 β。

如图 2-27（a）所示，为线段 AB 的实长及倾角 β 的空间关系。以线段 AB 的正面投影 $a'b'$ 为一直角边，以线段 AB 两端点前后方向的坐标差 ΔY 为另一直角边（ΔY 可由线段的 H 面投影或 W 面投影量取），作直角三角形，则可求出线段 AB 的实长和对 V 面的倾角 β，如图 2-27（b）所示。

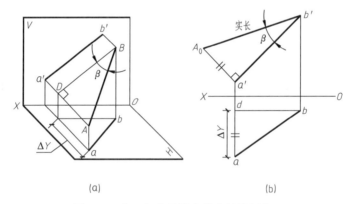

图 2-27 求一般位置线段的实长及倾角 β

具体作图步骤如下：

① 作 $bd /\!/ OX$，得 ad，$ad=Y_A-Y_B$。

② 过 a'（或 b'）点作 $a'b'$ 的垂线，并在此垂线上量取 $a'A_0=ad=Y_A-Y_B$。

③ 连接 $b'A_0$ 作出直角三角形 $a'b'A_0$，其斜边 $b'A_0$ 即为该线段 AB 的实长，$\angle a'b'A_0$ 为线段 AB 对 V 面的倾角 β。

同理，利用线段的侧面投影和两端点的 X 坐标差作直角三角形，可求出线段的实长和对 W 面的倾角 γ。

由此可见，在直角三角形法中有四个参数：投影、坐标差、实长、倾角，它们之间的关系如图 2-28 所示。利用线段的任意一个投影和相应的坐标差，均可求出线段的实长；但所用投影不同（H 面、V 面、W 面投影），则求得的倾角亦不同（对应的倾角分别为 α、β、γ）。

上述利用直角三角形法求线段实长和倾角的作图要领归结如下：

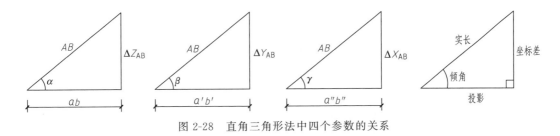

图 2-28 直角三角形法中四个参数的关系

① 以线段在某投影面上的投影长为一直角边。

② 以线段的两端点相对于该投影面的坐标差为另一直角边（该坐标差可在线段的另一投影上量取）。

③ 所作直角三角形的斜边即为线段的实长。

④ 斜边与该线段投影的夹角为线段对该投影面的倾角。

三、直线上的点

点和直线的相对位置有两种情况：点在直线上和点不在直线上。

如图 2-29 所示，C 点位于直线 AB 上，根据平行投影的基本性质，则 C 点的水平投影 c 必在直线 AB 的水平投影 ab 上，正面投影 c' 必在直线 AB 的正面投影 $a'b'$ 上，侧面投影 c'' 必在直线 AB 的侧面投影 $a''b''$ 上，而且 $AC:CB=ac:cb=a'c':c'b'=a''c'':c''b''$。

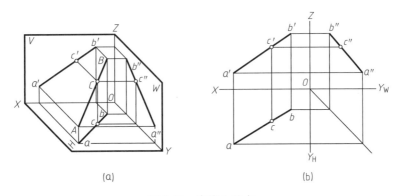

(a)   (b)

图 2-29 直线上的点

因此，点在直线上，则点的各个投影必在直线的同面投影上，且点分直线长度之比等于点的投影分直线同面投影长度之比。反之，如果点的各个投影均在直线的同面投影上，且点分直线各投影长度成相同之比，则该点一定在直线上。

在一般情况下，判断点是否在直线上，只需观察两面投影即可。例如图 2-30 给出的直线 AB 和 C、D 两点，点 C 在直线 AB 上，而点 D 不在直线 AB 上。

但当直线为侧立投影面的平行线时，还需补画第三个投影或用定比分点作图法才能确定点是否在直线上。如图 2-31（a）所示，点 K 的水平投影 k 和正面投影 k' 都在侧平线 AB 的同面投影上，要判断点 K 是否在直线 AB 上，可

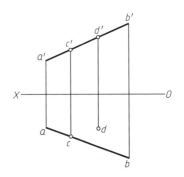

图 2-30 判断点是否在直线上

以采用两种方法：

方法一［如图 2-31（b）所示］：

作出直线 AB 及点 K 的侧面投影。因 k'' 不在 $a''b''$ 上，所以点 K 不在直线 AB 上。

方法二［如图 2-31（c）所示］：

若 K 点在直线 AB 上，则 $a'k' : k'b' = ak : kb$。

过点 b 作任意辅助线，在此线上量取 $bk_0 = b'k'$，$k_0a_0 = k'a'$。连 a_0a，再过 k_0 作直线平行于 a_0a，与 ab 交于 k_1。因 k 与 k_1 不重合，即 $ak : kb \neq a'k' : k'b'$，所以判断点 K 不在直线 AB 上。

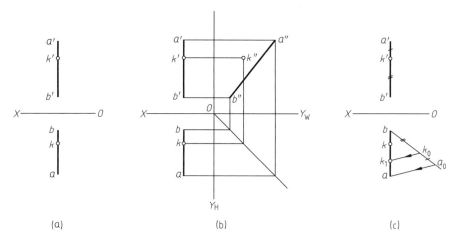

(a)　　　　　　　　　　(b)　　　　　　　　　　(c)

图 2-31　判断点与直线的相对位置关系

例 2-4　如图 2-32（a）所示，已知直线 AB 的两面投影图。若将线段 AB 分成 $AC : CB = 2 : 3$，求点 C 的投影。

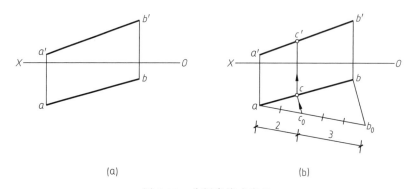

(a)　　　　　　　　　　(b)

图 2-32　分割直线成定比

分析：使用初等几何中平行线截取比例线段的方法即可确定点 C。

作图步骤［如图 2-32（b）所示］：

（1）过投影 a 作任意辅助线 ab_0，使 $ac_0 : c_0b_0 = 2 : 3$；

（2）连 b 和 b_0，再过 c_0 作辅助线平行于 b_0b，交 ab 于 c；

（3）由 c 作 OX 轴的垂线，交 $a'b'$ 于 c'，则点 C（c，c'）即为所求。

例 2-5　如图 2-33（a）所示，已知直线 AB 的两面投影图。若在直线 AB 上取一点 C，使 $AC = 15\text{mm}$，求点 C 的投影。

分析：首先用直角三角形法求得直线 AB 的实长，并在实长上截取 15mm 得分点 c_0，再根据定比关系和点 C 的投影一定在直线 AB 的同面投影上的性质，即可求得点 C 的投影。

作图步骤 〔如图 2-33（b）所示〕：

（1）以 ab 和坐标差 ΔZ 的长度为两直角边作直角三角形 abb_0，得 AB 的实长 ab_0；

（2）在 ab_0 上由 a 起量取 15mm 得 c_0；

（3）过 c_0 作 bb_0 的平行线交 ab 于 c；

（4）由 c 作 OX 轴的垂线，交 $a'b'$ 于 c'，则点 C（c，c'）即为所求。

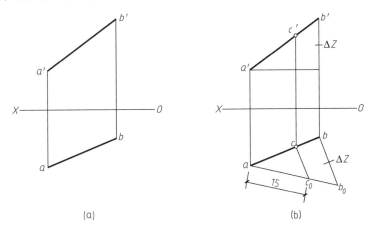

图 2-33 直线上取点

四、两直线的相对位置

两直线在空间的相对位置有平行、相交、交叉三种。其中平行、相交两直线是属于同一平面内的直线，交叉两直线是异面直线。

1. 两直线平行

根据平行投影的基本特性，如果空间两直线互相平行，则此两直线的各组同面投影必互相平行。且两直线各组同面投影长度之比等于两直线长度之比。反之，如果两直线的各组同面投影都互相平行，且各组同面投影长度之比相等，则此两直线在空间一定互相平行。

如图 2-34（a）所示，$AB/\!/CD$，将这两条平行的直线向 H 面进行投射时，构成两个相

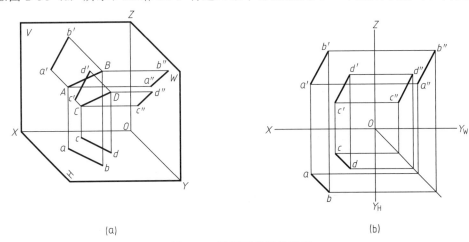

图 2-34 平行两直线的投影

互平行的投射线平面，即 $ABba /\!/ CDdc$，其与投影面的交线必平行，故有 $ab /\!/ cd$。同理可证，$a'b' /\!/ c'd'$，$a''b'' /\!/ c''d''$。

在投影图上判断两直线是否平行时，若两直线均为一般位置直线，则只需判断两直线的任意两组同面投影是否相互平行即可确定。如图 2-35 所示，由于直线 AB、CD 均为一般位置直线，且 $a'b' /\!/ c'd'$、$ab /\!/ cd$，则 $AB /\!/ CD$。

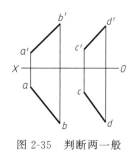

图 2-35　判断两一般
位置直线是否平行

对于投影面的平行线，则不能仅根据两组同面投影互相平行来断定它们在空间是否互相平行。如图 2-36 所示的侧平线 AB 和 CD，其正面投影和水平投影互相平行，其空间相对位置是否平行还需进一步判定其侧面投影是否平行。如图 2-36（a）所示，又因 $a''b'' /\!/ c''d''$，即可判断 $AB /\!/ CD$，故 AB 与 CD 是两平行直线。而如图 2-36（b）所示中，虽然有 $a'b' /\!/ c'd'$、$ab /\!/ cd$，但 $a''b''$ 不平行于 $c''d''$，所以判断 AB 不平行 CD，故 AB 与 CD 是两交叉直线。在图 2-36 中，如果不求出侧面投影，根据定比性也可判断此两直线是否平行，但前提应该是两条侧平线的空间倒向相同。而如图 2-36（b）所示两条侧平线的空间倒向相反（正面投影 $a'c'$ 均在上，水平投影 a 在后，c 在前），故 AB 不平行于 CD。

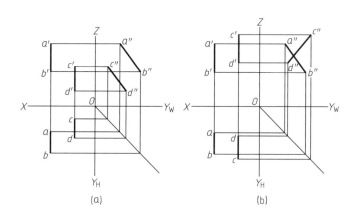

(a)　　　　　　　　(b)

图 2-36　判断两侧平线是否平行

另外，相互平行的两直线，如果垂直于同一投影面，则它们的两组同面投影相互平行，而在与两直线垂直的投影面上的投影积聚为两点，这两点之间的距离反映了两直线的真实距离，如图 2-37 所示。

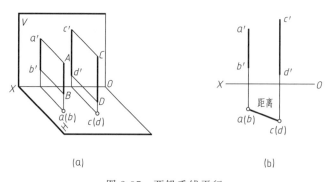

(a)　　　　　　　　(b)

图 2-37　两铅垂线平行

2. 两直线相交

如果空间两直线相交，则它们的各组同面投影一定相交，且交点的投影必符合点的投影规律。反之，如果两直线的各组同面投影都相交，且投影的交点符合点的投影规律，则该两直线在空间一定相交。

如图 2-38 所示，空间两直线 AB 和 CD 相交于点 K。由于点 K 既在直线 AB 上又在直线 CD 上，是两直线的共有点，所以点 K 的水平投影 k 一定是 ab 与 cd 的交点，正面投影 k' 一定是 $a'b'$ 与 $c'd'$ 的交点，侧面投影 k'' 一定是 $a''b''$ 与 $c''d''$ 的交点。因 k、k'、k'' 是点 K 的三面投影，所以它们必然符合点的投影规律。根据点分线段之比投影后保持不变的原理，由于 $ak:kb=a'k':k'b'=a''k'':k''b''$，故点 K 是直线 AB 上的点。又由于 $ck:kd=c'k':k'd'=c''k'':k''d''$，故点 K 是直线 CD 上的点。由于点 K 是直线 AB 和直线 CD 上的共有点，即为两直线的交点，所以两直线 AB 和 CD 相交。

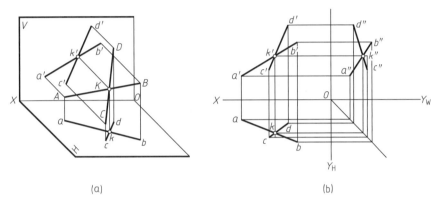

图 2-38　相交两直线的投影

对于一般位置直线，如果有两组同面投影相交，且交点符合点的投影规律，就可以断定这两条直线在空间是相交的。但是，如果两直线中有一条直线平行于某一投影面，则必须根据此两直线在该投影面的投影是否相交，以及交点是否符合点的投影规律来进行判别，也可以利用定比分割的性质进行判别。

如图 2-39，CD 为一般位置直线，而 AB 为侧平线，仅根据其正面投影和水平投影相交

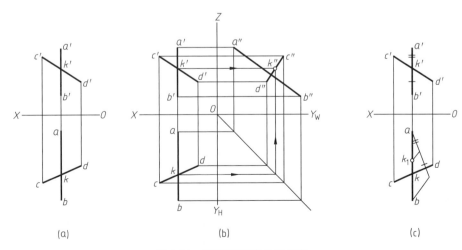

图 2-39　判断两直线是否相交

无法断定两直线在空间是否相交。此时可用下述两种方法判别：

① 方法一［如图 2-39（b）所示］：

利用第三投影判断两直线是否相交。首先，求出 AB、CD 两直线的侧面投影 $a''b''$ 与 $c''$$d''$，因其交点与 k' 的连线不垂直于 OZ 轴，所以 AB 和 CD 两直线不相交。由 k、k' 求出 k''，可知 K 点只在直线 CD 上，而不在直线 AB 上，即点 K 不是两直线的共有点，故两直线不相交。

② 方法二［如图 2-39（c）所示］：

由已知条件可知 CD 为一般位置直线，$kk' \perp OX$，故 K 在 CD 上；再利用定比关系判别点 K 是否也在 AB 上。以 k' 分割 $a'b'$ 的同样比例分割 ab 求出分割点 k_1，由于 k_1 与 k 不重合，即点 K 不在直线 AB 上，故可断定 AB 和 CD 两直线不相交。

3. 两直线交叉

在空间既不平行也不相交的两直线称为交叉直线。交叉两直线的投影不具备平行或相交两直线的投影特点。由于交叉直线不能同属于一个平面，所以立体几何中把这种直线称为异面直线或交错直线。

交叉两直线的三组同面投影绝不会同时都互相平行，但可能在一个或两个投影面上的投影互相平行。交叉两直线的三组同面投影有可能都相交，但其交点绝不符合点的投影规律。因此，如果两直线的投影既不符合平行两直线的投影特点，也不符合相交两直线的投影特点，则此两直线在空间一定交叉。如图 2-36（b）、图 2-39 所示都为交叉直线。应该指出的是：对于两一般位置直线，只需两组同面投影就可以判别其是否为交叉直线，如图 2-40 所示。

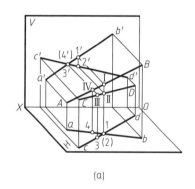

(a)

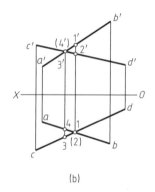

(b)

图 2-40　交叉两直线的投影

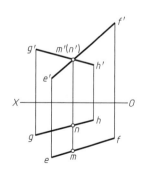

图 2-41　判别两直线相对位置

如前所述，交叉两直线虽然在空间并不相交，但其同面投影有可能相交，这些同面投影的交点，实际上是重影点，根据本章第二节中重影点可见性的判断方法可知，如图 2-40（b）所示的水平投影中，位于 AB 线上的点 I 可见，而位于 CD 线上的点 II 不可见，其投影为 1（2）。正面投影中，位于 CD 上的点 III 可见，而位于 AB 线上的点 IV 不可见，其投影为 3′（4′）。

如图 2-41 所示的正面投影中，位于 EF 线上的点 M 可见，位于 GH 线上的点 N 不可见，其投影为 $m'(n')$；而 M、

N 两点的水平投影都可见。

综上所述，在投影图上只有投影重合处才产生可见性问题，每个投影面上的可见性要分别进行判别。

以上判别可见性的方法也是直线与平面、平面与平面相交时判别可见性的重要依据。

例 2-6 如图 2-42（a）所示，作正平线 MN 与已知直线 AB、CD、EF 都相交。

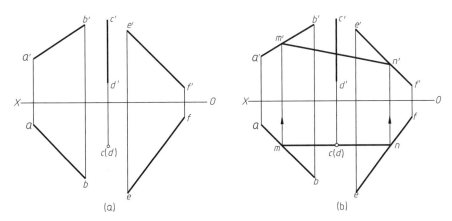

图 2-42　求作正平线与已知直线都相交

分析： 由给出的投影可知直线 CD 为铅垂线，因此它与所求直线 MN 相交的交点的水平投影一定与 c（d）重合，根据正平线的投影特点（正平线的水平投影平行于 OX 轴）即可求出直线 MN。

作图步骤 ［如图 2-42（b）所示］：

（1）在水平投影上过 c（d）作直线 mn 与 OX 轴平行，交 ab 于点 m，交 ef 于点 n。

（2）过 m 作 OX 轴垂线与 $a'b'$ 交于点 m'，过 n 作 OX 轴垂线与 $e'f'$ 交于点 n'。

（3）连接 $m'n'$ 即为所求直线 MN 的正面投影。

五、直角的投影

互相垂直的两直线，如果同时平行于同一投影面，则它们在该投影面上的投影仍反映直角；如果它们都倾斜于同一投影面，则在该投影面上的投影不是直角。除以上两种情况外，这里要讨论的是只有一直线平行于投影面时两直线的投影情况。这种情况在作图时经常遇到，是处理一般垂直问题的基础。

1. 垂直相交两直线的投影

定理 1：垂直相交的两直线，如果其中有一条直线平行于一投影面，则两直线在该投影面上的投影仍反映直角。

证明：如图 2-43（a）所示，已知 $AB \perp AC$，且 $AB /\!/ H$ 面，AC 不平行 H 面。因为 $Aa \perp H$ 面，$AB /\!/ H$ 面，故 $AB \perp Aa$。由于 AB 既垂直 AC 又垂直 Aa，所以 AB 必垂直 AC 和 Aa 所确定的平面 $AacC$。因 $ab /\!/ AB$，则 $ab \perp$ 平面 $AacC$，所以 $ab \perp ac$，即 $\angle bac = 90°$。

图 2-43（b）是它们的投影图，其中 $a'b' /\!/ OX$ 轴，$\angle bac = 90°$。

定理 2（逆）：如果相交两直线在某一投影面上的投影成直角，且其中有一条直线平行于该投影面，则两直线在空间必互相垂直 ［读者可参照图 2-43（a）证明之］。

如图 2-44 所示，∠$d'e'f'=90°$，且 ef//OX 轴，故 EF 为正平线。根据定理 2，空间两直线 DE 和 EF 必垂直相交。

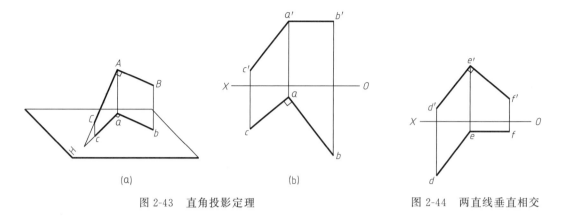

图 2-43　直角投影定理　　　　　　　　　图 2-44　两直线垂直相交

例 2-7　如图 2-45（a）所示，已知矩形 $ABCD$ 的顶点 C 在 EF 直线上，试补全此矩形的两面投影图。

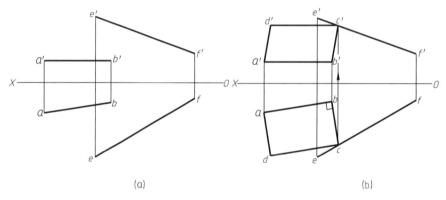

图 2-45　补全矩形的两面投影图

分析：矩形的几何特性是邻边互相垂直、对边平行而且等长。当已知其一边为投影面平行线时，则可按直角投影定理，作此边实长投影的垂线而得到其邻边的投影，再根据对边平行的关系，完成矩形的投影图。

作图步骤〔如图 2-45（b）所示〕：

（1）过 b 作 ab 的垂线 bc 与 ef 交于 c 点；再过 c 作 OX 轴垂线与 $e'f'$ 交于 c'，则线段 BC 为该矩形另一条边的投影；

（2）过 c' 作 $c'd'$//$a'b'$，且 $c'd'=a'b'$，完成所求矩形的 V 面投影。

（3）过 a 作 ad//bc，且 $ad=bc$，完成所求矩形的 H 面投影。

2. 垂直交叉两直线的投影

上面讨论了垂直相交两直线的投影，现将上述定理加以推广，讨论垂直交叉两直线的投影。初等几何已规定对交叉两直线所成的夹角按下述方法度量：过空间任意点作直线分别平行于已知交叉两直线，所得相交两直线的夹角即为交叉两直线所成的夹角。

定理 3：互相垂直的两直线（垂直相交或垂直交叉），如果其中有一条直线平行于某一投影面，则两直线在该投影面上的投影仍反映直角。

两直线垂直交叉的情况证明如下：

如图 2-46（a）所示，已知交叉两直线 $AB \perp MN$，且 $AB /\!/ H$ 面，MN 不平行于 H 面。过直线 AB 上点 A 作直线 $AC /\!/ MN$，则 $AC \perp AB$。由定理 1 知，$ab \perp ac$。因 $AC /\!/ MN$，则 $ac /\!/ mn$。所以 $ab \perp mn$。

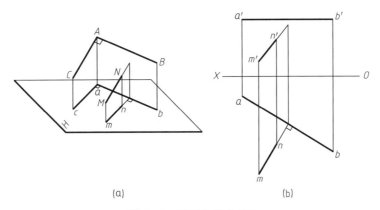

图 2-46　两直线垂直交叉

图 2-46（b）为垂直交叉两直线的投影图，其中 $a'b' /\!/ OX$ 轴，$ab \perp mn$。

定理 4（逆）：如果两直线在某一投影面上的投影成直角，且其中有一条直线平行于该投影面，则两直线在空间必互相垂直（垂直相交或垂直交叉）[读者可参照图 2-46（a）证明之]。

例 2-8　如图 2-47（a）所示，求交叉两直线 AB、CD 之间的最短距离。

分析： 由几何学可知，交叉两直线之间的公垂线即为其最短距离。由于所给的直线 AB 为铅垂线，故可断定 AB 和 CD 之间的公垂线必为水平线，所以可利用直角投影定理求解。

作图步骤 [如图 2-47（b）所示]：

（1）利用积聚性定出 n（重影于 a、b），作出 $nm \perp cd$ 与 cd 相交于 m；

（2）过 m 作 OX 轴的垂线与 $c'd'$ 交于 m'，再作 $m'n' /\!/ OX$ 轴，与 $a'b'$ 交于点 n'。则由 mn、$m'n'$ 确定的水平线 MN 即为所求。其中 mn 为实长，即为交叉两直线 AB、CD 之间的最短距离。

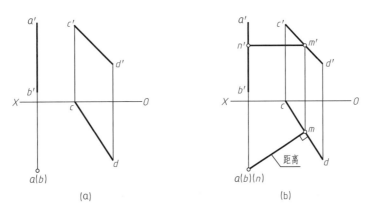

图 2-47　求两交叉直线的最短距离

结论：若垂直相交（垂直交叉）的两直线中有一条直线平行于某一投影面时，则两直线在该投影面上的投影仍然相互垂直；反之，若相交（交叉）两直线在某一投影面上的投影互相垂直，且其中有一条直线平行于该投影面时，则两直线在空间必相互垂直（垂直相交或垂直交叉）。这就是直角投影定理。

如图 2-48 所示，给出了两直线的两面投影，根据直角投影特性可以断定它们在空间是相互垂直的，其中分图（a）、（c）是垂直相交，分图（b）、（d）是垂直交叉。

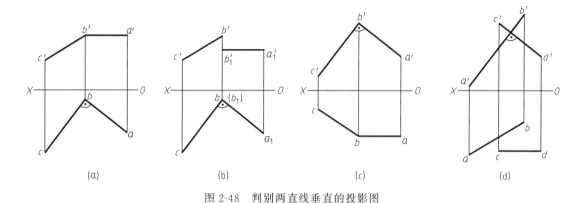

图 2-48　判别两直线垂直的投影图

第四节　平面的投影

一、平面的几何元素表示法

由初等几何可知，不在同一直线上的三点确定一个平面。因此，表示平面的最基本方法是不在一条直线上的三个点，其他的各种表示方法都是由此派生出来的。平面的表示方法可归纳成以下五种：

（1）不属于同一直线的三点 [如图 2-49（a）所示]。

（2）一直线和该直线外一点 [如图 2-49（b）所示]。

（3）相交两直线 [如图 2-49（c）所示]。

（4）平行两直线 [如图 2-49（d）所示]。

（5）任意平面图形 [如三角形，图 2-49（e）所示]。

在投影图上，可以用上述任何一组几何元素的投影来表示平面，如图 2-49 所示，且各组元素之间是可以相互转换的。实际作图中，较多采用平面图形表示法，如图 2-49（e）所示。

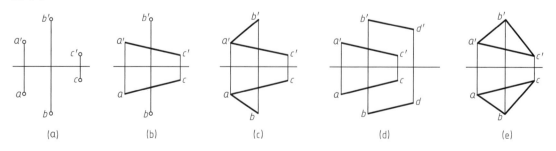

图 2-49　几何元素表示的平面

二、平面对投影面的相对位置

平面按其对投影面相对位置的不同，可以分为一般位置平面、投影面平行面和投影面垂直面。投影面平行面和投影面垂直面统称为特殊位置平面。

1. 一般位置平面

对三个投影面都倾斜的平面，称为一般位置平面，如图 2-50（a）所示。一般位置平面的投影特性是：它的三个投影既不反映实形，也不积聚为一直线，而只具有类似性。如果用平面图形表示平面，则它的三面投影均为面积缩小的类似形（边数相等的类似多边形），如图 2-50（b）所示。

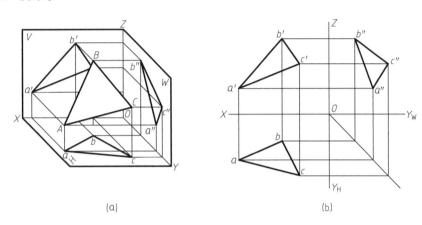

(a)   (b)

图 2-50　一般位置平面

2. 投影面垂直面

只垂直于某一投影面，同时倾斜于另外两个投影面的平面，称为该投影面的垂直面。根据平面所垂直的投影面的不同，有以下三种投影面垂直面：

铅垂面——只垂直于水平投影面（H 面）的平面；

正垂面——只垂直于正立投影面（V 面）的平面；

侧垂面——只垂直于侧立投影面（W 面）的平面。

投影面垂直面的投影特性是：平面在其垂直的投影面上的投影积聚成一直线，并反映该平面与另外两个投影面的倾角，其另外两个投影面上的投影均为面积缩小的类似形（边数相等的类似多边形）。详见表 2-4。

表 2-4　投影面垂直面的投影特性

名称	铅垂面	正垂面	侧垂面
形体表面上的面			

名称	铅垂面	正垂面	侧垂面
立体图			
投影图			
投影特性	(1)水平投影积聚成直线 p，且与其水平迹线重合。该直线与 OX 轴和 OY_H 轴夹角反映 β 和 γ 角。 (2)正面投影和侧面投影为面积缩小的类似形	(1)正面投影积聚成直线 q'，且与其正面迹线重合。该直线与 OX 轴和 OZ 轴夹角反映 α 和 γ 角。 (2)水平投影和侧面投影为面积缩小的类似形	(1)侧面投影积聚成直线 r''，且与其侧面迹线重合。该直线与 OY_W 轴和 OZ 夹角反映 α 和 β 角。 (2)正面投影和水平投影为面积缩小的类似形
共性	(1)平面在其垂直的投影面上的投影积聚成一直线（积聚性）；其与相应投影轴的夹角，分别反映该平面与另外两个投影面的倾角。 (2)另外两个投影面的投影均为面积缩小的类似形		

3. 投影面平行面

平行于某一投影面，必然同时垂直于另外两个投影面的平面称为该投影面的平行面。根据平面所平行的投影面的不同，有以下三种投影面平行面：

水平面——平行于水平投影面（H 面）的平面；

正平面——平行于正立投影面（V 面）的平面；

侧平面——平行于侧立投影面（W 面）的平面。

投影面平行面的投影特性是：平面在其平行的投影面上的投影反映实形，在另外两个投影面上的投影积聚成直线段，并分别平行于相应的投影轴。详见表 2-5。

表 2-5 投影面平行面的投影特性

名称	水平面	正平面	侧平面
形体表面上的面			

名称	水平面	正平面	侧平面
立体图	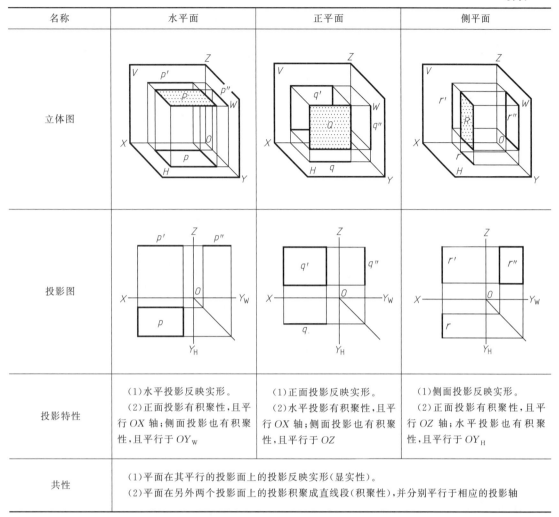		
投影图			
投影特性	(1)水平投影反映实形。 (2)正面投影有积聚性,且平行 OX 轴;侧面投影也有积聚性,且平行于 OY_W	(1)正面投影反映实形。 (2)水平投影有积聚性,且平行 OX 轴;侧面投影也有积聚性,且平行于 OZ	(1)侧面投影反映实形。 (2)正面投影有积聚性,且平行 OZ 轴;水平投影也有积聚性,且平行于 OY_H
共性	(1)平面在其平行的投影面上的投影反映实形(显实性)。 (2)平面在另外两个投影面上的投影积聚成直线段(积聚性),并分别平行于相应的投影轴		

比较三种平面的投影特点,可以看出:

如果平面有两个投影有积聚性,而且分别平行于投影轴,则该平面是投影面平行面;如果平面有一个投影是斜直线,另外两个投影是类似图形,则该平面是投影面垂直面;如果平面的三个投影都是类似图形,则该平面是一般位置平面。

三、平面内的点和直线

1. 平面内取点

由初等几何可知,点在平面内的几何条件是:该点必须在该平面内的一条已知直线上。即在平面内取点,必须取在平面内的一条已知直线上。一般采用辅助直线法,使点在辅助线上,辅助线在平面内,则该点必在平面内。如图 2-51 (a) 所示,已知在平面 $\triangle ABC$ 上的一点 K 的水平投影 k,要确定点 K 的正面投影 k',可以根据辅助直线法来完成。如图 2-51 (b) 所示,过 k 作辅助线的水平投影 mn,并作其正面投影 $m'n'$,按投影关系求得 k',即为所求。有时为作图简便,可使辅助线通过平面内的一个顶点,如图 2-51 (c) 所示;也可使辅助线平行于平面内的某一已知直线,如图 2-51 (d) 所示。

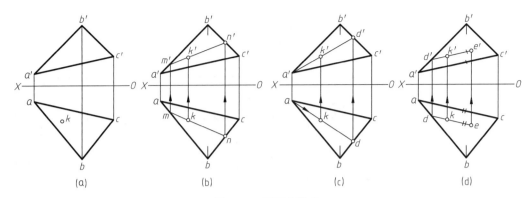

图 2-51　平面内取点

例 2-9　如图 2-52（a）所示，试判断点 K 是否在△ABC 平面内。

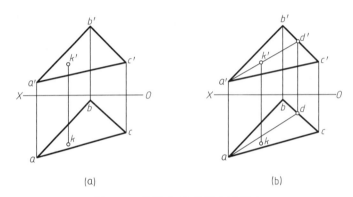

图 2-52　判断点 K 是否在平面内

分析： 在平面内作一条辅助线，使其正面投影通过 K 点的正面投影 k'，若辅助线的水平投影也通过 k，则证明点 K 在△ABC 平面内。

作图步骤［如图 2-52（b）所示］：

（1）过 k' 作辅助线 AD 的正面投影 $a'd'$；

（2）根据投影关系确定 d，并作辅助线 AD 的水平投影 ad；

（3）因 k 不在 ad 上，故判断点 K 不在△ABC 平面内。

2. 平面内取直线

由初等几何可知，直线在平面内的几何条件是：直线上有两点在平面内或直线上有一点在平面内，且该直线平行于平面内一条已知直线。

如图 2-53（a）所示，平面 P 由两条相交直线 AB 和 BC 确定。在直线 AB 和 BC 上各取一点 D 和 E，则 D、E 两点必在平面 P 内，所以，D、E 两点的连线 DE 也必在平面 P 内。若在直线 BC 上再取一点 F（F 点必在平面 P 内），并过点 F 作 FG∥AB，则直线 FG 也必在平面内。其投影如图 2-53（b）所示。

3. 平面内的投影面平行线

平面内平行于某一投影面的直线，称为平面内的投影面平行线。平面内的投影面平行线同时具有投影面平行线和平面内直线的投影性质。根据平面内的投影面平行线所平行的投影面的不同可分为平面内的水平线、平面内的正平线和平面内的侧平线。

如图 2-54（a）所示，要在一般位置平面△ABC 内过点 A 取一水平线，由于水平线的

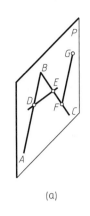
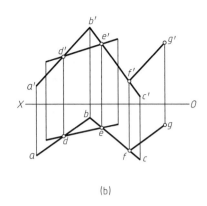

(a)   (b)

图 2-53　平面内取直线

正面投影必平行于 OX 轴，应首先过 A 点的正面投影 a' 作一平行于 OX 轴的直线交 $b'c'$ 于 d'，$a'd'$ 为这一水平线的正面投影，然后作出该直线的水平投影 ad，则直线 AD 为平面 $\triangle ABC$ 内过点 A 的水平线。

用同样的方法可作出一般位置平面内的正平线 CE，如图 2-54（b）所示。

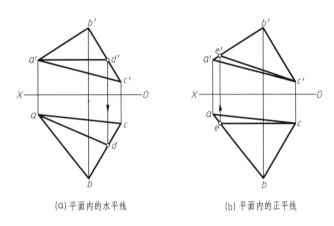

(a) 平面内的水平线   (b) 平面内的正平线

图 2-54　在平面内作投影面平行线

例 2-10　如图 2-55（a）所示，求 $\triangle ABC$ 平面内已知直线 MN 的水平投影。

分析：因为 MN 直线在 $\triangle ABC$ 平面内，故利用平面内取点的方法，求出点 MN 的水平投影，则可完成作图。

作图步骤 ［如图 2-55（b）、（c）所示］：

（1）在正面投影中分别连接 $a'm'$、$a'n'$，与 BC 边的正面投影交于 $1'$、$2'$ 两点，如图 2-55（b）所示。

（2）过 $1'$ 和 $2'$ 分别向下引投影连线，与 BC 边的水平投影交于 1 和 2 两点，如图 2-55（b）所示。

（3）在水平投影中分别连接 $a1$、$a2$，如图 2-55（c）所示。

（4）过 m'、n' 向下引投影连线分别与 $a1$、$a2$ 的延长线相交即得 m、n，如图 2-55（c）所示。

（5）连接 mn，完成 MN 的水平投影。

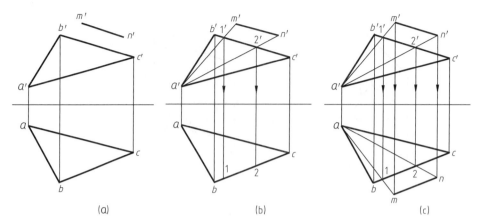

图 2-55　在平面内作直线的水平投影

例 2-11　如图 2-56（a）所示，补全平面图形 $ABCDE$ 的正面投影。

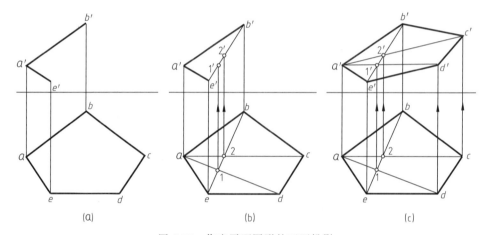

图 2-56　作出平面图形的正面投影

分析：从所给的已知条件看，应从 AB、AE 的投影开始考虑。AB、AE 为相交的两直线，可以确定一个平面，$ABCDE$ 为平面图形，所以 D、C 点均在由 AB、AE 两相交直线所确定的平面内。

作图步骤〔如图 2-56（b）、（c）所示〕：

（1）在正面投影和水平投影中分别连接和 $e'b'$ 和 eb。

（2）在水平投影中分别连接 ad 和 ac，与 eb 分别交于 1、2 两点，如图 2-56（b）所示。

（3）过 1 和 2 分别向上作投影连线，与 EB 边的正面投影 $e'b'$ 交于 $1'$ 和 $2'$ 两点，如图 2-56（b）所示。

（4）在正面投影中分别连接和 $a'1'$ 和 $a'2'$。

（5）过 d、c 向上作投影连线分别与 $a'1'$ 和 $a'2'$ 的延长线相交即得 d'、c'，如图 2-56（c）所示。

（6）连接 $ABCDE$ 正面投影的各边，即为所求。

例 2-12　如图 2-57（a）所示，试在 $\triangle ABC$ 平面内取一点 K，使 K 点距 H 面 10mm，距 V 面 15mm。

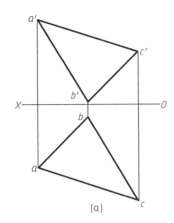

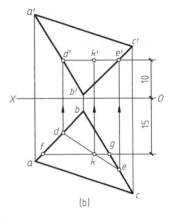

(a)　　　　　　　　　(b)

图 2-57　在平面内取一点

分析：K 点距 H 面 $10mm$，表示它位于该平面内的一条距 H 面为 $10mm$ 的水平线上；K 点距 V 面 $15mm$，表示该点又位于该平面内的一条距 V 面为 $15mm$ 的正平线上，则两线的交点将同时满足距 H 面和 V 面指定距离的要求。

作图步骤〔如图 2-57（b）所示〕：

（1）在 $\triangle ABC$ 内作一条与 H 面距离为 $10mm$ 的水平线 DE，即使 $d'e'/\!/OX$ 轴，且距离 OX 轴为 $10mm$，并由 $d'e'$ 求出 de；

（2）在 $\triangle ABC$ 内作一条与 V 面距离为 $15mm$ 的正平线 FG，即使 $fg/\!/OX$ 轴，且距离 OX 轴为 $15mm$，交 de 于 k；

（3）过 k 作 OX 轴的垂线交 $d'e'$ 于 k'，则水平线 DE 与正平线 FG 的交点 K（k，k'）为所求。

四、平面的迹线

1. 平面的迹线表示法

空间平面与投影面的交线，称为平面的迹线。如图 2-58（a）所示，平面 P 与 H 面的交线称水平迹线，记作 P_H；与 V 面的交线称正面迹线，记作 P_V；与 W 面的交线称侧面迹线，记作 P_W。平面迹线如果相交，交点必在投影轴上，即为 P 平面与三投影轴的交点，相应记作 P_X、P_Y、P_Z。用迹线表示的平面称为迹线平面，如图 2-58（b）所示。

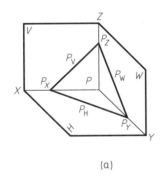

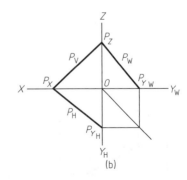

(a)　　　　　　　　　(b)

图 2-58　平面的迹线表示法

迹线是空间平面和投影面所共有的直线。所以迹线不仅是平面 P 内的一直线，也是投影面内的一直线。由于迹线在投影面内，所以迹线有一个投影和它本身重合，另外两个投影与相应的投影轴重合。如图 2-59（a）所示的 P_H，其水平投影与其本身重合，正面投影和侧面投影分别与 OX 轴和 OY 轴重合。在投影图上，通常只将与迹线本身重合的那个投影用粗实线画出，并用符号 P_H、P_V、P_W 标记；而与投影轴重合的投影则不需表示和标记，如图 2-59（b）所示。

如图 2-59（a）、（b）所示，平面 P 以相交的迹线 P_H、P_V 表示；如图 2-59（c）、（d）所示，平面 Q 以相互平行的迹线 Q_H、Q_V 表示。

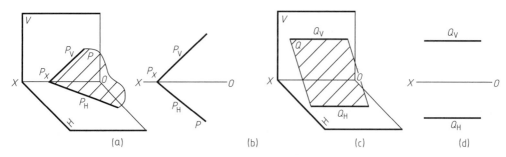

| (a) | (b) | (c) | (d) |

图 2-59　迹线表示的平面

2. 特殊位置平面的迹线表示方法

通常，一般位置平面不用迹线表示，特殊位置平面在不需要表示平面形状，只要求表示平面的空间位置时，常用迹线表示。

表 2-6 和表 2-7 分别列出了投影面垂直面和投影面平行面的迹线表示方法，从投影图中可以看出迹线的投影特性。

表 2-6　投影面垂直面的迹线投影特性

名称	铅垂面	正垂面	侧垂面
立体图			
投影图			

名称	铅垂面	正垂面	侧垂面
投影特性	(1)水平迹线 P_H 有积聚性，并且反映平面的倾角 β 和 γ。 (2)正面迹线 P_V 和侧面迹线 P_W 分别垂直于 OX 轴和 OY_W 轴	(1)正面迹线 P_V 有积聚性，并且反映平面的倾角 α 和 γ。 (2)水平迹线 P_H 和侧面迹线 P_W 分别垂直于 OX 轴和 OZ 轴	(1)侧面迹线 P_W 有积聚性，并且反映平面的倾角 α 和 β。 (2)水平迹线 P_H 和正面迹线 P_V 分别垂直于 OY_H 轴和 OZ 轴
共性	(1)平面在其垂直的投影面上的迹线有积聚性(相当于投影面垂直面的积聚投影)，且迹线与投影轴的夹角分别反映该平面与相应投影面的倾角。 (2)平面的另外两条迹线分别垂直于相应的投影轴		

表 2-7　投影面平行面的迹线投影特性

名称	水平面	正平面	侧平面
立体图			
投影图			
投影特性	(1)没有水平迹线。 (2)正面迹线 P_V 和侧面迹线 P_W 都有积聚性，且分别平行于 OX 轴和 OY_W 轴	(1)没有正面迹线。 (2)水平迹线 Q_H 和侧面迹线 Q_W 都有积聚性，且分别平行于 OX 轴和 OZ 轴	(1)没有侧面迹线。 (2)水平迹线 R_H 和正面迹线 R_V 都有积聚性，且分别平行于 OY_H 轴和 OZ 轴
共性	(1)平面在其平行的投影面上没有迹线。 (2)平面的另外两条迹线都有积聚性(相当于积聚投影)，且迹线分别平行于相应的投影轴		

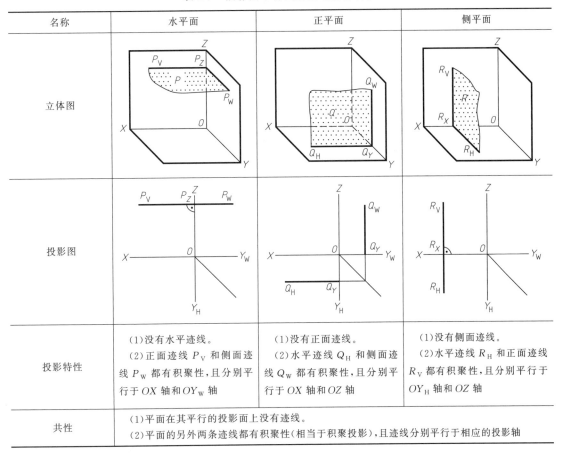

在两面投影图中用迹线表示特殊位置平面是非常方便的。如图 2-60 所示，过一点可作

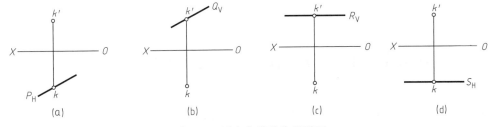

(a)　　　　　　(b)　　　　　　(c)　　　　　　(d)

图 2-60　过点作特殊位置平面

的特殊位置平面有投影面垂直面和投影面平行面。P_H 表示铅垂面 P（$P_V \perp OX$ 一般省略不画）；Q_V 表示正垂面 Q（$Q_H \perp OX$ 一般也省略不画）；R_V 表示水平面 R；S_H 表示正平面 S。

过一般位置直线可作的特殊位置平面有投影面垂直面，如图 2-61 所示。

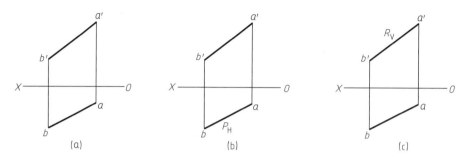

图 2-61　过一般位置直线作投影面垂直面

过投影面平行线可作的特殊位置平面有投影面垂直面和投影面平行面，如图 2-62 所示。以水平线为例，作出了水平面和铅垂面。

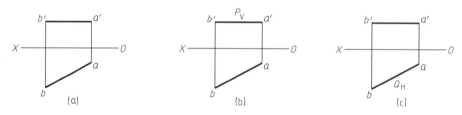

图 2-62　过投影面平行线作特殊位置平面

过投影面垂直线可作的特殊位置平面有投影面垂直面和投影面平行面，如图 2-63 所示。以铅垂线为例，作出了铅垂面、正平面和侧平面。

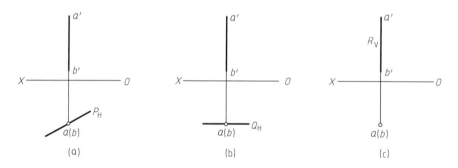

图 2-63　过投影面垂直线作特殊位置平面

第五节　直线与平面、平面与平面的相对位置

直线与平面、平面与平面的相对位置可分为平行、相交和垂直三种情况。本节将讨论这三种位置关系的投影特性及作图方法。

一、平行关系

1. 直线与平面平行

（1）从初等几何可知：若一直线与平面上某一直线平行，则该直线与平面平行。如图 2-64（a）所示，直线 AB 与平面 P 上的直线 CD 平行，所以直线 AB 与平面 P 平行。图 2-64（b）是其投影图。

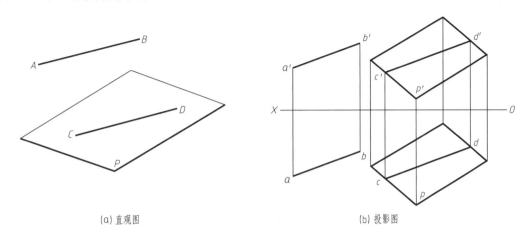

(a) 直观图　　　　　　　　　　　　　　　(b) 投影图

图 2-64　直线与平面平行

根据上述几何条件和平行投影的性质，在投影图上可判别直线与平面是否平行，也可解决直线与平面平行的投影作图问题。

（2）若一直线与特殊位置平面平行，则该特殊位置平面的积聚投影必然与直线的同面投影平行。

当判别直线与特殊位置平面是否平行时，只要检查特殊位置平面的积聚投影与直线的同面投影是否平行即可。如图 2-65（a）所示，铅垂面 ABC 的水平积聚投影与直线 MN 的水平投影平行，故 MN 直线与铅垂面 ABC 平行；如图 2-65（b）所示，正垂面 ABC 的正面积聚投影与直线 MN 的正面投影平行，故 MN 直线与正垂面 ABC 平行。

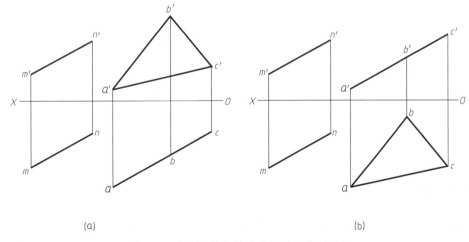

(a)　　　　　　　　　　　　　　　(b)

图 2-65　判别直线与特殊位置平面是否平行

2. 平面与平面平行

（1）从初等几何可知：若一平面上的两条相交直线对应平行于另一平面上的两条相交直线，则两平面平行。如图 2-66（a）所示，P 平面上的两条相交直线 AB、BC 对应平行 Q 于平面上的两条相交直线 DE、EF，所以 P、Q 两平面平行。图 2-66（b）是其投影图。

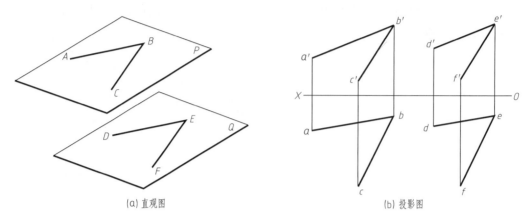

（a）直观图 　　　　　　　　　　　　　（b）投影图

图 2-66　平面与平面平行

根据上述几何条件和平行投影的性质，可以在投影图上判别两平面是否平行，也可解决两平面平行的投影作图问题。

（2）若两个特殊位置平面平行，则它们的积聚投影必然平行。

当判别两个特殊位置平面是否平行时，只要检查它们的同面积聚投影是否平行即可。如图 2-67（a）所示，两个铅垂面的水平投影平行，故两个铅垂面平行；如图 2-67（b）所示，两正垂面的正面投影平行，故两个正垂面平行。

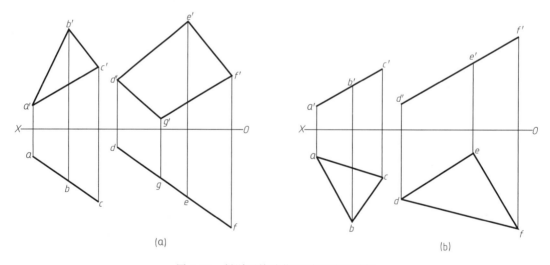

（a）　　　　　　　　　　　　　　　（b）

图 2-67　判别两特殊位置平面是否平行

二、相交关系

直线与平面只有一个交点，它是直线与平面的共有点。该交点既属于直线，又属于平面。

两平面相交有一条交线（直线），即两平面的共有线。欲求出交线，只需求出其上的两点或求出一点及交线的方向即可。

在求交点或交线的投影作图中，根据给出的直线或平面的投影是否具有积聚性，其作图方法有以下两种。

（1）相交的特殊情况，即直线或平面的投影具有积聚性，利用投影的积聚性直接求出交点或交线。

（2）相交的一般情况，即直线或平面的投影均没有积聚性，利用辅助面法求出交点或交线。

直线与平面相交、两平面相交时，假设平面是不透明的，沿投射线方向观察直线或平面时，未被遮挡的部分是可见的，用粗实线表示；被遮挡的部分是不可见的，用中粗虚线表示。显然，交点和交线是可见与不可见的分界点和分界线。

判别可见性的方法有两种：直观法和重影点法。

1. 特殊情况相交

当直线或平面的投影具有积聚性时，为相交的特殊情况。此时，可利用其积聚投影直接确定交点或交线的一个投影，交点或交线的其他投影可以利用平面上取点、取线或在直线上取点的方法确定。

（1）投影面垂直线与一般位置平面相交。

例 2-13 求铅垂线 MN 与一般位置平面 ABC 的交点 K，如图 2-68 所示。

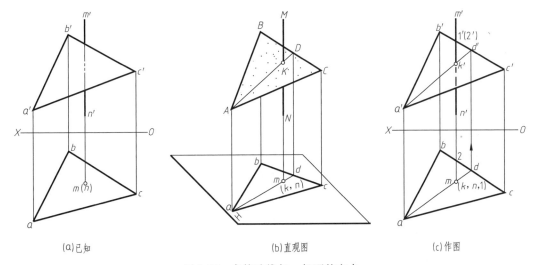

(a)已知　　　　　　　　(b)直观图　　　　　　　　(c)作图

图 2-68　求特殊线与一般面的交点

分析：欲求图 2-68（a）中直线、平面的交点，按图 2-68（b）的分析，因为交点是直线上的点，而铅垂线的水平投影具有积聚性，所以交点的水平投影必然与铅垂线的水平投影重合；该交点又是平面上的点，因此，可利用平面上定点的方法求出交点的正面投影。

作图步骤：

① 求交点。

a. 在铅垂线的水平投影上标出交点 K 的水平投影 k；

b. 在平面上过 K 点的水平投影 k 作辅助线 ad，并作出它的正面投影 $a'd'$；

c. $a'd'$ 与 $m'n'$ 的交点即是交点的正面投影 k'，如图 2-68（c）所示。

② 判别直线的可见性：可利用重影点法判别。

因为直线是铅垂线，水平投影积聚为一点，不需判别其可见性，因此只需判别直线正面投影的可见性。直线以交点 K 为分界点，在平面前面的部分可见，在平面后面的部分不可见。见图 2-68（c），应选取 $m'n'$ 与 $b'c'$ 的重影点 $1'$ 和 $2'$ 来判别。Ⅰ 点在直线 MN 上，Ⅱ 点在直线 BC 上。从水平投影可判断 1 点在前可见，2 点在后不可见。即 $k'1'$ 在平面的前方可见，画成粗实线；其余部分不可见，画成中粗虚线，如图 2-68（c）所示。

（2）一般位置直线与特殊位置平面相交。

例 2-14 求一般位置直线 AB 与铅垂面 P 的交点 K，如图 2-69 所示。

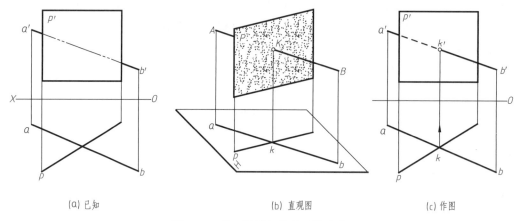

(a) 已知   (b) 直观图   (c) 作图

图 2-69　求一般线与特殊面的交点

分析：欲求图 2-69（a）中直线、平面的交点，按图 2-69（b）的分析，因为铅垂面的水平投影具有积聚性，所以交点的水平投影必然位于铅垂面的积聚投影与直线的水平投影的交点处；交点 K 的正面投影可利用线上定点的方法求出。

作图步骤：

① 求交点。

a. 在直线和平面的水平投影交点处标出交点的水平投影 k；

b. 过 k 向上做投影连线在 $a'b'$ 上找到交点 K 的正面投影 k'，如图 2-69（c）所示。

② 判别可见性：可利用直观法判别。

判别正面投影的可见性。从水平投影可判断，以交点 k 为分界点，kb 段在铅垂面 P 的前方，故可见，画成粗实线；ak 段在铅垂面 P 的后方，其与铅垂面 P 重叠部分不可见，画成中粗虚线，如图 2-69（c）所示。

（3）一般位置平面与特殊位置平面相交

例 2-15 求一般位置平面 ABC 与铅垂面 P 的交线 MN，如图 2-70 所示。

分析：如前所述，常把求两平面交线的问题转换成求该交线上任意两点的问题。因此欲求图 2-70（a）中两平面的交线，按图 2-70（b）分析，只要求出该交线上任意两点（M 和 N）即可。因为铅垂面的水平投影具有积聚性，所以交线的水平投影必然位于铅垂面的积聚投影上；该交线的正面投影可利用线上定点的方法求出，并连线即可。

作图步骤：

① 求交线。

a. 在平面的积聚投影 p 上标出交线 MN 的水平投影 mn；

b. 自 m 和 n 分别向上作投影连线在 $a'c'$ 和 $b'c'$ 上找到 m' 和 n'；

c. 连接 m' 和 n'，即为交线 MN 的正面投影，如图 2-70（c）所示。

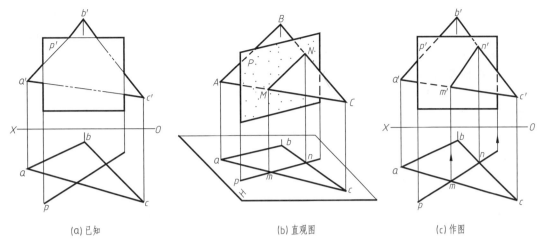

| (a) 已知 | (b) 直观图 | (c) 作图 |

图 2-70　求一般面与特殊面的交线

② 判别可见性：可利用直观法判别。

判别正面投影的可见性。从水平投影可判断，以交线 mn 为分界线，把平面 ABC 分成前后两部分。CMN 在铅垂面 P 的前方可见，$ABNM$ 在铅垂面 P 的后方不可见，如图 2-70（c）所示。

（4）两特殊位置平面相交。

例 2-16　求两铅垂面 P、Q 的交线 MN，如图 2-71 所示。

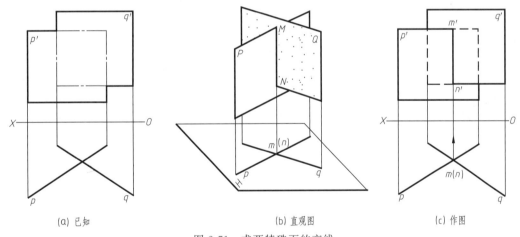

| (a) 已知 | (b) 直观图 | (c) 作图 |

图 2-71　求两特殊面的交线

分析：求图 2-71（a）中两铅垂面的交线，按图 2-71（b）分析，两铅垂面的水平投影都具有积聚性，两铅垂面的交线必是铅垂线，其水平投影必然积聚为一点；该交线的正面投影为两铅垂面所共有的部分。

作图步骤：

① 求交线。

a. 在两铅垂面的积聚投影 p、q 相交处标出交线 MN 的水平投影 $m(n)$；

b. 自 m（n）向上作投影连线在铅垂面 P 的上边线及铅垂面 Q 的下边线找到 m' 和 n'；

c. 连接 m' 和 n' 即为交线 MN 的正面投影，如图 2-71（c）所示。

② 判别可见性：可利用直观法判别。

判别正面投影的可见性。从水平投影可判断，以交线 MN 的水平投影 $m(n)$ 为分界线，交线 MN 的左侧，铅垂面 P 在前可见，铅垂面 Q 面在后不可见；交线 MN 的右侧正好相反，铅垂面 Q 可见，铅垂面 P 不可见，如图 2-71（c）所示。

2. 一般情况相交

当给出的直线或平面的投影均没有积聚性，为相交的一般情况，可利用辅助面法求出交点或交线。

（1）一般位置直线与一般位置平面相交。

例 2-17 求 ABC 平面与 DE 直线的交点 K，如图 2-72 所示。

分析： 如图 2-72（a）所示，当直线和平面都处于一般位置时，则不能利用积聚性投影直接定位交点的投影。如图 2-72（b）是用辅助平面法求解交点的空间分析直观图。直线 DE 与平面 ABC 相交，交点为 K，过 K 点可在平面 ABC 上作无数条直线，而这些直线都可以与直线 DE 构成一平面，该平面称为辅助平面。辅助平面 P 与已知平面 ABC 的辅助交线 MN 与直线 DE 的交点 K 即为所求。为便于在投影图上求出辅助交线 MN，应使辅助平面 P 处于特殊位置，以便利用辅助平面法作图求解。

作图步骤：

① 求交点。

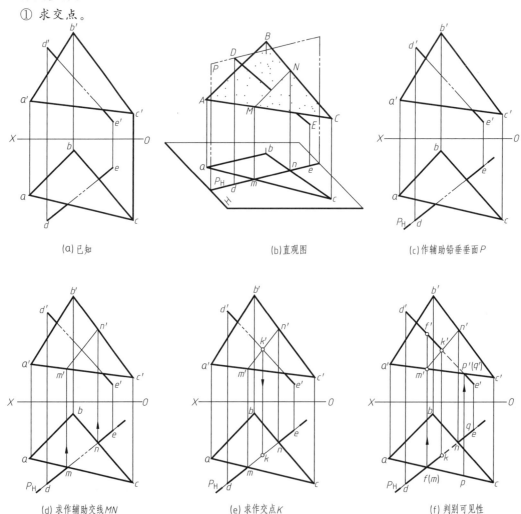

图 2-72 求一般位置直线与一般位置平面的交点

a. 过直线 DE 作一辅助平面 P（平面 P 为铅垂面，也可作正垂面），如图 2-72（c）所示；

b. 求辅助铅垂面 P 与已知平面 ABC 的辅助交线 MN，如图 2-72（d）所示；

c. 求辅助交线 MN 与已知直线 DE 的交点 K，如图 2-72（e）所示。

② 判别可见性：利用重影点法判别。

如图 2-72（f）所示，在水平投影上标出交叉两直线 AC 和 DE 上重影点 F 和 M 的重合投影 $f(m)$，过 f、m 向上作投影连线求出 f' 和 m'。从投影图中可判断 F 点高于 M 点，说明直线 DK 段高于直线 AC，其水平投影 dk 可见，画成粗实线，而 kn 不可见，画成中粗虚线。同理判别正面重影点 P、Q 的前后关系，$d'k'$ 段可见，画成粗实线，而 $k'(q')$ 不可见，画成中粗虚线。

（2）两一般位置平面相交。

例 2-18　求两一般位置平面 ABC 和 DEF 的交线 MN，如图 2-73 所示。

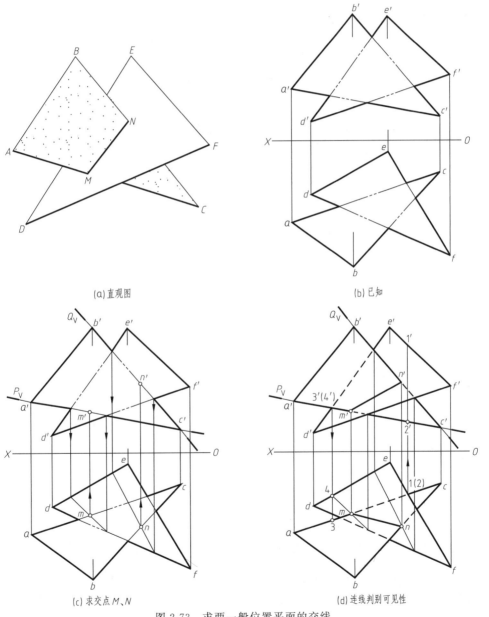

(a) 直观图　　　　　　　　　　(b) 已知

(c) 求交点 M、N　　　　　　(d) 连线判别可见性

图 2-73　求两一般位置平面的交线

分析：如图 2-73（a）所示，两平面 ABC 和 DEF 的交线 MN，其端点 M 是 AC 直线与 DEF 平面的交点，另一端点 N 是 BC 直线与 DEF 平面的交点。利用辅助平面法求出两个交点 M、N，再连线即为所求的交线 MN。

作图步骤：

① 求交线。

a. 用辅助平面法求 AC、BC 两直线与 DEF 平面的交点 M、N，如图 2-73（c）所示；

b. 用直线连接 M 点和 N 点，即为所求的交线 MN，如图 2-73（d）所示。

② 判别可见性：利用重影点法判别，具体判别过程如前所述，如图 2-73（d）所示。

三、垂直关系

1. 直线与平面垂直

直线与平面垂直的几何条件：直线垂直于平面内的任意两条相交直线，则该直线与该平面垂直。同时，直线与平面垂直，则直线与平面内的任意直线都垂直（垂直相交或垂直交叉）。

与平面垂直的直线，称为该平面的垂线；反过来，与直线垂直的平面，称为该直线的垂面。

如图 2-74（a）所示，直线 MN 垂直于平面 P，则必垂直于平面 P 上的所有直线，其中包括水平线 AB 和正平线 CD。根据直角投影特性，投影图上必表现为直线 MN 的水平投影垂直于水平线 AB 的水平投影（$mn \perp ab$），直线 MN 的正面投影垂直于正平线 CD 的正面投影（$m'n' \perp c'd'$），如图 2-74（b）所示。

由此得出直线与平面垂直的投影特性：垂线的水平投影必垂直于平面上的水平线的水平投影，垂线的正面投影必垂直于平面上的正平线的正面投影。

反之，若直线的水平投影垂直于平面上的水平线的水平投影，直线的正面投影垂直于平面上的正平线的正面投影，则直线必垂直于该平面。

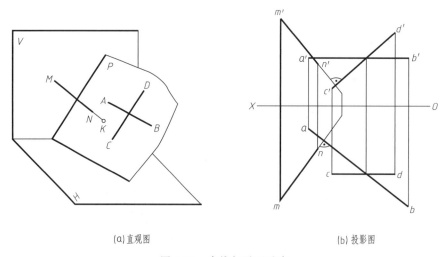

(a) 直观图　　　　　　　(b) 投影图

图 2-74　直线与平面垂直

直线与平面垂直的投影特性通常用来图解有关垂直或距离的问题。

如图 2-75 所示，求 N 点到铅垂面 P 的距离。因为与铅垂面垂直的直线一定是水平线，而且水平线的水平投影应与铅垂面的积聚投影垂直，所以，水平线的水平投影 ns 反映点到铅垂面距离的实长。

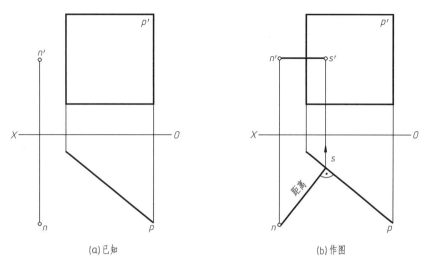

(a)已知   (b)作图

图 2-75　求点到特殊面的距离

2. 两平面垂直

平面与平面垂直的几何条件：若直线垂直于平面，则包含这条直线的所有平面都垂直于该平面。反之，若两平面互相垂直，则由第一个平面上的任意一点向第二个平面所作的垂线一定属于第一个平面。

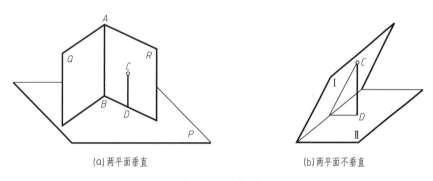

(a)两平面垂直   (b)两平面不垂直

图 2-76　示意图

如图 2-76（a）所示，AB 直线垂直于 P 平面，则包含 AB 直线的 Q、R 两平面都垂直于 P 平面。C 点在 R 平面内，那么过 C 点所作的 P 平面的垂线 CD 一定属于 R 平面。如图 2-76（b）所示，由 Ⅰ 平面上的 C 点向 Ⅱ 平面作垂线 CD，由于 CD 直线不属于 Ⅰ 平面，则 Ⅰ、Ⅱ 两平面不垂直。

据此，可解决有关两平面互相垂直的投影作图问题。

第三章 立体及表面的交线

建筑物及其构配件，不论形状多么复杂，都可以看作是由基本几何体按照不同的方式组合而成的。基本几何体为表面规则而单一的形体，按其表面性质，可分为平面立体和曲面立体。

第一节 平面立体切割体

平面立体是指表面由多个平面所围成的立体。因此，平面立体的投影也就是平面立体各表面投影的集合，其投影是由直线段组成的封闭图形。平面立体的形状多种多样，最常见的有棱柱和棱锥。平面立体的各表面都是平面图形，面与面的交线是棱线。棱线与棱线的交点为顶点。在投影图上表示平面立体就是把组成平面立体的平面和棱线表示出来，并判断可见性，可见的平面或棱线的投影（称为轮廓线）画成粗实线，不可见的轮廓线画成中粗虚线。平面立体切割体就是用平面截切基本平面立体而成。

一、棱锥

1. 棱锥的投影

棱锥由一个多边形的底面和侧棱线交于锥顶的侧棱面组成。棱锥的侧棱面均为三角形平面，棱锥有几条侧棱线就称为几棱锥。以正三棱锥为例，如图 3-1（a）所示为一正三棱锥，它的表面由一个底面（正三边形）和三个侧棱面（等腰三角形）围成，设将其放置成底面与水平投影面平行，并有一个棱面垂直于侧立投影面。把正三棱锥向三个投影面作正投影，如图 3-1（b）所示为三棱锥的三面投影图。

由于三棱锥底面△ABC 为水平面，所以它的水平投影反映实形，正面投影和侧面投影分别积聚为直线段 $a'b'c'$ 和 $a''(c'')b''$。棱面△SAC 为侧垂面，其侧面投影积聚为一条倾斜线段 $s''a''(c'')$，正面投影和水平投影为缩小的类似形△$s'a'c'$ 和△sac，前者为不可见，后者可见。棱面△SAB 和△SBC 均为一般位置平面，其三面投影均为缩小的类似形。

棱线 SB 为侧平线，棱线 SA、SC 为一般位置直线，棱线 AC 为侧垂线，棱线 AB、BC 为水平线。

正棱锥的投影特征为：当棱锥的底面平行某一个投影面时，则棱锥在该投影面上投影的外轮廓为与其底面全等的正多边形，而另外两个投影则由若干个相邻的三角形线框所组成。

构成棱锥的各几何要素（点、线、面）应符合投影规律，三面投影图之间应符合"三等关系"。

用投影图表示立体，主要表达立体的形状和大小，立体与投影面的距离则可大可小。因此，在绘制立体的三面投影图时，通常省略投影轴，但应保证各投影图之间的投影关系，即

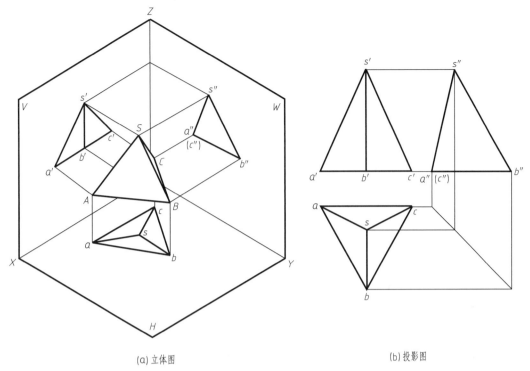

(a) 立体图   (b) 投影图

图 3-1　正三棱锥的投影

"长对正，高平齐，宽相等"的三等关系。

2. 棱锥表面上点的投影

首先确定该点位于棱锥的哪个表面上，再分析该平面的投影特性。

若该平面为特殊位置平面，可利用投影的积聚性直接求得该点的投影；若该平面为一般位置平面，则可通过辅助线法求得。

方法一：积聚性投影法。

方法二：辅助线法。

例 3-1　如图 3-2（a）所示，已知正三棱锥表面上点 M 的正面投影 m' 和点 N 的水平面投影 n，求作 M、N 两点的其余投影。

分析：因为 m' 可见，因此点 M 必定在 $\triangle SAB$ 上。$\triangle SAB$ 是一般位置平面，可采用辅助线法求解，图 3-2（b）中过点 M 及锥顶点 S 作一条直线 SK，与底边 AB 交于点 K。即过 m' 作 $s'k'$，再作出其水平投影 sk。由于点 M 属于直线 SK，根据点在直线上的从属性可知 m 必在 sk 上，求出水平投影 m，再根据 m、m' 可求出 m''。

因为 n 可见，故点 N 必定在棱面 $\triangle SAC$ 上。棱面 $\triangle SAC$ 为侧垂面，它的侧面投影积聚为直线段 $s''a''(c'')$，因此 n'' 必在 $s''a''(c'')$ 上，由 n、n'' 即可求出 n'。

作图步骤：

（1）如图 3-2（c）所示，过点 M 作辅助线 SK，即连线 $s'm'$ 交于底边 $a'b'$ 于 k'，然后求出 sk，由 m' 作投影连线交 sk 于 m，再根据 m' 和 m 可求出 m''。

（2）过 n 向右作水平投影连线与 $45°$ 角平分线相交，再过该交点向上引投影连线与 $\triangle SAC$ 的侧面投影相交于 n''，由 n 和 n'' 可求得 n'。

（3）判别可见性：$\triangle SAB$ 棱面的三面投影都可见，因此 M 的三面投影也都可见。

△SAC 棱面的侧面投影积聚，正面投影不可见，因此 n″可见，n′不可见，用（n′）表示。

如图 3-2（c）所示，在△SAB 上，也可过 m′作 m′d′∥a′b′，交左侧棱线 s′a′于 d′，过 d′向 H 面引投影连线交 sa 于 d，过 d 作 ab 的平行线与过 m′向 H 面所引投影连线交于 m，再用"二补三"作图，求 m″。

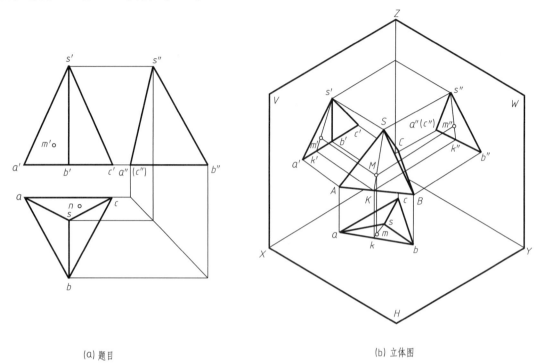

(a) 题目

(b) 立体图

(c) 作图

图 3-2　正三棱锥表面上的点

3. 棱锥表面上线的投影

现以三棱锥的表面取线为例，四棱锥、六棱锥等可以依此类推。

例 3-2　如图 3-3（a）所示，已知正三棱锥表面上折线 DEF 的正面投影 $d'e'f'$，求作 DEF 的其余两面投影。

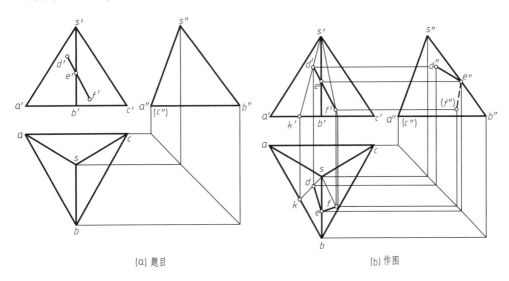

（a）题目　　　　　　　　　　　（b）作图

图 3-3　正三棱锥表面上的线

分析：因为 d' 可见，因此点 D 必定在△SAB 上。△SAB 是一般位置平面，利用辅助线法求解，即过点 D 及正三棱锥顶点 S 作辅助线 SK，与底边 AB 交于点 K。如图 3-3（b）所示，过 d' 作 $s'k'$，再作出其水平投影 sk。由于点 D 在辅助线 SK 上，根据点在直线上的从属性可知 d 必在 sk 上，求出水平投影 d，再根据 d、d' 可求出 d''。F 点求法同 D 点。

因为点 E 必在前棱线 SB 上，故 e'' 必在 $s''b''$ 上，由 e'、e'' 即可求出 e。

连线 DE、EF。因为线段 EF 在右侧棱面△SBC 上，其侧面投影不可见，故 EF 侧面投影 $e''(f)''$ 画成中粗虚线。

4. 棱锥切割体的投影

（1）截交线的概念　平面与立体表面相交，可以认为是立体被平面截切，此平面通常称为截平面，截平面与立体表面的交线称为截交线。图 3-4 为平面与平面立体表面相交示例。

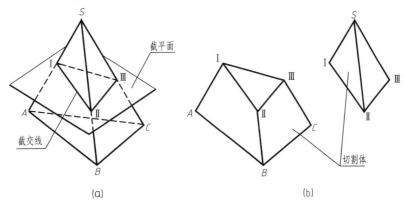

（a）　　　　　　　　　　　　（b）

图 3-4　平面与平面立体表面相交

（2）平面立体截交线的性质

① 封闭性截交线必为封闭的平面图形。

② 共有性截交线既在截平面上，又在立体表面上，截交线是截平面和立体表面的共有线。截交线上的点是截平面与立体表面上的共有点。

由此可知求作截交线的实质，就是求出截平面与立体表面的共有点。截交线的可见性，决定于各段交线所在立体表面的可见性，当立体表面可见时，交线才可见，画成粗实线；当立体表面不可见时，交线也不可见，画成中粗虚线。如果立体表面积聚成直线，其交线的投影不用判别可见性。

例 3-3　如图 3-5（a）所示，求作正垂面 P 斜切正三棱锥的截交线。

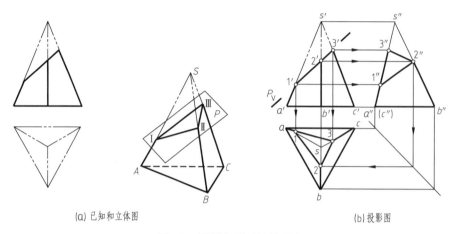

(a) 已知和立体图　　　　　　　　(b) 投影图

图 3-5　平面与正三棱锥相交

分析： 截平面 P 与正三棱锥的三条棱线均相交，可判定截交线为三角形，其三个顶点分别为三条棱线与截平面 P 的交点。截交线的正面投影积聚在截平面 P 的正面投影 P_V 上。因此，只要求出截交线的三个顶点的水平投影和侧面投影，然后依次连接各顶点的同面投影，即得截交线的三面投影。

作图步骤：

（1）补形　根据正面投影、水平投影用细实线作出完整正三棱锥的侧面投影。

（2）求解

① 截交线的正面投影积聚在 P_V 上，标出截平面 P 与三条棱线交点 Ⅰ、Ⅱ、Ⅲ 的正面投影 $1'$、$2'$、$3'$，如图 3-5（b）所示。

② 利用点的投影规律，求出相应交点的水平投影 1、3 和侧面投影 $1''$、$2''$、$3''$，如图 3-5（b）所示。

③ 再根据"二补三"求出交点 Ⅱ 的水平投影 2，如图 3-5（b）所示。

（3）连线并判断可见性　依次连接各交点的水平投影和侧面投影即得截交线的水平投影和侧面投影（1 2 3 和 $1''2''3''$ 为与空间形状类似的三角形），连线过程中注意判断可见性，该截交线水平投影和侧面投影均可见，故画成粗实线，如图 3-5（b）所示。

（4）整理轮廓线　补全其他轮廓线，完成三棱锥的投影，如图 3-5（b）所示。

当用两个或以上的截平面截切平面立体时，在平面立体上会出现切口、凹槽或穿孔等情况。作图时，只需作出各个截平面与平面立体的截交线，并画出各截平面之间的交线，即可作出该平面立体切割的投影。

例 3-4 如图 3-6（a）所示，一带切口的正四棱锥，已知其正面投影，求其另两面投影。

分析：该正四棱锥的切口是由两个相交的截平面切割而形成。两个截平面一个是水平面 Q，一个是正垂面 P，它们都垂直于 V 面，因此该切口的正面投影具有积聚性。水平截面与四棱锥的底面平行，为三角形。正垂截面为五边形。

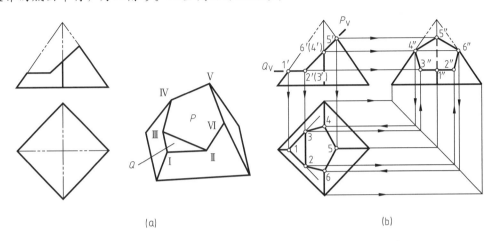

图 3-6 切口四棱锥的投影

作图步骤：

（1）补形 根据正面投影、水平投影用细实线作出完整四棱锥的侧面投影。

（2）求解

① 切口的正面投影积聚在 P_V、Q_V 上，标出切口处各交点的正面投影，如图 3-6（b）所示。

② 求水平截平面 Q 与四棱锥各交点：过 $1'$ 向下、向右作投影连线得水平投影 1 和侧面投影 $1''$，因为 ⅠⅡ 和 ⅠⅢ 分别与底边平行，利用平行特性和长对正，可以求出水平投影 2、3，利用"二补三"作图，再求出侧面投影 $2''$、$3''$，如图 3-6（b）所示。

③ 求正垂截平面 P 与四棱锥各交点：利用点的投影规律可以求出截平面 P 与四棱锥各交点的水平投影 5 和侧面投影 $4''$、$5''$、$6''$，再根据"二补三"求出交点Ⅳ和Ⅵ的水平投影 4 和 6，如图 3-6（b）所示。

（3）连线并判断可见性 截交线水平投影和侧面投影均可见，故画成粗实线。

（4）整理轮廓线 四棱锥右侧棱线侧面投影不可见，画成中粗虚线，如图 3-6（b）所示。

例 3-5 如图 3-7（a）所示，完成五棱锥被截平面 P、Q 截切后的水平投影和侧面投影。

分析：正垂截平面 P 与五棱锥四个棱面相交，故其截交线为平面五边形。水平截平面 Q 与五棱锥底面平行，与其四个棱面相交，截交线也为平面五边形。

作图步骤：

（1）补形 用细实线作出五棱锥的侧面投影。

（2）求解

① 截交线的正面投影积聚在 P_V、Q_V 上，标出截交线各交点的正面投影，如图 3-7（b）所示。

② 求水平截平面 Q 与五棱锥各交点：过棱线上 $1'$ 作投影连线得水平投影 1，再利用两直线平行投影特性，作出四条截交线的水平投影 15、54、12、23，其侧面投影积聚在水平

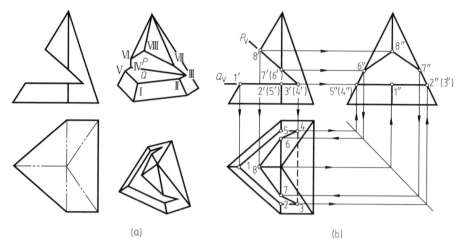

图 3-7　切口五棱锥的投影

截平面 Q 的侧面积聚性投影上，其中Ⅱ、Ⅲ、Ⅳ、Ⅴ为侧面重影点，左侧 $2''$、$5''$ 可见，如图 3-7（b）所示。

③ 求正垂截平面 P 与五棱锥各交点：利用点的投影规律可以求出截平面 P 与五棱锥各交点的水平投影 8 和侧面投影 $8''$、$7''$、$6''$，再根据"二补三"求出交点Ⅵ和Ⅶ的水平投影 6 和 7，如图 3-7（b）所示。

（3）连线并判断可见性　截交线水平投影和侧面投影均可见，画成粗实线。两截平面之间交线的水平投影 34 不可见，画成中粗虚线，其侧面投影 $3''4''$ 与水平截平面 Q 的侧面投影积聚，画成粗实线。

（4）整理轮廓线　分析各棱线被截切情况，相应棱线被截切掉的部分擦除，各棱线（或底边）可见部分用粗实线加深，如图 3-7（b）所示。

例 3-6　如图 3-8（a）所示，求三棱锥被三棱柱体穿通孔后的水平投影和侧面投影。

分析：截交线的正面投影积聚在三角形通孔的三条边上，该三角形通孔是被两个正垂截平面和一个水平截平面截切而成。水平截平面与三棱锥截交线的水平投影为五边形实形，其正面投影和侧面投影积聚分别为一条直线段；正垂截平面与三棱锥截交线的侧面投影和水平投影均为与其空间形状类似的四边形。

作图步骤：

（1）补形　根据正面投影、水平投影用细实线作出完整三棱锥的侧面投影，如图 3-8（b）所示。

（2）求解

① 求水平截平面截切三棱锥的水平投影和侧面投影，如图 3-8（c）所示。

② 求左侧正垂截面截切三棱锥的水平投影和侧面投影，如图 3-8（d）所示。

③ 求右侧正垂截面截切三棱锥的水平投影和侧面投影，如图 3-8（e）所示。

（3）连线并判断可见性　如图 3-8（f）所示。

（4）整理轮廓线　补全其他轮廓线，完成作图，如图 3-8（g）和图 3-8（h）所示。

由前述可知，连线时应遵循如下原则：

① 一个截平面完全截断立体时，属于立体同一棱面上的点才能相连；

② 当几个截平面截切立体时，既属于立体同一棱面，又属于同一截平面的两点，才能相连，但截平面与截平面之间的交线除外。

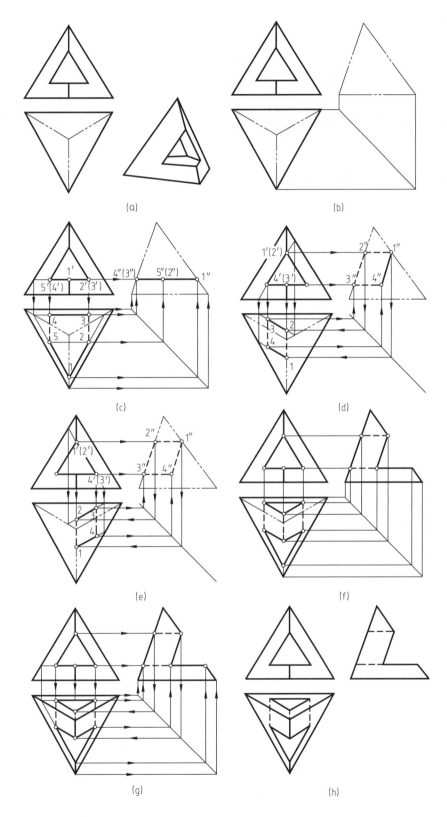

(a)

(b)

(c)

(d)

(e)

(f)

(g)

(h)

图 3-8 三棱锥穿孔体的投影

如图 3-9 所示为棱锥体在建筑中的应用。

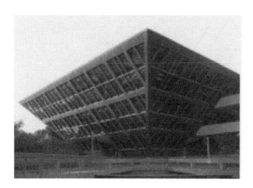

图 3-9　棱锥体在建筑中的应用

二、棱柱

棱柱的表面是由多个侧棱面和上下两个底面组成。底面通常为多边形，相邻两棱面的交线为棱线，且棱线互相平行。按棱线的数量可分为三棱柱、四棱柱、……棱线垂直于底面的棱柱称为直棱柱，棱线倾斜于底面的棱柱称为斜棱柱。

1. 棱柱的投影

如图 3-10（a）所示为直三棱柱的直观图。三棱柱的左右底面为两互相平行的全等三角形，其余三个侧棱面均为矩形，三条棱线相互平行且垂直于底面，其长度等于棱柱的高度。

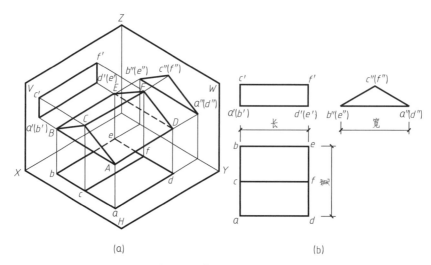

(a)　　　　　　　　　　　　(b)

图 3-10　直三棱柱的投影

在直三棱柱的三面投影中，如图 3-10（b）所示，直三棱柱的左、右底面 $\triangle ABC$ 和 $\triangle DEF$ 均为侧平面，其侧面投影 $\triangle a''b''c''$ 和 $\triangle d''e''f''$ 重影，且反映底面的实形，其正面投影及水平投影均积聚成竖直方向的直线段。三个侧棱面的侧面投影具有积聚性，其中侧棱面 ACFD 和 BCFE 为侧垂面，其正面投影 $a'c'f'd'$、$b'c'f'e'$ 和水平投影 $acfd$、$bcfe$ 均为缩小的类似形；侧棱面 ABED 为水平面，其正面投影 $a'b'e'd'$ 积聚为一水平直线段，水平投影 $abed$ 反映实形。三条棱线 AD、BE、CF 均为侧垂线，其侧面投影分别积聚在三角形的三个顶点上，其正面投影 $a'd'$、$b'e'$、$c'f'$ 和水平投影 ad、be、cf 均平行于 Ox 轴，其长度等于棱柱的高度。

作图步骤：

（1）作左、右底面的投影 先作侧面投影△$a''b''c''$和△$(d'')(e'')(f'')$，为反映实形的三角形。再作其正面投影 $a'(b')c'$、$d'(e')f'$和水平投影 abc、def，均为竖直方向直线段（三角形的积聚性投影）。

（2）作各侧棱面的投影 将左、右底面上对应顶点的同面投影连线，即为三条棱线的投影，其与底面上对应边构成三个侧棱面的投影。

2. 棱柱表面上点的投影

由于棱柱体的表面均为平面，所以在棱柱体表面上取点的方法与在平面上取点的方法相同。立体表面上点的可见性取决于点所在立体表面的投影的可见性，判别可见性的原则为：若点所在立体表面的投影可见（或积聚为一条可见的实线），则点的投影亦可见。

例 3-7 如图 3-11（a）所示，已知直三棱柱表面上点 M 的水平投影 m，求作其正面投影 m' 和侧面投影 m''。

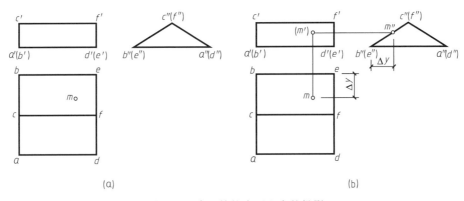

(a)   (b)

图 3-11 直三棱柱表面上点的投影

分析： 如图 3-11（b）所示，由于点 M 的水平投影 m 可见，说明点 M 位于直三棱柱的侧垂棱面 $BEFC$ 上。可利用平面上取点的方法，在侧棱面 $BEFC$ 上作出点 M 的 m' 和 m''。

作图步骤：

（1）确定点 M 所在的立体表面。由于点 M 的水平投影可见，故点 M 位于侧棱面 $BEFC$ 上；

（2）利用 Δy 与侧棱面 $BEFC$ 侧面投影的积聚性，作侧面投影 m''；

（3）依据点 M 的水平投影 m 和侧面投影 m''，利用点的投影规律，作正面投影 m'；

（4）可见性判别。由于点 M 位于侧棱面 $BEFC$ 上，其正面投影不可见，因此，点 M 的正面投影 m' 不可见，应标记为 (m')，如图 3-11（b）所示。

3. 棱柱表面上线的投影

平面立体表面上取线实际上属于平面上取点的问题，不同点是平面立体表面上取线还存在可见性判别的问题。立体可见表面上的线可见，用粗实线表示，不可见表面上的线不可见，用中粗虚线表示。

在棱柱表面取点、取线一般的方法即利用棱面的积聚性投影求解。

首先，应确定点位于立体的哪个表面上，并分析该平面的投影特性，然后再根据点的投影规律求各点的投影，最后将各点的同面投影连线。

例 3-8　如图 3-12（a）所示，已知六棱柱表面上折线 $ABCD$ 的正面投影，求作其水平投影和侧面投影。

分析：首先，将 A、B、C、D 四个点的水平投影和侧面投影求出，然后将各点同面投影连线。连线时需判断可见性，即面可见，面上的线可见，反之亦然。作图步骤见图 3-12（b）。

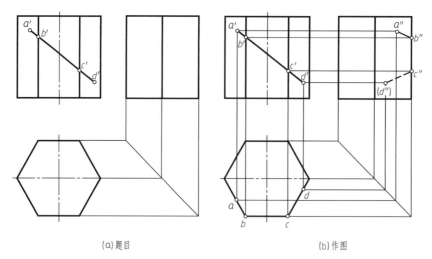

(a)题目　　　　　　　　　　　　　　(b)作图

图 3-12　正六棱柱表面上线的投影

4. 棱柱切割体的投影

例 3-9　如图 3-13（a）所示，求作正垂面 P 与正五棱柱的截交线。

分析：由于正垂截平面 P 与五棱柱的三条棱线和上底面相交，所以截交线是五边形，五边形的五个顶点即为该截平面与三条棱线的交点以及该截平面与上底面交线的两个端点。依次求出这五个交点的水平投影和侧面投影即可。

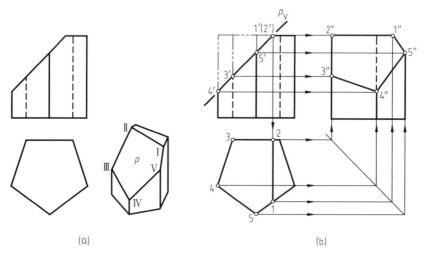

(a)　　　　　　　　　　　　　　(b)

图 3-13　平面与正五棱柱相交

作图步骤：

（1）补形　根据正面投影、水平投影用细实线作出完整正五棱柱的侧面投影。

（2）求解

① 在五棱柱的正面投影切口处，标出切口的各交点，如图 3-13（b）所示。

② 根据正五棱柱各棱线水平投影的积聚性，找出各交点的水平投影，如图 3-13（b）所示。

③ 利用点的投影规律，可直接求出该正垂截平面 P 与各棱线交点的侧面投影即 1″、2″、3″、4″、5″，如图 3-13（b）所示。

（3）连线并判断可见性　依次连接五个交点即得截交线的侧面投影，截交线侧面投影均可见，故画成粗实线，如图 3-13（b）所示。

（4）整理轮廓线　正五棱柱右侧两条棱线的侧面投影不可见，应画成中粗虚线，该中粗虚线与粗实线重合部分应画成粗实线。各棱线按投影关系补画到相应各交点处，完成五棱柱的侧面投影，如图 3-13（b）所示。

例 3-10　如图 3-14（a）所示，求作切口正六棱柱的侧面投影和水平投影。

分析：从正面投影可以看出，该正六棱柱上的切口是被一个正垂面 P、一个侧平面 Q 和一个水平面 R 所截切，将正六棱柱中间切去一部分。水平截平面 R 截切正六棱柱截交线的水平投影为六边形实形，其正面投影和侧面投影分别积聚为一条直线段；侧平截平面 Q 截切正六棱柱截交线的侧面投影为矩形实形，其水平投影和正面投影分别积聚成一条直线段；正垂截平面 P 截切正六棱柱截交线的水平投影和侧面投影均为与空间形状类似的六边形。

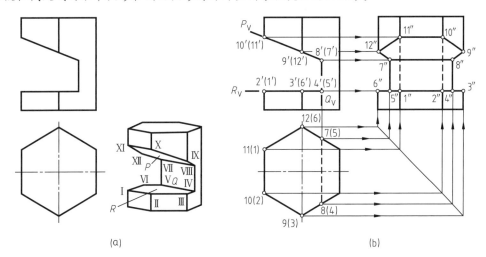

（a）　　　　　　　　　　　　　　（b）

图 3-14　切口正六棱柱的投影

作图步骤：

（1）补形　根据正面投影、水平投影用细实线作出完整正六棱柱的侧面投影。

（2）求解

① 在正六棱柱的正面投影切口处，标出切口的各交点，如图 3-14（b）所示。

② 根据正六棱柱各棱线水平投影的积聚性，找出各交点的水平投影，注意不可见的交线画成中粗虚线，如图 3-14（b）所示。

③ 根据各交点的水平投影和侧面投影，利用点的投影规律，作出各交点的侧面投影，如图 3-14（b）所示。

（3）连线并判断可见性　依次连接侧面投影中各交点即得截交线的侧面投影（其中 4″5″7″8″ 是矩形的实形，7″8″9″10″11″12″ 为与空间形状类似的六边形），连接过程中注意判断可见性，该截交线侧面投影可见，故画成粗实线，如图 3-14（b）所示。

（4）整理轮廓线　补全其他轮廓线，完成正六棱柱切割体的水平投影和侧面投影，正六棱柱右侧两条棱线的侧面投影不可见，应画成中粗虚线，该中粗虚线与粗实线重合部分应画成粗实线，如图 3-14（b）所示。

例 3-11　如图 3-15（a）所示，求作四棱柱被三棱柱穿通孔后的水平投影和侧面投影。

分析：从正面投影可以看出，四棱柱上的三角形通孔是被两个正垂面和一个水平面所截切而成。水平截平面与四棱柱截交线的水平投影为六边形实形，其正面投影和侧面投影分别积聚为一条直线段；正垂截平面与四棱柱截交线的水平投影和侧面投影均为与空间形状类似的四边形。

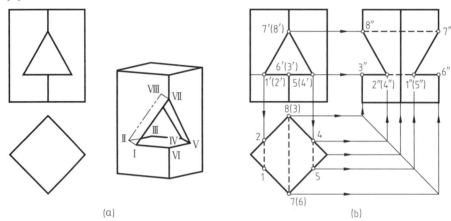

图 3-15　四棱柱穿孔体的投影

作图步骤：

（1）补形　根据正面投影、水平投影用细实线作出完整四棱柱的侧面投影。

（2）求解

① 在四棱柱的正面投影切口处，标出切口的各交点，如图 3-15（b）所示。

② 根据四棱柱各棱线水平投影的积聚性，找出各交点的水平投影，注意不可见的交线画成中粗虚线，如图 3-15（b）所示。

③ 根据各交点的水平投影和正面投影，利用点的投影规律，作出各交点的侧面投影，如图 3-15（b）所示。

（3）连线并判断可见性　依次连接侧面投影中各交点即得截交线的侧面投影（其中 7″8″1″2″和 7″8″4″5″为与空间形状类似的对称四边形），连接过程中注意判断可见性，该截交线侧面投影不可见，故画成中粗虚线，如图 3-15（b）所示。

（4）整理轮廓线　补全其他轮廓线，完成四棱柱穿孔体的水平投影和侧面投影，四棱柱左侧棱线的侧面投影可见，应画成粗实线；其右侧棱线的侧面投影不可见，应画成中粗虚线，该中粗虚线与粗实线重合画粗实线即可，如图 3-15（b）所示。

棱柱体在建筑中的应用如图 3-16 所示。

图 3-16　棱柱体在建筑中的应用

第二节 曲面立体切割体

土木工程中的壳体、屋盖、隧道的拱顶以及常见的设备管道等大多是曲面立体。在工程实践中，曲面可看作由一动线在空间连续运动所经过位置的总和。

一、曲面的形成和分类

1．形成

形成曲面的动线叫做曲面的母线，曲面在形成过程中，母线运动的限制条件称为运动的约束条件。约束条件可以是直线或曲线（称为导线），也可以是平面（称为导平面），母线在运动过程中的任一位置时，称为素线。因此，曲面也可以看作是素线的集合。

如图 3-17（a）所示：直母线沿着曲导线运动，并始终平行于空间一条直导线，形成了曲面；如图 3-17（b）所示：直母线沿着曲导线运动，并始终通过定点 S，形成了锥面；如图 3-17（c）所示：直母线绕旋转轴旋转一周形成了圆柱面；如图 3-17（d）所示：曲母线绕旋转轴旋转一周形成了花瓶状曲面。图 3-17（d）中，由曲线旋转生成的旋转面，母线称为旋转面上的经线或子午线；母线上任一点的运动轨迹为圆，称为纬线或纬圆；纬圆所在的平面一定垂直于旋转轴；旋转面上较两侧相邻纬圆都小的纬圆称为喉圆，较两侧相邻纬圆都大的纬圆称为赤道圆，简称赤道。

2．分类

（1）根据运动方式不同，曲面可分为回转面和非回转面。回转面是由母线绕轴（中心轴）旋转而形成（如圆柱面、圆锥面、球面等）；非回转面是母线根据其他约束条件（如沿曲线移动等）而形成（如双曲抛物面、平螺旋面等）。

（2）根据母线形状不同，曲面可分为直线面和曲线面。凡由直母线运动而形成的曲面为直线面（如圆柱面、圆锥面等）；由曲母线运动而形成的曲面为曲线面（如球面、圆环面等）。

（3）根据母线运动规律不同，曲面可分为规则曲面和不规则曲面。母线有规则地运动形成规则曲面；母线不规则运动形成不规则曲面。

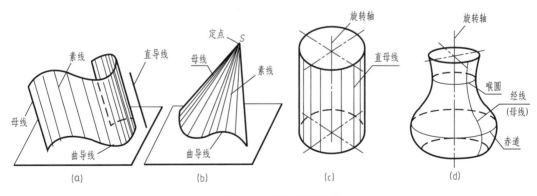

图 3-17 曲面的形成和分类

3．曲面的表示法

曲面的表示方法与平面相似，只要画出形成曲面几何元素的投影（例如母线、定点、导线、导平面等的投影）即可。为了表达得更清楚，曲面还要绘制出曲面的边界线、曲面外形轮廓线（轮廓线可能是边界线的投影），有时还需要画出一系列素线的投影。

工程中常见的曲面立体为回转体，如圆柱、圆锥、球和圆环等。回转体是指完全由回转曲面或回转曲面和平面所围成的立体。在投影图上表达回转体就是把围成该回转体的回转面或平面与回转面表示出来。画回转体的投影时，轴线用细单点长画线画出，圆的中心线用相互垂直的细单点长画线画出，其长画线的交点为圆心。该单点长画线应超出回转体轮廓线 3～5mm。

曲面立体切割体就是用截平面截切基本曲面立体（圆柱、圆锥、球等）而成。

二、圆柱

圆柱表面由圆柱面和两底面所围成。圆柱面可看作一条直母线 AA_1 围绕与其平行的轴线 OO_1 回转而成，如图 3-18（a）所示。圆柱面上任意一条平行于轴线的直线，称为圆柱面的素线。

1. 圆柱的投影

画投影图时，一般常使圆柱的轴线垂直于某个投影面。如图 3-18（a）所示，直立圆柱的轴线垂直于水平投影面，圆柱面上所有素线都是铅垂线，因此，圆柱面的水平投影积聚成为一个圆。圆柱上、下两个底面的水平投影反映实形并与该圆重合。水平投影中两条相互垂直的细单点长画线，表示确定其圆心的对称中心线。图 3-18（b）所示，正面投影和侧面投影中的细单点长画线表示圆柱轴线的投影。圆柱面的正面投影是一个矩形，是圆柱面前半部与后半部的重合投影，其上、下两边分别为上、下两底面的积聚性投影，左、右两边 $a'a_1'$、$b'b_1'$ 分别是圆柱最左、最右素线的投影。最左、最右两条素线 AA_1、BB_1 是圆柱面由前向后的转向线，是正面投影中可见的前半圆柱面和不可见的后半圆柱面的分界线，也称为正面 V 面转向轮廓线。V 面转向轮廓线的侧面投影 $a''a_1''$、$b''b_1''$ 与轴线重合，不需画出；同理，可对侧面投影中的投影矩形进行类似的分析。圆柱面的侧面投影也是一个矩形，是圆柱面左半

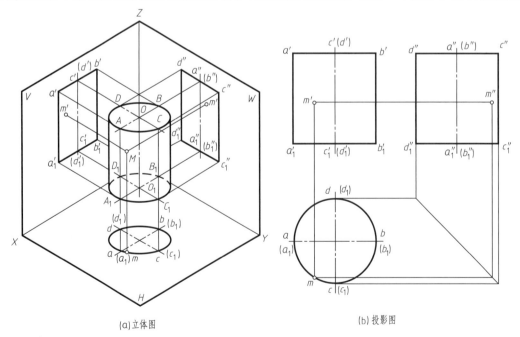

(a)立体图　　　　　　　　　　　(b)投影图

图 3-18　圆柱的投影及其表面上的点

部与右半部的重合投影，其上下两边分别为上下两底面的积聚性投影，前、后两边 $c''c''_1$、d'' d''_1 分别是圆柱最前、最后素线的投影。最前、最后两条素线 CC_1、DD_1 是圆柱面由左向右的转向线，是侧面投影中可见的左半圆柱面和不可见的右半圆柱面的分界线，也称为 W 面转向轮廓线。侧面投影转向轮廓线的正面投影 $c'c'_1$、$d'd'_1$ 也与轴线重合，不需画出。V 面和 W 面转向轮廓线的水平投影积聚在圆周最左、最右、最前、最后四个象限点上。

圆柱的投影特征：当圆柱的轴线垂直某一个投影面时，该投影面内的投影为圆形，另外两个投影为全等的矩形。

2. 圆柱表面上点的投影

在圆柱面上取点时，可采用积聚法（也可用素线法）。当圆柱轴线垂直于某一投影面时，圆柱面在该投影面上的投影积聚成圆，可直接利用积聚性在圆柱表面上取点、取线。

例 3-12　如图 3-18（b）所示，已知圆柱面上点 M 的正面投影 m'，求作点 M 的水平投影和侧面投影。

分析：因为圆柱面的水平投影具有积聚性，圆柱面上点的水平投影一定重影在圆周上。又因为 m' 可见，所以点 M 必在前半圆柱面的水平投影上，由 m' 向下作投影连线求得 m，再由 m' 和 m 求得 m''。m 积聚在圆周上，水平投影 m 可见；点 M 还位于左半圆柱面上，其侧面投影 m'' 也可见。

3. 圆柱表面上线的投影

方法：利用线所在面的积聚性投影法（圆柱的圆柱面和两底面均至少有一个投影具有积聚性）。

例 3-13　如图 3-19（a）所示，已知圆柱面上折线段的正面投影，完成该折线段的水平投影和侧面投影。

分析：在曲面立体表面上，投影为一直线段，其空间通常为平面曲线，在特殊情况下可以为直线段。在本例中，由于 ABC 的正面投影 $a'b'c'$ 与圆柱轴线垂直，故 ABC 为圆弧；CD 的正面投影 $c'd'$ 平行于圆柱轴线，故 CD 为直线段；DEG 的正面投影 $d'e'g'$ 与圆柱轴线倾斜，故 DEG 为椭圆弧。

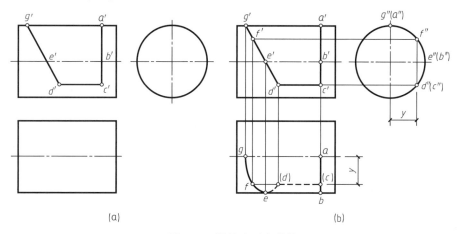

(a)　　　　　　　　　　　　　(b)

图 3-19　圆柱表面上的线

作图步骤：

（1）作圆弧 ABC 的投影　由于圆柱面的侧面投影具有积聚性，故圆弧 ABC 的侧面投影反映圆弧实形即 $a''b''c''$，且重影在圆柱面的积聚性投影圆周上；其水平投影为直线段 abc，其中 AB 位于上半圆柱面上，水平投影 ab 可见，画成粗实线，BC 位于下半圆柱面上，水平投影 bc 不可见，画成中粗虚线，与 ab 重合，虚线省略不画，如图 3-19（b）所示。

（2）作直线段 CD 的投影 直线段 CD 为侧垂线，其侧面投影积聚为一点 $d''(c'')$，且落在圆柱面积聚性投影圆周上；其水平投影 cd 平行于圆柱轴线，到圆柱轴线的距离 y 等于其侧面投影 $d''(c'')$ 到中心线的距离 y，如图 3-19（b）所示。由于 CD 位于下半圆柱面上，因此水平投影 cd 不可见，画中粗虚线。

（3）作椭圆弧 DEG 的投影 椭圆弧 DEG 的侧面投影 $d''e''g''$ 重影在圆柱面积聚性投影圆周上，其水平投影仍为椭圆弧。在该椭圆弧上取一系列点 D、E、F、G（其中 F 点为插入的一般点），作出这些点的水平投影 d、e、f、g，然后用光滑曲线连接各点的水平投影，其中曲线 efg 位于上半圆柱面上，用粗实线连接，曲线 de 位于下半圆柱面上，用中粗虚线连接，如图 3-19（b）所示。

4. 圆柱切割体的投影

截平面与曲面立体表面相交产生的截交线一般是封闭的平面曲线，也可能是由曲线与直线围成的平面图形，其形状取决于截平面与曲面立体的相对位置。

截交线是截平面与曲面立体表面的共有线，截交线上的点也都是它们的共有点。因此，在求截交线的投影时，应先在截平面有积聚性的投影上，确定截交线的一个投影，并在该投影上取一系列点；然后把这些点看成曲面立体表面上的点，利用曲面立体表面取点的方法，求出该点的另外两个投影；最后把这些点的同面投影光滑连接，并判别其投影的可见性。

为准确求出曲面立体截交线的投影，通常要作出能确定该截交线形状和范围的特殊点，即极限点（最高点、最低点、最前点、最后点、最左点、最右点）、转向轮廓线上的点、特征点（如椭圆长短轴端点、抛物线和双曲线的顶点等）、结合点（两相交截平面交线的端点），然后按需要再作出适量的一般位置点。

当截平面或曲面立体的表面垂直于某一投影面时，则截交线在该投影面上的投影具有积聚性，可直接利用面上取点的方法作图。

截平面截切圆柱时，根据截平面与圆柱轴线的相对位置不同，其截交线有三种不同的形状，见表 3-1。

表 3-1　圆柱截交线

截平面位置	垂直于轴线	平行于轴线	倾斜于轴线
立体图	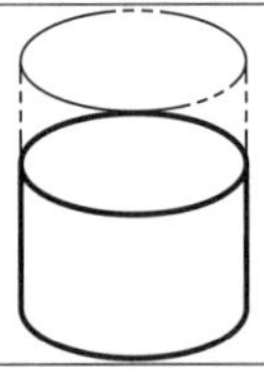	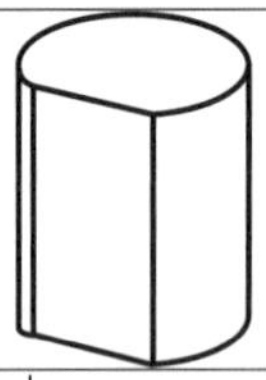	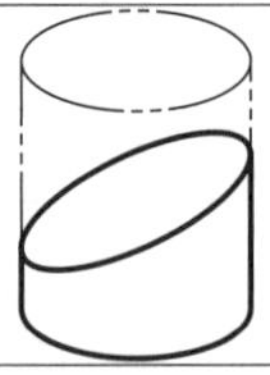
投影图	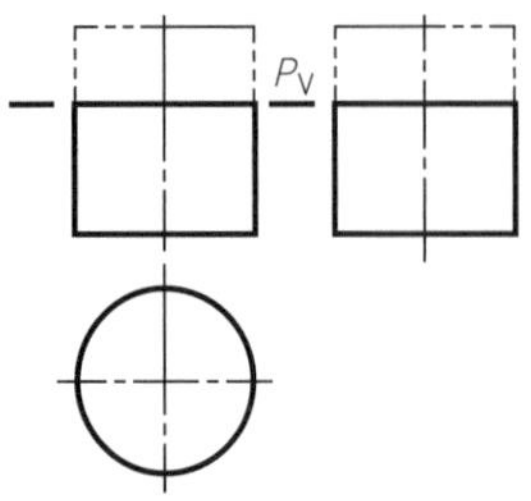	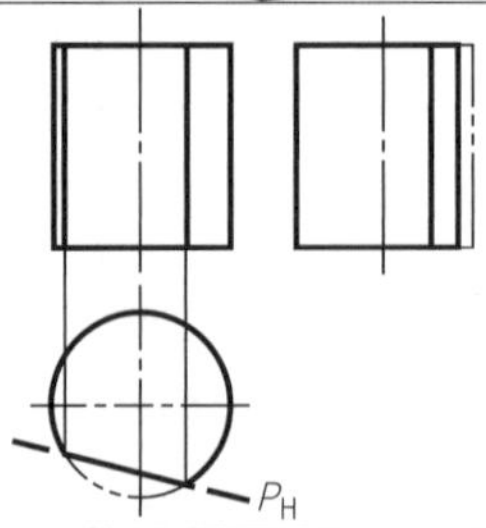	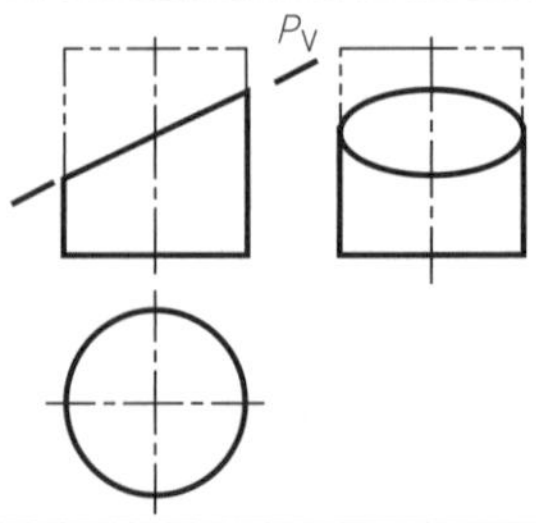
截交线形状	圆	两条平行素线	椭圆

例 3-14 如图 3-20（a）所示，求圆柱被正垂面截切后的投影。

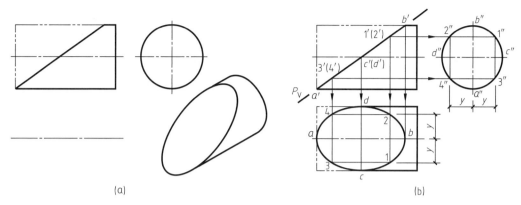

图 3-20　正垂面切割圆柱

分析：正垂截平面 P 与圆柱的轴线倾斜，故截交线为椭圆。此椭圆的正面投影积聚为一直线段。由于圆柱面的侧面投影积聚为圆，而椭圆位于圆柱面上，故椭圆的侧面投影与圆柱面侧面投影重合。椭圆的水平投影是其类似形，仍为椭圆。可根据投影规律由正面投影和侧面投影求出截交线椭圆的水平投影。

作图步骤：

（1）补形　用细实线绘制完整圆柱的水平投影。

（2）求解

① 求特殊点：截交线椭圆上长短轴端点 A、B、C、D 为特殊点。椭圆长轴端点 A、B 位于圆柱面最低、最高素线上；短轴的端点 C、D 位于圆柱面的最前、最后素线上。如图 3-20（b）所示，已知 a'、b'、c'、d'，利用点的从属性，作出其水平投影 a、b、c、d 和侧面投影 a''、b''、c''、d''。

② 求一般点：正面投影取点Ⅰ、Ⅱ、Ⅲ、Ⅳ。一般点是特殊点之间的插补点，可利用圆柱面上取点方法。已知四点的正面投影 $1'$、$2'$、$3'$、$4'$（可在截交线的正面投影上任意取点），如图 3-20（b）所示，首先作出这四点的侧面投影 $1''$、$2''$、$3''$、$4''$，然后利用点的投影规律，作出其水平投影 1、2、3、4。

（3）连线并判断可见性　将上述特殊点和一般点的同面投影用光滑曲线连接即为截交线椭圆的投影（此投影不反映椭圆的实形）。如要作出截交线椭圆的实形，可利用投影变换方法作图求解，读者可自行作图，此处不再赘述。

（4）整理轮廓线　在圆柱的水平投影中，圆柱的最前、最后素线经截切后余下的只有从椭圆端点 C、D 至右端面的部分轮廓素线，用粗实线加粗加深，切除掉的轮廓线不再画出，应擦除，如图 3-20（b）所示。

在上例中，设截平面与圆柱轴线的倾角为 θ，当 θ 角变化时，截交线椭圆的投影形状将随其倾角 θ 而变化。分析如下：

当 $0 < \theta < 45°$ 时，椭圆长短轴投影后，仍然为投影椭圆的长短轴，如图 3-21（a）所示；

当 $\theta = 45°$ 时，椭圆的长短轴投影后长度相等，椭圆的投影为圆。此时，作椭圆投影时应使用圆规作图，投影圆的直径等于圆柱的直径，投影圆的圆心位于圆柱轴线上，如图 3-21（b）所示。

当 $45° < \theta < 90°$ 时，椭圆长轴投影后，成为投影椭圆的短轴；而椭圆短轴投影后，成为

投影椭圆的长轴,如图 3-21 (c) 所示。

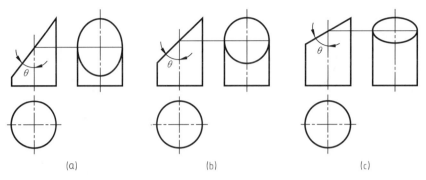

图 3-21　截交线椭圆投影形状的变化

例 3-15　如图 3-22 (a) 所示,已知圆柱上开前后通槽的正面投影,求其水平投影和侧面投影。

分析:通槽可看作是圆柱被两平行于圆柱轴线的侧平面及一个垂直于圆柱轴线的水平面所截切,两侧平截平面截切圆柱的截交线为矩形,水平截平面截切圆柱为前后各一段圆弧。

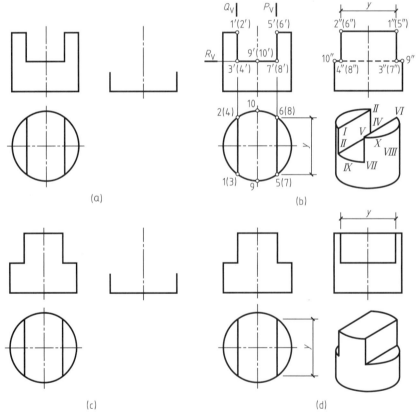

图 3-22　圆柱开通槽

作图步骤:

(1) 补形　用细实线绘制完整圆柱的侧面投影。

(2) 求解、连线并判别可见性

① 作水平截平面 R 与圆柱面的交线。交线圆弧Ⅲ Ⅸ Ⅶ和Ⅳ Ⅹ Ⅷ的水平投影397、4108重影在圆柱面的水平积聚性投影圆上，其侧面投影 $3''9''7''$ 和 $4''10''8''$ 为水平直线段，如图 3-22（b）所示，其中 $3''9''$ 与 $7''9''$、$4''10''$ 与 $8''10''$ 重合，画成粗实线。

② 作侧平截平面 Q、P 与圆柱面的交线。Q 与圆柱面的交线为直线段，其正面投影 $1'3'$、$2'4'$ 重合，重影在截平面 Q 的正面积聚性投影上，其水平投影积聚为点 1（3）、2（4），重影在圆柱面水平积聚性投影上，其侧面投影 $1''3''$ 和 $2''4''$ 可利用坐标差 y 作出，其宽度与水平投影长度相等，如图 3-22（b）所示；利用同样方法作出 P 与圆柱面交线的投影。由于 Q、P 截平面左右对称，故其截交线的侧面投影重合。

③ 作 Q、P 截平面与 R 截平面的交线。两条交线均为正垂线，其水平投影34和78分别重影在 Q、P 的水平积聚性投影上，侧面投影 $3''4''$ 和 $7''8''$ 为水平直线段，重影在 R 截平面的侧面积聚性投影上，侧面投影 $3''4''$ 和 $7''8''$ 均不可见，应画成中粗虚线，如图 3-22（b）所示。

（3）整理轮廓线　圆柱最前、最后素线Ⅸ、Ⅹ两点上方部分被截切掉，故其侧面投影的（ $9''$、$10''$ 点上方部）上方部分应擦除，如图 3-22（b）所示。

图 3-22（a）与图 3-22（c）所示的圆柱上部切口，前者为切除圆柱上部中间部分，后者为切除圆柱上部两侧部分。这两种情况中，两侧平截平面 Q、P 的截切位置相同，故其截交线的投影完全相同，其作图方法也相同。而水平截平面 R 的位置不同，前者其交线圆弧位于前后圆柱面上且正面投影重影，后者其交线圆弧位于左右圆柱面上且侧面投影重影；前者其三个截平面间的两条交线的侧面投影不可见，而后者可见；前者其水平截平面 R 上部的 W 面转向轮廓线（圆柱最前、最后素线）被截切去除，如图 3-22（b）所示，而后者其 W 面转向轮廓线（圆柱最前、最后素线）没有被截切，其侧面投影是完整的，如图 3-22（d）所示。

例 3-16　如图 3-23（a）所示，已知圆管开前后通槽的正面投影和水平投影，求其侧面投影。

分析：圆管可看作两个同轴而直径不同的圆柱表面（外柱面和内柱面）。圆管上端开的前后通槽可看作是圆管被两平行于圆管轴线的侧平面及一个垂直于圆管轴线的水平面所截切。三个截平面与圆管的内、外表面均有截交线。该截交线的正面投影与三个截平面的正面积聚性投影（三条直线段）重影，其水平投影重影在四条直线段和四段圆弧上，该四段圆弧重影在圆管的内、外表面的水平积聚性投影圆上。两侧平截平面截切圆管的截交线为矩形，水平面截圆管为前后各四段圆弧。可根据截交线的正面投影和水平投影，求其侧面投影。作图过程如图 3-23（b）所示，圆管开通前后槽后，圆管内、外表面的最前和最后素线在开槽

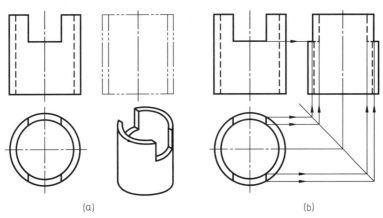

（a）　　　　　　　　　　　（b）

图 3-23　圆管开通槽

部分已被截去，故在侧面投影中，开槽部分圆柱的内、外 W 面转向轮廓线被截切去除，不再画出。

例 3-17 如图 3-24（a）所示，求圆柱被开通孔后的水平投影和侧面投影。

分析： 从正面投影可以看出，圆柱上的通孔是被一个水平面、一个正垂面和一个侧平面所截切而成。水平截平面截切圆柱为前后各一段圆弧，其水平投影重影在圆柱面水平积聚性投影圆上，其正面投影和侧面投影积聚为一条直线段；正垂截平面截切圆柱的截交线为前后各一段椭圆弧，其水平投影重影在圆柱面水平积聚性投影圆上，其侧面投影仍为前后各一段椭圆弧；侧平截平面截切圆柱的截交线为矩形，其侧面投影为该矩形实形，其正面投影和水平投影分别积聚为一条直线段。

作图步骤：

（1）补形　根据正面投影、水平投影用细实线作出完整圆柱的侧面投影。

（2）求解

① 分别求水平截平面和侧平截平面与圆柱的截交线，如图 3-24（b）所示。

② 求正垂截平面与圆柱的截交线，如图 3-24（c）所示。

（3）连线并判断可见性　侧面投影的椭圆轮廓注意应光滑连接，三个平截面间的两条交线其水平投影和侧面投影均不可见，应画成中粗虚线，如图 3-24（d）所示。

（4）整理轮廓线　补全其他轮廓线，完成圆柱穿孔体的投影，如图 3-24（d）所示。

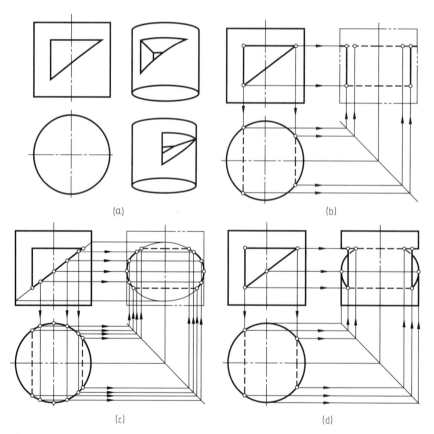

(a)　　　　　　　(b)

(c)　　　　　　　(d)

图 3-24　圆柱穿孔体的投影

圆柱体在建筑中有着广泛的应用，如图 3-25 所示。

图 3-25　圆柱体在建筑中的应用

三、圆锥

圆锥表面由圆锥面和底面所围成。如图 3-26（a）所示，圆锥面可看作是一条直母线 SA 围绕与其相交的轴线 SO 回转而成。在圆锥面上通过锥顶的任一直线称为圆锥面的素线。

1. 圆锥的投影

画圆锥的投影时，常使其轴线垂直于某一投影面。

如图 3-26（a）所示圆锥的轴线是铅垂线，底面是水平面，图 3-26（b）为其投影图。圆锥的水平投影为一个圆，即与圆锥底面圆的投影重合，反映底面的实形，同时也表示圆锥面的投影，圆锥顶点的水平投影在圆心处。圆锥的正面、侧面投影均为等腰三角形，其底边均为圆锥底面的积聚投影。正面投影中三角形的两腰 $s'a'$、$s'c'$ 分别表示圆锥面最左、最右轮廓素线 SA、SC 的投影，它们是圆锥面正面投影可见与不可见的分界线，也称为 V 面转

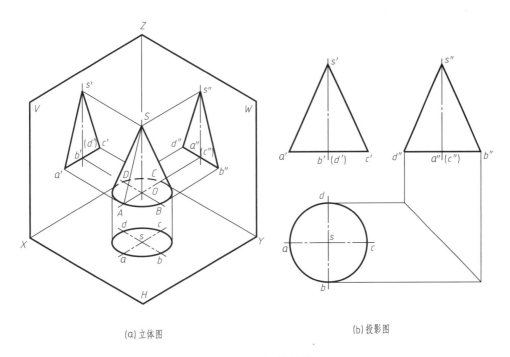

(a) 立体图　　　　　　　　　　(b) 投影图

图 3-26　圆锥的投影

向轮廓线。SA、SC 的水平投影 sa、sc 和横向中心线重合，侧面投影 $s''a''(c'')$ 与轴线重合。侧面投影中三角形的两腰 $s''b''$、$s''d''$ 分别表示圆锥面最前、最后轮廓素线 SB、SD 的投影，它们是圆锥面侧面投影可见与不可见的分界线，也称为 W 面转向轮廓线。SB、SD 的水平投影 sb、sd 和纵向中心线重合，正面投影 $s'b'(d')$ 与轴线重合。

圆锥的投影特征：当圆锥的轴线垂直某一个投影面时，则圆锥在该投影面上的投影为与其底面全等的圆形，另外两个投影为全等的等腰三角形。

2. 圆锥表面上点的投影

圆锥面的三个投影都没有积聚性，因此在圆锥表面取点时，需利用其几何性质，采用作简单辅助线的方法。

方法一：过圆锥锥顶作辅助直线（素线法）。

方法二：垂直于圆锥轴线作辅助纬圆（纬圆法）。

例 3-18　如图 3-27（a）、（b）所示，已知圆锥表面上 M 的正面投影 m'，求作点 M 的水平投影和侧面投影。

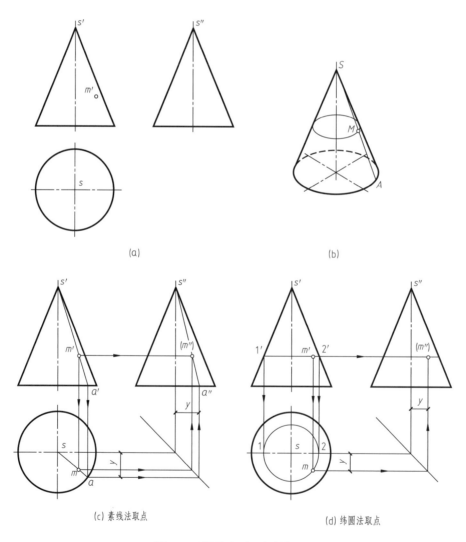

(a)　　　　　　　　　　　　(b)

(c) 素线法取点　　　　　　　　　(d) 纬圆法取点

图 3-27　圆锥表面上点的投影

分析：因为 m' 可见，所以点 M 必在前半个圆锥面，又因为 m' 在正面投影轴线的右侧，故可判定点 M 的水平投影 m 可见，侧面投影 m'' 不可见。

解法一（素线法）：

作图步骤：

（1）过点 M 作素线 SA 的投影　如图 3-27（c）所示，由于点 M 的正面投影 m' 可见，故点 M 位于前半圆锥面上。过 m' 作素线 $s'a'$，并求出 sa 和 $s''a''$（a'' 可利用 y 坐标差求出）；

（2）作出点 M 的投影　利用直线上点的从属性和点的投影规律，作出 m、m''，如图 3-27（c）所示；

（3）判别点 M 的可见性　由于点 M 位于右、前圆锥面上，故 m 可见，m'' 不可见。

解法二（纬圆法）：

作图步骤：

（1）过点 M 作水平纬圆的投影　如图 3-27（d）所示，过 m' 作水平纬圆的正面投影 $1'2'$，其水平投影为底圆的同心圆，其直径等于 $1'2'$；

（2）作出点 M 的投影　由于点 M 位于右、前圆锥面上，过 m' 向下作投影连线交纬圆水平投影于 m，利用 m 到中心线的距离 y，作出侧面投影 m''，如图 3-27（d）所示；

（3）判别点 M 可见性　由于点 M 位于右、前圆锥面上，故 m 可见，m'' 不可见。

3. 圆锥表面上线的投影

例 3-19　如图 3-28（a）所示，已知圆锥面上线的正面投影，求作该线的水平投影和侧面投影。

分析：在曲面立体表面上，投影为一直线段，其空间通常为平面曲线，在特殊情况下可能为直线段。在本例中，BAC 的正面投影 $b'a'(c')$ 与底面圆平行，故 BAC 为圆弧，其水平投影反映该圆弧的实形；而 $BEDFC$ 的正面投影 $b'e'd'(f')(c')$ 与圆锥轴线倾斜，且未通过圆锥顶点，故为平面曲线，通常在曲线上取一系列点，作出这些点的投影，并用光滑曲线将其同面投影依次连接，即为该平面曲线的投影。

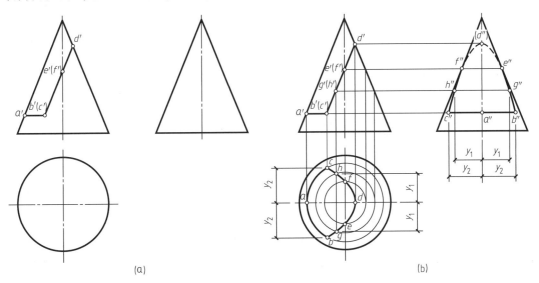

(a)　　　　(b)

图 3-28　圆锥表面上线的投影

作图步骤：

（1）作 *BAC* 圆弧的投影　如图 3-28（b）所示，圆弧的水平投影 *bac* 反映圆弧的实形，其圆心与底面圆同心，半径为 *a'* 到轴线的距离，侧面投影 *b"a"c"* 积聚为水平方向直线段，投影长度等于圆弧端点 *B*、*C* 的 *Y* 坐标差 *bc*，其水平投影和侧面投影均可见，画成粗实线；

（2）作 *BEDFC* 平面曲线的投影　如图 3-28（b）所示，在曲线上取一系列点 *B*、*G*、*E*、*D*、*F*、*H*、*C*（*G*、*H* 为插入的一般点，目的是提高曲线投影的准确性），其中 *D*、*E*、*F* 点分别位于圆锥面的最右、最前、最后素线上，可利用点的从属性作出其水平投影和侧面投影，点 *G*、*H* 可使用素线法或纬圆法作出这些点的投影（本例采用纬圆法），然后用光滑曲线依次连接这些点的同面投影。

（3）可见性判别　圆锥面水平投影可见，故曲线水平投影 *bgedfhc* 可见，用粗实线连接；左半锥面的侧面投影可见，故曲线侧面投影 *b"g"e"* 和 *c"h"f"* 可见，用粗实线连接；右半锥面的侧面投影不可见，故曲线侧面投影 *e"d"f"* 不可见，用中粗虚线连接，如图 3-28（b）所示。

4. 圆锥切割体的投影

截平面截切圆锥时，根据截平面与圆锥轴线的相对位置不同，其截交线有五种不同的情况。见表 3-2。由于圆锥面的投影没有积聚性，所以为了求解截交线的投影，可采用素线法或纬圆法求出截交线上的点，并将这些点的同面投影光滑连成曲线，同时判别其可见性，整理转向轮廓线，完成作图。

表 3-2　圆锥截交线

截平面位置	垂直于轴线	过锥顶	倾斜（$\alpha > \theta$）于轴线	平行于母线（$\alpha = \theta$）	倾斜于轴线（$\alpha < \theta$）
立体图	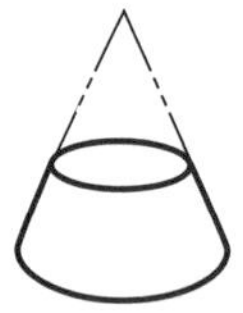		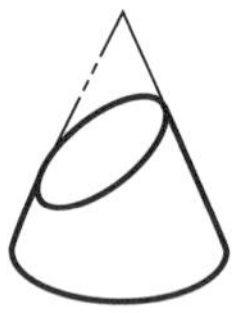	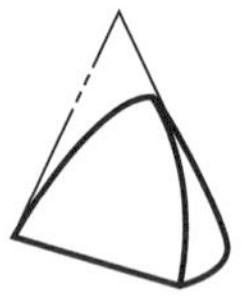	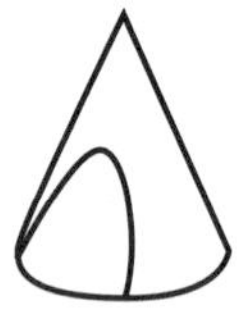
投影图	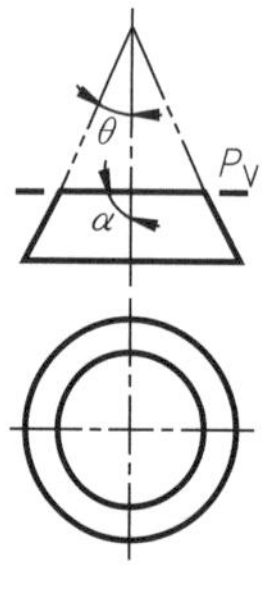	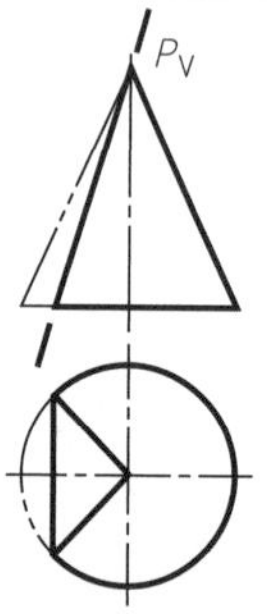	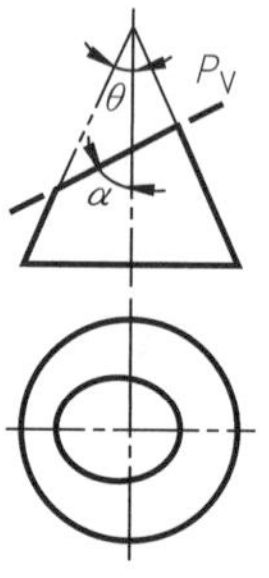	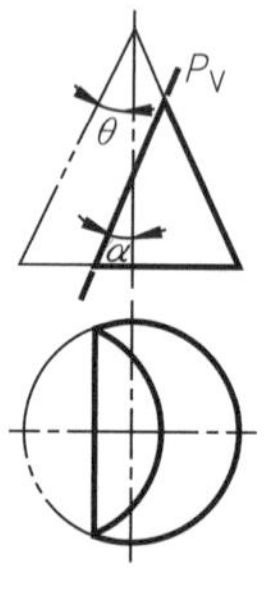	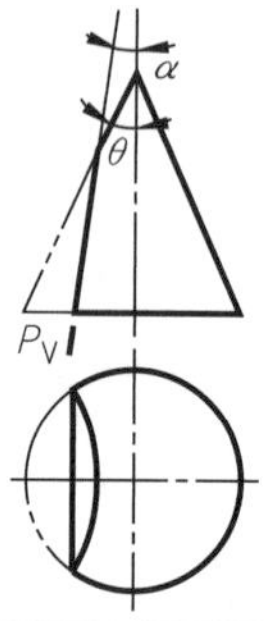
截交线形状	圆	两条相交直线	椭圆	抛物线	双曲线

例 3-20　如图 3-29（a）所示，求正平面与圆锥的截交线。

分析：因截平面为正平面，与轴线平行，故截交线为双曲线。截交线的水平投影和侧面投影分别积聚为直线段，只需求出其正面投影即可。求双曲线的正面投影，应先在其水平积聚投影上标出所有的特殊点和适量的一般点，然后将这些点看作圆锥表面上的点，利用圆锥表面取点的方法（素线法或纬圆法）求出其正面投影，再将其同面投影依次光滑连接即可。

作图步骤：

（1）补形　用细实线补画出完整圆锥的侧面投影。

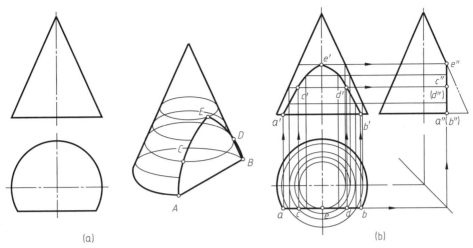

图 3-29　正平面切割圆锥的投影

（2）求解

① 取点：在水平投影上，取 a、b、c、d、e 点，其中 a、b 为双曲线的最低点，e 为双曲线的最高点，称为特殊点。c、d 为双曲线上特殊点之间的插补点，称为一般点。

② 求特殊点：由 a、b 向 V 面引投影连线，求出它们的正面投影 a'、b'；用纬圆法求出 E 点的正面投影 e'，然后用"二补三"求出它们的侧面投影 a''、b''、e''。

③ 求一般点：用纬圆法求出一般点 C、D 的正面投影 c'、d'，再用"二补三"求出它们的侧面投影 c''、d''。

（3）连线并判断可见性　光滑连接 a'、c'、e'、d'、b' 各点，求得正面投影；连接 a''、c''、e''、d''、b'' 各点，求得侧面投影。

（4）整理轮廓线　侧面投影中前小半部分被截切，注意不画线，如图 3-29（b）所示。

例 3-21　如图 3-30（a）所示，已知缺口圆锥的正面投影，求作其水平投影和侧面投影。

分析：圆锥缺口部分可看作是被三个截平面截切而成的。水平截平面 P 截切圆锥的截交线是圆的一部分；正垂截平面 Q 通过锥顶截切圆锥，其截交线是两条交于锥顶的直线；正垂截面 R 与圆锥轴线倾斜，且与轴线夹角大于锥顶半角，其截交线是部分椭圆弧。即缺口处圆锥的截交线是由直线、圆弧、椭圆弧组成，三个截平面间的两条交线均为正垂线，其水平投影不可见，应画成中粗虚线。

作图步骤：

（1）补形　用细实线补画出完整圆锥的侧面投影。

（2）求解

① 求水平截平面 P 和正垂截平面 Q 的截交线投影。如图 3-30（c）所示，水平截平面 P 的截交线其水平投影为大半圆实形，侧面投影积聚为直线段；正垂截平面 Q 通过锥顶，其截交线的水平投影和侧面投影均为与空间类似的梯形。

② 求正垂截平面 R 的截交线投影。如图 3-30（d）所示，正垂截平面 R 的截交线其水平投影和侧面投影均为与空间类似的部分椭圆。

（3）连线并判断可见性　椭圆轮廓注意光滑连接，三个截平面间的两条交线其水平投影均不可见，应画成中粗虚线。

（4）整理轮廓线　完成圆锥切割体的投影，如图 3-30（b）所示。

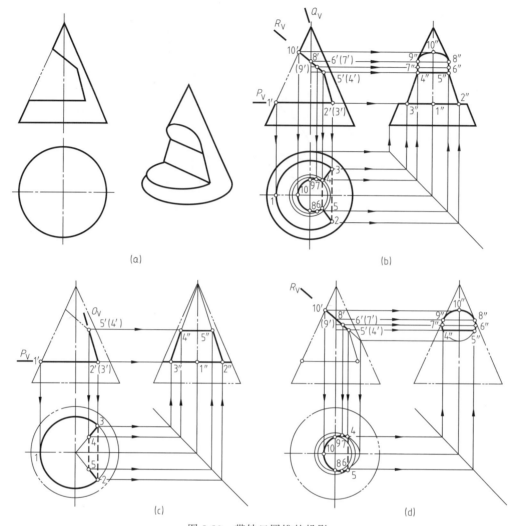

图 3-30　带缺口圆锥的投影

例 3-22　如图 3-31（a）所示，求圆台被穿通孔后的水平投影和侧面投影。

分析：由正面投影可知，圆台穿孔体可看成是圆台被四个截平面截切而成，包括两个水平面和两个对称的正垂面。两个水平截平面均与圆台的轴线垂直，其截交线为圆；两个正垂截平面与圆台轴线的夹角均等于锥顶半角，其截交线为抛物线。

作图步骤：

（1）补形　用细实线补画出完整圆台的侧面投影。

（2）求解

① 求两个水平截平面的截交线投影。如图 3-31（c）所示，上、下两个水平截平面的截交线其水平投影为前后四段圆弧实形（两段小圆弧、两段大圆弧），其侧面投影分别积聚为直线段，必须注意高处的水平截平面，其侧面投影 $6''(7'')$ 和 $5''(8'')$ 分别积聚为两小段水平线段，其侧面投影可见，应画成粗实线。

② 求两个正垂截平面的截交线投影。如图 3-31（d）所示，左、右两个正垂截平面的截交线其水平投影和侧面投影均为与空间类似的部分抛物线，利用描点法作图，本例只给出 Ⅸ、Ⅹ 两点的求法，其他点求法与其相同。

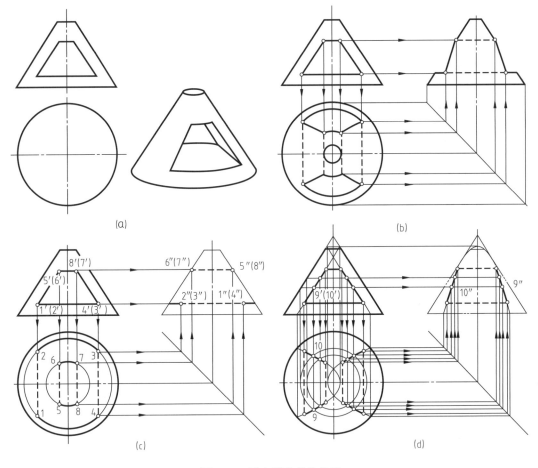

图 3-31 圆台穿孔体的投影

（3）连线并判断可见性 抛物线轮廓注意应光滑连接，四个截面间的四条交线水平投影和侧面投影均不可见，要画成虚线。

（4）整理轮廓线 完成圆台穿孔体的投影，如图 3-31（b）所示。

圆锥体在建筑中也应用广泛，如图 3-32 所示。

图 3-32 圆锥体在建筑中的应用

四、圆球

圆球的表面是球面，圆球面可看作是一条圆母线以其一条直径为轴线回转一周而成的曲面。

1. 圆球的投影

如图 3-33（a）所示为圆球的立体图；如图 3-33（b）所示为圆球的三面投影图。圆球在三个投影面上的投影都是直径相等的圆，但这三个圆分别表示 V、H、W 三个不同方向的转向轮廓线的投影。正面投影中的圆 a' 即为 V 面转向轮廓线圆 A（可见前半球与不可见后半球的分界线）的投影。圆 A 的水平投影 a 与水平投影中的横向中心线重合，圆 A 的侧面投影 a'' 与侧面投影中的纵向中心线重合，都不必画出。水平投影中的圆 b 即为 H 面转向轮廓线圆 B（可见上半球与不可见下半球的分界线）的投影。圆 B 的正面投影 b' 与正面投影中的横向中心线重合，圆 B 的侧面投影 b'' 与侧面投影中的横向中心线重合，都不必画出。侧面投影中的圆 c'' 即为 W 面转向轮廓线圆 C（可见左半球与不可见右半球的分界线）的投影。圆 C 的正面投影 c' 与正面投影中的竖向中心线重合，圆 C 的水平投影 c 与水平投影中的竖向中心线重合，也都不必画出。

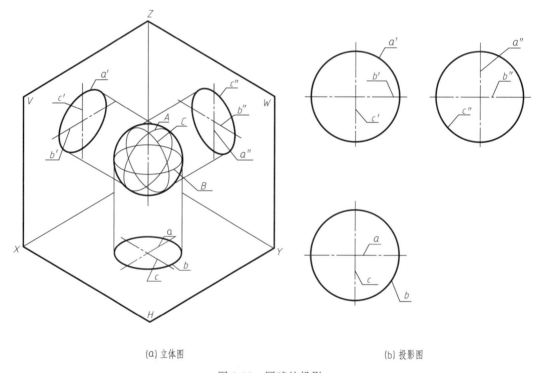

(a) 立体图　　　　　　　　　　　(b) 投影图

图 3-33　圆球的投影

2. 圆球表面上点的投影

圆球表面的三个投影都没有积聚性，求作其表面上点的投影应使用纬圆法，即过该点在球面上作一个平行于某一投影面的辅助纬圆。

例 3-23　如图 3-34（a）所示，已知球面上点 M、N、K 的一个投影，求作其另外两面投影。

分析： 如图 3-34（a）所示可知，点 M 的正面投影（m'）落在水平轴线上且不可见，所以点 M 位于左、后方的 H 面转向轮廓线上；点 N 的水平投影 n 可见，又位于竖直轴线的右侧和水平轴线的下方，故点 N 在右、前、上方的球面上；点 K 的侧面投影 k'' 为竖直轴线与 W 面转向轮廓线的交点，故点 K 在球的上部中心处。

作图步骤：

(1) 作点 M 的投影 已知点 M 的正面投影（m'）不可见，如图 3-34（a）所示，且位于后半圆球面的水平转向轮廓线上，利用点的从属性，过（m'）作投影连线与正面投影中的水平轴线交于 m，其侧面投影 m'' 利用坐标差 y_1 和点的投影规律作出。

(2) 作点 N 的投影 已知点 N 的水平投影 n 可见，故 N 点位于右、前、上方球面上。过 n 作平行于 V 面的纬圆，如图 3-34（b）所示，过 n 作投影连线交纬圆于 n'，其侧面投影 n'' 可利用坐标差 y_2 和点的投影规律求得。正面投影 n' 可见，侧面投影（n''）不可见。

(3) 作点 K 的投影 已知点 K 的侧面投影 k'' 位于侧面转向轮廓线最高点，如图 3-34（b）所示，其正面投影 k' 位于正面转向轮廓线的最高点，水平投影 k 位于水平投影的圆心处。

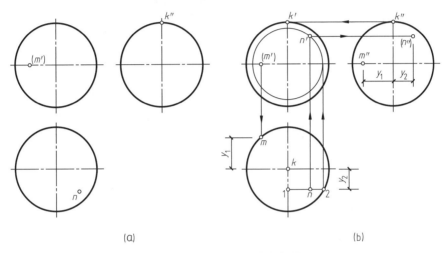

图 3-34 圆球表面上点的投影

3. 圆球表面上线的投影

例 3-24 如图 3-35（a）所示，已知圆球面上曲线的正面投影，求作该曲线的水平投影和侧面投影。

分析：由圆球的投影图可知Ⅰ、Ⅳ两点在 V 面转向、轮廓线圆上，Ⅲ点在 H 面转向、轮廓线圆上，这三点是球面上的特殊点，可以通过引投影连线直接确定其水平投影和侧面投影。Ⅱ点为曲线的特殊点，但属于球面上的一般点，如图 3-35（b）所示，需利用纬圆法求其水平投影和侧面投影。

作图步骤 ［如图 3-35（b）所示］：

(1) Ⅰ点为 V 面转向、轮廓线圆上的点，同时属于球面上的最高点，其水平投影 1 应在水平、竖直中心线的交点处，其侧面投影应在竖直中心线与 W 面转向轮廓线圆的交点上。Ⅲ点为 H 面转向轮廓线圆上的点，其水平投影 3 应为自 $3'$ 向下引投影连线与 H 面转向轮廓线圆前半圆周的交点，其侧面投影 $3''$ 应在水平中心线上，可由水平投影引投影连线求得。Ⅳ点为 V 面转向轮廓线轮廓线上的点，其水平投影 4 应为自 $4'$ 向下引投影连线与水平中心线的交点，其侧面投影 $4''$ 应为自 $4'$ 向右引投影连线与竖直中心线的交点。

(2) 利用纬圆法求Ⅱ点水平投影和侧面投影的作图过程是：在正面投影上过 $2'$ 作平行于水平中心线的直线，并与轮廓圆交于两个点，则两点间线段为过点Ⅱ纬圆的正面投影，在

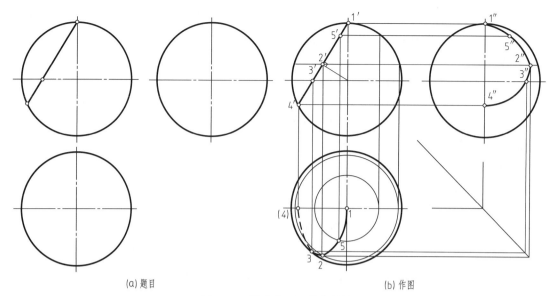

(a) 题目   (b) 作图

图 3-35　圆球表面上线的投影

水平投影上，以 H 面转向轮廓线圆的圆心为圆心，以该纬圆正面投影线段长度为直径画圆，即为过点Ⅱ纬圆的水平投影，自 $2'$ 向下引投影连线与该纬圆前半圆周的交点为Ⅱ点的水平投影 2，然后利用"二补三"作图确定其侧面投影 $2''$。同理，利用纬圆法求Ⅴ点的水平投影和侧面投影。

（3）水平投影 1523 段可见，画成粗实线，34 段不可见，连中粗虚线。侧面投影 $1''5''2''3''4''$ 均可见，画成粗实线。

4. 圆球切割体的投影

截平面在任何位置截切圆球的截交线都是圆。

当截平面平行于某一投影面时，截交线在该投影面上的投影为圆的实形，在另外两投影面上的投影都积聚为线段（长度等于截圆直径）。

当截平面为投影面垂直面时，截交线在该投影面上的投影为线段（长度等于截圆直径），在另外两投影面上的投影都为椭圆。见表 3-3。

表 3-3　圆球截交线

截平面位置	投影面平行面	投影面垂直面
立体图		
投影图		
截交线形状	圆	

例 3-25 如图 3-36 (a) 所示，完成圆球切割体的水平投影和侧面投影。

分析： 截平面为正垂面，截交线为圆，其正面投影重影在该截平面的正面积聚性投影上。由于截平面与 H、W 面倾斜，故截交线圆的 H、W 投影均为椭圆，需利用描点法求解。

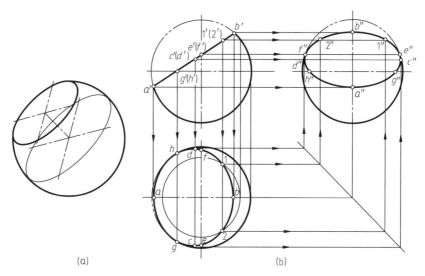

图 3-36　圆球切割体的投影

作图步骤：

（1）补形　用细实线补画出完整圆球的水平投影和侧面投影。

（2）求解

① 作出截交线圆上特殊点的投影。点 A、B、C 和 D（在 H、W 投影中，分别为椭圆长、短轴的端点）：点 A、B 位于圆球 V 面转向轮廓线上，其投影 a、a′、a″ 和 b、b′、b″，如图 3-36 (b) 所示；点 C、D 的正面投影（c′、d′）位于 a′b′ 的中点，其水平投影和侧面投影可利用纬圆法取点作图得到 (c、c″)、(d、d″)。H 面转向轮廓线上点 G (g、g′、g″)、H (h、h′、h″) 和 W 面转向轮廓线上点 E (e、e′、e″)、F (f、f′、f″)，如图 3-36 (b) 所示。

② 作出截交线圆上一般点的投影。在截交线正面投影适当位置处取点 I、II 的正面投影 1′、2′，利用纬圆法作出其水平投影和侧面投影 (1、1″) 和 (2、2″)，如图 3-36 (b) 所示。

（3）连线并判断可见性　用光滑曲线依次连接各点的同面投影并判断可见性。由于球的左上部分被截切，所以该截交线的水平投影和侧面投影均可见，将所求各点的同面投影依次光滑连接成粗实线（应注意的是截交线的投影椭圆，在经过转向轮廓线上点时，此点应与对应转向轮廓线相切）。

（4）整理轮廓线　位于截平面左侧的圆球 H 面转向轮廓线被截切掉，在水平投影中应擦除该部分 H 面转向轮廓线；同样，位于截平面上部的圆球 W 面转向轮廓线被截切掉，其侧面投影应去除该部分 W 面转向转向轮廓线。

例 3-26 如图 3-37 (a) 所示，完成半圆球切割体的水平和侧面投影。

分析： 半球被两个侧平截平面 P、Q 和一个水平截平面 R 切割而成，两个侧平截平面与半球的截交线为两段平行于 W 面的圆弧实形，其水平投影和正面投影分别积聚为直线段；水平截平面与半球的截交线为水平圆弧实形，其侧面投影和正面投影分别积聚为直线段；三个截平面之间的两条交线均为正垂线。

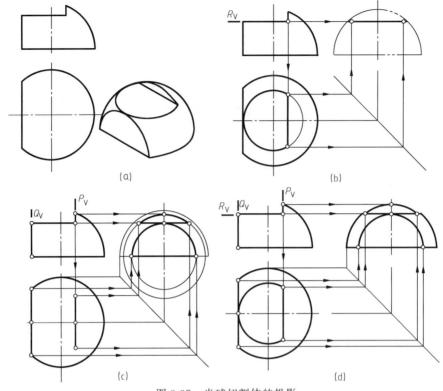

图 3-37　半球切割体的投影

作图步骤：

（1）补形　用细实线补画出完整半球的侧面投影。

（2）求解、连线并判断可见性

① 求水平截平面 R 与半球的截交线：其截交线的水平投影为圆弧，侧面投影积聚为直线段，如图 3-37（b）所示。

② 求侧平截平面 P、Q 与半球的截交线：其截交线的侧面投影分别为两段圆弧，水平投影分别积聚为两条直线段，如图 3-37（c）所示。

（3）整理轮廓线　位于水平截平面 R 上部的圆球 W 面转向轮廓线被截切掉，其侧面投影应去除该部分 W 面转向轮廓线，如图 3-37（d）所示。

例 3-27　作出半球上四棱柱通孔后的正面投影和侧面投影，如图 3-38（a）所示。

分析：从图 3-38（a）可知，半球表面的四棱柱孔可以看成由四个截平面截切而成，其中有两个正平面和两个侧平面，其截交线为前后和左右对称的四条平面曲线所围成的空间曲线。

由于四棱柱通孔的水平投影有积聚性，因此，该截交线的水平投影已知，只需求作其 V、W 两面投影即可。

作图步骤：

（1）补形　用细实线补画出完整半球的侧面投影。

（2）求解

① 求两个正平截平面与半球的截交线：其截交线的正面投影为两段圆弧的实形，且投影重合，其侧面投影分别积聚为两条直线段，如图 3-38（b）所示。

② 求两个侧平截平面与半球的截交线：其截交线的侧面投影为两段圆弧的实形，且投

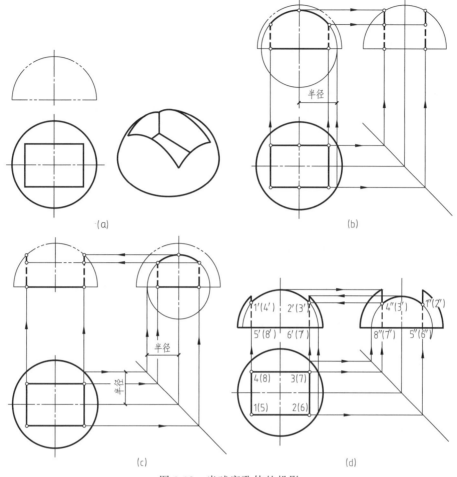

图 3-38　半球穿孔体的投影

影重合，其正面投影分别积聚为两条直线段，如图 3-38（c）所示。

（3）连线并判断可见性　四棱柱通孔的四条棱线其正面投影和侧面投影均不可见，画成中粗虚线。

（4）整理轮廓线　正面投影中圆球的 V 面转向轮廓线被截切掉一部分，侧面投影中其 W 面转向轮廓线也被截切掉一部分，应分别去除，如图 3-38（d）所示。

如图 3-39 所示为圆球体在建筑中的应用。

图 3-39　圆球体在建筑中的应用

由所举例子可以看出，曲面立体截交线的作图方法通常有以下两种类型：

（1）依据截平面或曲面立体表面的积聚性，已知截交线的两个投影，求第三投影，可利用投影关系直接求出；

（2）依据截平面或曲面立体表面的积聚性，已知截交线的一个投影，求另外两个投影，可利用曲面立体表面取点、取线方法作出。

求解截交线时，首先应进行空间分析和投影分析，明确已知条件和需要求解的问题，然后明确作图方法与作图步骤。当截交线为平面曲线时，应作出截交线上足够多的共有点（所有的特殊点和适量的一般点），判别截交线的可见性并用光滑曲线连接，最后整理曲面立体各条转向轮廓线。

第三节　两平面立体相交

一、两平面立体相交的相贯线及其性质

两立体表面相交时所产生的交线称为相贯线。两平面立体相交时，其表面产生的相贯线有以下性质：

① 相贯线是两立体表面的共有线，也是两立体表面的分界线。

② 一般情况下，两平面立体相交的相贯线是封闭的空间折线。

如图 3-40 所示，相贯线上每一段直线都是两平面立体表面的交线，而每一个折点都是一个平面立体的棱线与另一平面立体棱面的交点。因此，求两平面立体的相贯线，实际上就是求棱线与棱面的交点及棱面与棱面的交线。

当一个立体全部贯穿到另一立体中时，在立体表面形成两组相贯线，这种相贯形式称为全贯，如图 3-40（a）所示；当两个立体各有一部分棱线参与相交时，在立体表面上形成一组相贯线，这种相贯形式称为互贯，如图 3-40（b）所示。

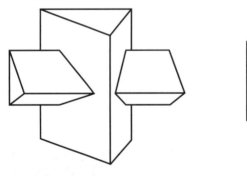
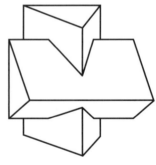

(a) 全贯时有两组相贯线　　　　　　　　　(b) 互贯时有一组相贯线

图 3-40　立体相贯的两种形式

二、求两平面立体相贯线的步骤

（1）确定两平面立体中参与相交的棱线和棱面。

（2）分别求出参与相交的棱线与棱面的交点。

（3）依次连接各交点的同面投影。连线的原则：只有当两个交点分别同时位于两个平面立体同一个棱面上时才能连线。

（4）判别相贯线的可见性。在同一投影图中，只有两个可见棱面的交线才可见，画成粗实线；否则不可见，画成中粗虚线。

（5）补画各棱线和外轮廓线的投影。

应注意，相贯的两个立体其实是一个整体，因此一个立体穿入另一个立体内部的棱线不必画出（不能画虚线）。

两平面立体相贯线投影的可见性判别规则为：只有当相贯线位于两个同时可见的立体表面上时，其相贯线的投影才可见，画成粗实线；否则，相贯线投影均为不可见，画成中粗虚线。

例 3-28　如图 3-41（a）所示，已知房屋的正面投影和侧面投影，完成房屋表面交线的投影。

分析：如图 3-41（a）所示，房屋可看成是大五棱柱与小五棱柱相交。由正面投影可知，小五棱柱的左、右两个正垂屋面与大五棱柱的前坡屋面和前立面分别交于两条直线段ⅠⅡ、ⅢⅣ和ⅠⅢ、ⅢⅤ；小五棱柱的左、右两个侧平立面与大五棱柱交于一条直线段ⅣⅥ和ⅤⅦ，又因为该两立体具有公共底面，故其相贯线为非闭合的空间折线。该相贯线的正面投影重影在小五棱柱各棱面的积聚性投影上，其侧面投影重影在大五棱柱前坡屋面和前立面的侧面积聚性投影上，只需求解该相贯线的水平投影即可。分析可知，交线ⅣⅥ、ⅤⅦ为铅垂线，交线ⅡⅣ、ⅢⅤ为正平线，其水平投影重影在大五棱柱前立面的水平积聚性投影上，故只需求出交线ⅠⅡ、ⅡⅣ、ⅢⅢ、ⅢⅤ的水平投影即可。

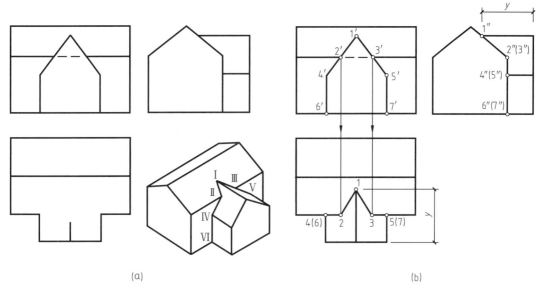

(a)　　　　　　　　　　　　　　　　　(b)

图 3-41　房屋的表面交线

作图步骤：

① 求作顶点Ⅰ、Ⅱ、Ⅲ、Ⅳ、Ⅴ的水平投影。已知顶点1′、2′、3′、4′、5′和1″、2″、3″、4″、5″，依据点的投影规律作出其水平投影1、2、3、4、5，如图 3-41（b）所示。

② 可见性判别并连线。各段交线所在的两个立体表面的水平投影均可见，故各段交线均可见，画成粗实线，如图 3-41（b）所示。

③ 整理立体各段棱线。将参与相交的各条棱线延长画至相贯线的顶点。

例 3-29　如图 3-42（a）所示，已知两三棱柱相贯，完成其表面相贯线的投影。

分析：如图 3-42（a）所示，已知竖直放置的三棱柱其左、右铅垂棱面均与水平放置三棱柱的三个棱面相交，故其相贯线为闭合的空间折线。该相贯线的水平投影重影在竖直放置三棱柱左、右铅垂棱面的水平积聚性投影上，其侧面投影重影在水平放置三棱柱的三个棱面的侧面积聚性投影上，只需求解该相贯线的正面投影即可。分析可知，该相贯线上共有六个顶点，其中顶点Ⅱ、Ⅲ、Ⅴ、Ⅵ为水平放置三棱柱的两条侧垂棱线与竖直放置三棱柱左、右两铅垂棱面的交点，顶点Ⅰ、Ⅳ为竖直放置三棱柱最前铅垂棱线与水平放置三棱柱上、下两个侧垂棱面的交点。本例可利用直线与平面求交点的方法作出该相贯线上六个顶点的投影，并将同时位于两立体同一表面上两个顶点的同面投影依次连线即可。

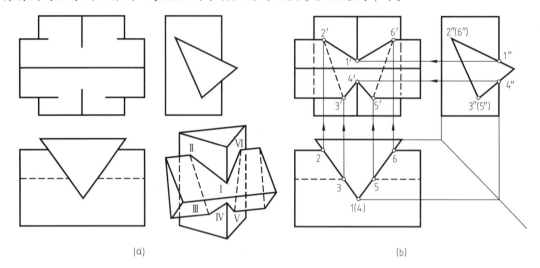

图 3-42　两三棱柱相贯

作图步骤：

（1）求作相贯线上各顶点的投影　顶点Ⅱ、Ⅲ、Ⅴ、Ⅵ位于水平放置的三棱柱的侧垂棱线上，已知其水平投影 2、3、5、6，利用从属性作出其正面投影 2′、3′、5′、6′，如图 4-23（b）所示；顶点Ⅰ、Ⅳ位于竖直放置三棱柱的最前铅垂棱线上，已知其侧面投影 1″、4″，利用从属性作出其正面投影 1′、4′，如图 3-42（b）所示。

（2）判别可见性并连线　由于竖直放置的三棱柱其左、右铅垂棱面的正面投影可见，水平放置的三棱柱其上、下两个侧垂棱面的正面投影也可见，故交线ⅠⅡ、ⅠⅥ、ⅢⅣ、ⅣⅤ的正面投影 1′2′、1′6′、3′4′、4′5′可见，画成粗实线；由于水平放置三棱柱其后面侧垂棱面的正面投影不可见，故交线ⅡⅢ、ⅤⅥ的正面投影 2′3′、5′6′不可见，画成中粗虚线，如图 3-42（b）所示。

（3）整理立体各段棱线　将两平面立体中参与相交的棱线延长至相贯线顶点；在平面立体内部不存在棱线，故相应位置不能画虚线，如图 3-42（b）所示。

在建筑工程中，若同一屋面上各个坡屋面与水平面的倾角 α 都相同，这样的坡屋面称为同坡屋面。如图 3-43（a）所示，屋檐线等高的同坡屋面交线及其投影具有如下规律：

（1）屋檐线平行的相邻两坡面必相交于水平屋脊线，其水平投影必平行于屋檐线的水平投影，且与两屋檐线的水平投影等距。如图 3-43（b）所示，ab 平行于 cd、ef；gh 平行于 id、jf。

（2）屋檐线相交的相邻两坡面必相交于斜脊线或天沟线，其水平投影必为两屋檐线水平投影夹角的角平分线。斜脊线位于凸墙角处，天沟线位于凹墙角处。如图 3-43（b）所示，ac、ae 等为斜脊线的水平投影，dg 为天沟线的水平投影。

（3）同坡屋面上若有两条斜脊线或天沟线相交，则必有一条水平屋脊线通过该交点。如

图 3-43（b）中 A、B、G、H 各点。

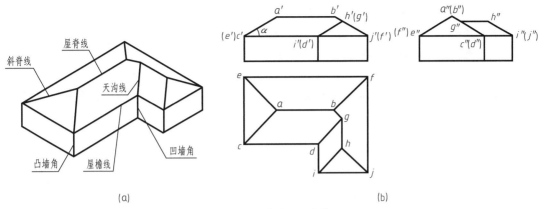

(a)　　　　　　　　　　　　　　(b)

图 3-43　同坡屋面交线

例 3-30　已知如图 3-44（a）所示同坡屋面屋檐线的 H 面投影及各坡面的倾角 α，求同坡屋面交线的三面投影。

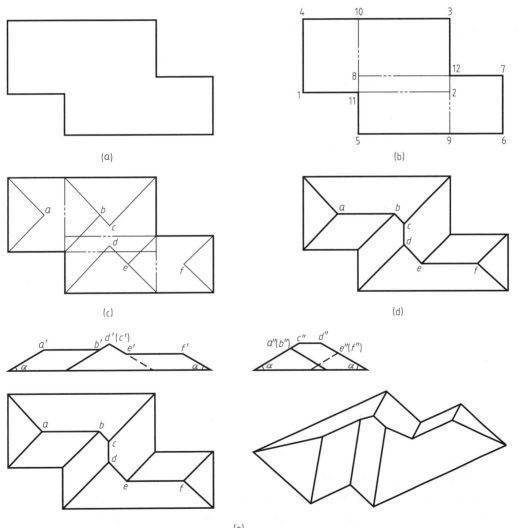

(e)

图 3-44　同坡屋面交线作图

分析：利用同坡屋面交线的投影特性，首先作出同坡屋面交线的水平投影，再依据各坡屋面倾角 α，作出该同坡屋面交线的正面投影和侧面投影。

作图步骤：

（1）延长各条屋檐线的水平投影，使其形成三个重叠的矩形 1 2 3 4、5 6 7 8、5 9 3 10，如图 3-44（b）所示。

（2）画出斜脊线和天沟线的水平投影。即分别过矩形各顶点作 45°方向分角线，交于 a、b、c、d、e、f，如图 3-44（c）所示，凸墙角处是斜脊线，凹墙角处是天沟线。

（3）画出各水平屋脊线的水平投影，即连接 a、b、c、d、e、f，并擦除无墙角处的 45°线，因为无墙角处不存在同坡屋面交线，如图 3-44（d）所示。

（4）根据各坡屋面倾角 α 和三面投影之间的三等规律，作出该同坡屋面交线的正面投影和侧面投影，如图 3-44（e）所示。

第四节　平面立体与曲面立体相交

一、平面立体与曲面立体相交的相贯线及其性质

平面立体与曲面立体相交时，其表面产生的相贯线有以下性质：

（1）相贯线是两立体表面的共有线，也是两立体表面的分界线。

（2）一般情况下，相贯线是由几段平面曲线结合而成的空间曲折线。

如图 3-45 所示，相贯线上每段平面曲线都是平面立体中参与相交的棱面与曲面立体表面的截交线，相邻两段平面曲线的连接点（也叫结合点）是平面立体中参与相交的棱线与曲面立体表面的贯穿点。因此，求平面立体与曲面立体相交的相贯线，就是求该曲面立体的截交线和贯穿点的问题。

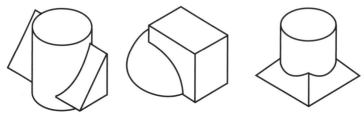

图 3-45　平面立体与曲面立体相贯

二、求平面立体与曲面立体相贯线的步骤

（1）求出平面立体中参与相交的棱线与曲面立体表面的贯穿点。

（2）求出平面立体中参与相交的棱面与曲面立体表面的截交线。

（3）判别相贯线的可见性。判别的原则：在同一投影图中，只有两个可见表面的交线才可见，画成粗实线；否则不可见，画成中粗虚线。

（4）补画各棱线和外轮廓线的投影。

例 3-31　求四棱柱与圆锥相贯的正面投影和侧面投影，如图 3-46（a）所示。

分析：从立体图和水平投影可知，该相贯线是由四棱柱的四个侧棱面与圆锥面相交所产生的四段双曲线（前后两段较大，左右两段较小，前后、左右分别对称）所组成的空间曲折

线，四棱柱的四条棱线与圆锥面的四个交点为该四段双曲线的结合点。

由于四棱柱四个侧棱面的水平投影有积聚性，因此，相贯线上的四段双曲线及四个结合点的水平投影都重影在该四棱柱的水平积聚性投影上，即该相贯线的水平投影已知，只需求作其 V、W 两面投影即可。其正面投影中，前、后两段双曲线重影，左、右两段双曲线分别重影在四棱柱左、右两侧棱面的正面投影上；侧面投影中，左、右两段双曲线重影，前、后两段双曲线分别重影在四棱柱前、后两侧棱面的侧面积聚性投影上。作图时应注意对称性。

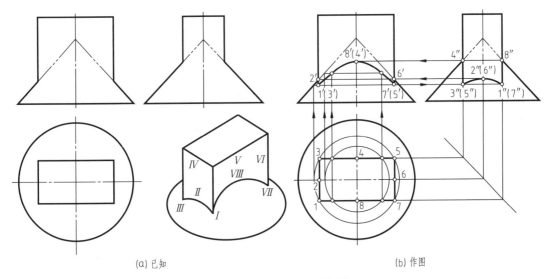

图 3-46　四棱柱与圆锥相贯

作图步骤：

（1）在相贯线的水平积聚性投影上，标出四个结合点的投影 1、3、5、7，并在该投影矩形四边中点处标出四段双曲线的最高点 2、4、6、8，这八个点均为双曲线上的特殊点；在前、后两段双曲线上还需确定四个一般点。

（2）在圆锥表面上，利用纬圆法求出结合点 Ⅰ、Ⅲ、Ⅴ、Ⅶ 及四个一般点的正面投影和侧面投影。

（3）利用素线法求出四段双曲线最高点 Ⅱ、Ⅳ、Ⅵ、Ⅷ 的正面投影和侧面投影。

（4）依次光滑连接各交点的同面投影：正面投影上，连接 1′（3′）、8′（4′）、7′（5′）及其中间的一般点；侧面投影上，连接 3″（5″）、2″（6″）、1″（7″），四段双曲线的另外两个投影分别重影在四棱柱四个侧棱面的积聚性投影上，如图 3-46（b）所示。

例 3-32　如图 3-47（a）所示，已知三棱柱与圆柱相交，求作相贯线的投影。

分析：如图 3-47（a）所示，由侧面投影可知，三棱柱的三个侧棱面均与圆柱面相交。在三棱柱上与圆柱轴线垂直的水平侧棱面，其截交线为两段圆弧；与圆柱轴线平行的正平侧棱面，其截交线为两条平行线段；与圆柱轴线斜交的侧垂侧棱面，其截交线为两段椭圆弧。该相贯体为全贯，相贯线共有两条，且左、右对称于圆柱轴线，每条相贯线均由圆弧、直线段和椭圆弧组成，相贯线上的转折点为三棱柱的三条棱线与圆柱面的贯穿点。由于圆柱面的水平投影具有积聚性，故所求相贯线的水平投影与圆柱面的积聚性投影重合；又因为三棱柱的三个侧棱面的侧面投影具有积聚性，故相贯线的侧面投影与三个侧棱面的侧面积聚性投影重合。因此，只需作出相贯线的正面投影即可。依次作出该三棱柱三个侧棱面与圆柱面的截

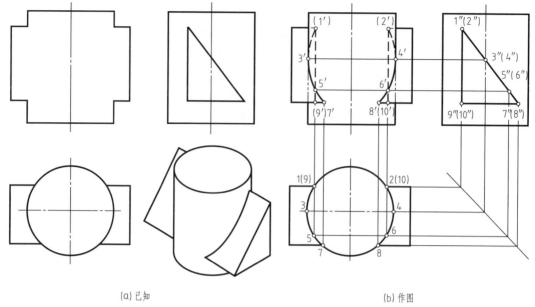

(a) 已知   (b) 作图

图 3-47　三棱柱与圆柱相贯

交线，即为所求三棱柱与圆柱的相贯线。

作图步骤：

（1）作两条平行线段的投影　如图 3-47（b）所示，两条平行线段的侧面投影 1″9′、2″10″位于三棱柱后方侧棱面的侧面积聚性投影上，也同时位于圆柱面上，利用圆柱面的水平积聚性投影，作出其水平投影 1（9）、2（10），然后作出其正面投影（1′）（9′）、（2′）（10′）。

（2）作两段圆弧的投影　如图 3-47（b）所示，由于截交线圆弧为水平圆弧，其正面投影 7′（9′）、8′（10′）分别积聚为水平方向直线段。

（3）作两段椭圆弧的投影　如图 3-47（b）所示，在该两段椭圆弧的侧面投影上分别定位该椭圆短轴端点 3″、（4″），该两点位于圆柱面最左、最右素线上，利用点的从属性作出其正面投影 3′、4′；在椭圆弧的侧面投影适当位置处取一般点 5″、（6″），利用圆柱面上取点方法作出其正面投影 5′、6′。

（4）判别可见性并连线　两条平行线段同时位于两个立体不可见的表面，应画成中粗虚线；两段圆弧位于前半圆柱面上的部分可见，位于后半圆柱面上的部分不可见，该前、后两部分圆弧正面投影重合，画成粗实线；两段椭圆弧中位于前半圆柱面上的 3′5′7′和 4′6′8′可见，画成粗实线，位于后半圆柱面上的（1′）3′、（2′）4′不可见，画成中粗虚线。

（5）整理立体棱线和转向轮廓线　三棱柱的三条棱线的正面投影应延伸至其贯穿点处，应注意，在圆柱内部不存在三棱柱棱线，故相应部分不能画虚线。同样，在三棱柱内部也不存在圆柱 V 面转向轮廓素线，故相应部分也不能画虚线，如图 3-47（b）所示。

第五节　两曲面立体相交

一、两曲面立体相交的相贯线及其性质

两曲面立体相交时，其表面产生的相贯线有以下性质：

（1）相贯线是两曲面立体表面的共有线，也是两曲面立体表面的分界线，相贯线上的点是两曲面立体表面的共有点。

（2）一般情况下，两曲面立体的相贯线是封闭的空间曲线，如图 3-48（a）、（b）所示，特殊情况下成平面曲线或直线，如图 3-48（c）所示。

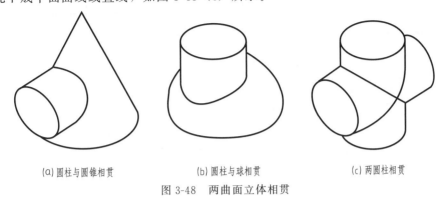

| (a)圆柱与圆锥相贯 | (b)圆柱与球相贯 | (c)两圆柱相贯 |

图 3-48　两曲面立体相贯

二、求两曲面立体相贯线的方法及步骤

求两曲面立体相贯线常用的方法为表面取点法和辅助截平面法。

求两曲面立体相贯线时首先应进行空间及投影分析，分析两相交曲面立体的几何形状及相对位置，弄清该相贯线是空间曲线还是平面曲线或直线。当其相贯线的投影是非圆曲线时，一般按如下步骤求作相贯线：①求出能确定该相贯线投影范围的特殊点，这些特殊点包括曲面立体转向轮廓线上的点和极限点，即最高、最低、最左、最右、最前、最后点；②在特殊点中间作出相贯线上适量的一般点；③判别相贯线投影的可见性，用粗实线或中粗虚线依次光滑连线。

可见性的判别规则：只有同时位于两立体可见表面的相贯线其投影才可见。

1. 表面取点法

两曲面立体相交，如果其中一个曲面立体具有积聚性投影，相贯线上的点可依据其积聚性投影利用表面取点法求得。

例 3-33　如图 3-49（a）所示竖直圆柱与水平半圆柱相贯，其轴线垂直交叉，求其相贯线的投影。

分析：该两圆柱的相贯线为一条闭合的空间曲线。相贯线的水平投影与竖直圆柱面的水平积聚性投影重合，其侧面投影与水平半圆柱面的侧面积聚性投影重合，只需求解该相贯线的正面投影即可。该相贯线上的共有点可利用圆柱表面取点法求得。首先求出相贯线上所有特殊点和适量一般点的投影，然后判别相贯线的可见性，并用光滑曲线连接各点的同面投影，即为所求相贯线的投影。

作图步骤：

（1）作相贯线上特殊点的投影　已知相贯线的最高点 E、F（水平半圆柱 V 面转向轮廓线上的点）、最前点 C、最后点 D、最左点 A、最右点 B 的水平投影和侧面投影，作出其正面投影 e'、f'、c'、d'、a'、b'，如图 3-49（b）所示。

（2）作出相贯线上一般点的投影　在相贯线上适当位置处取一般点 Ⅰ、Ⅱ 的水平投影 1、2 和侧面投影 $1''$、$2''$，并作出其正面投影 $1'$、$2'$。

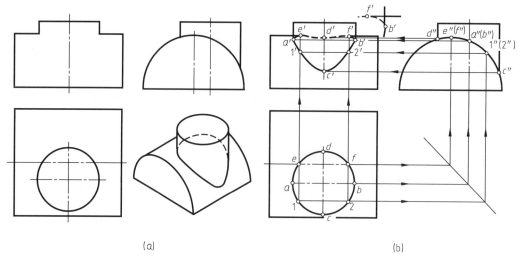

(a)   (b)

图 3-49　两圆柱相贯

（3）判别可见性并连线　位于竖直圆柱前半圆柱面上的相贯线 $a'1'c'2'b'$ 可见，画成粗实线，位于竖直圆柱后半圆柱面上的相贯线 $a'e'd'f'b'$ 不可见，画成中粗虚线。

（4）整理两圆柱的 V 面转向轮廓线　将两圆柱的 V 面转向轮廓线延长至相应两交点，可见部分画成粗实线，不可见部分画成中粗虚线，如图 3-49（b）所示。

例 3-34　如图 3-50（a）所示，已知圆锥上挖切圆柱槽，完成其水平投影和侧面投影。

分析：如图 3-50（a）所示，圆锥上挖切圆柱槽，可看成是实体圆锥与虚体圆柱相贯，相贯线为一条闭合的空间曲线。由于圆柱轴线为正垂线，故该相贯线的正面投影与圆柱面的正面积聚性投影重合，只需求解该相贯线的水平投影和侧面投影即可。该相贯线上的共有点可利用圆锥表面取点方法（素线法或纬圆法）求得。首先求出相贯线上所有特殊点和适量一般点的投影，然后判别相贯线的可见性，并用光滑曲线连接各点的同面投影，即为所求相贯

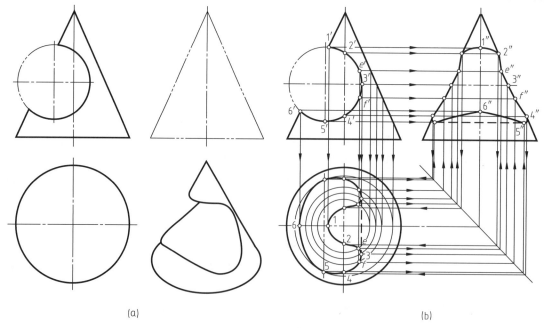

(a)   (b)

图 3-50　圆锥上挖切圆柱槽

线的投影。

作图步骤：

（1）求作相贯线上特殊点的投影　因为该相贯体前后对称，故其相贯线也前后对称，为表述方便，仅对前半相贯线上共有点进行编号。已知该相贯线的正面投影，在其上取特殊点：最高点 $1'$、最低点 $5'$、最左点 $6'$、最右点 $3'$（圆柱 H 面转向轮廓线上的点）、圆锥 W 面转向轮廓线上的点 $2'$ 和 $4'$，利用圆锥表面取点方法（本例采用纬圆法）作出这些特殊点的水平投影和侧面投影，如图 3-50（b）所示。

（2）求作相贯线上一般点的投影　在相贯线正面投影上取一般点 e'、f'，利用纬圆法作出水平投影 e、f 和侧面投影 e''、f''，如图 3-50（b）所示。

（3）判别可见性并连线　由于圆锥面的水平投影可见，故相贯线的水平投影也可见，用粗实线连接各点的同面投影。又因为圆柱为虚体，故该相贯线的侧面投影也可见，用粗实线连接各点的同面投影，如图 3-50（b）所示。

（4）整理圆柱、圆锥转向轮廓线的投影　圆柱面上右侧的 H 面转向轮廓线不可见，画成中粗虚线；圆柱槽上最低素线的侧面投影不可见，画成中粗虚线。圆锥面上最前、最后素线被圆柱面截去中间部分，其侧面投影应擦除该部分圆锥的 W 面转向轮廓线。

2. 辅助截平面法

辅助平面法就是假想用一个截平面截切相交的两曲面立体，分别在两曲面立体表面截得一条截交线，该两条截交线的交点，即为相贯线上的点。在两曲面立体相交部分作出若干个辅助平面，可以求出相贯线上一系列点的投影，依次光滑连接各点的同面投影，即得相贯线的投影。

为便于作图，该辅助截平面的位置应选择截切两曲面立体表面所获得截交线的投影都是简单易画的线（直线或圆），一般选择特殊位置平面作为辅助截平面，如图 3-51 所示。假想用一水平的辅助截平面截切两曲面立体，该水平辅助截平面与球和圆锥的截交线各为一个纬圆，该两个纬圆相交于Ⅰ、Ⅱ两点，如图 3-51（a）所示。同理，该水平辅助截平面与圆柱和圆锥的截交线各为一个矩形和一个纬圆，该矩形和纬圆相交于Ⅲ、Ⅳ两点，如图 3-51（b）所示。这些交点即为其各自相贯线上的点，求出一系列这样的共有点再连成曲线，即为两曲面立体的相贯线。

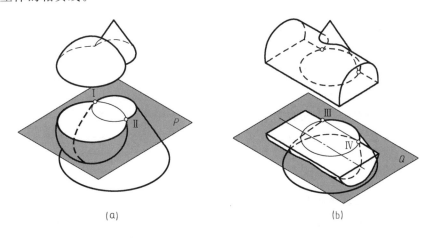

(a)　　　　　　　　　　　　　(b)

图 3-51　圆锥分别与球和圆柱相贯

例 3-35　求作球和圆锥相贯线的投影，如图 3-52（a）所示。

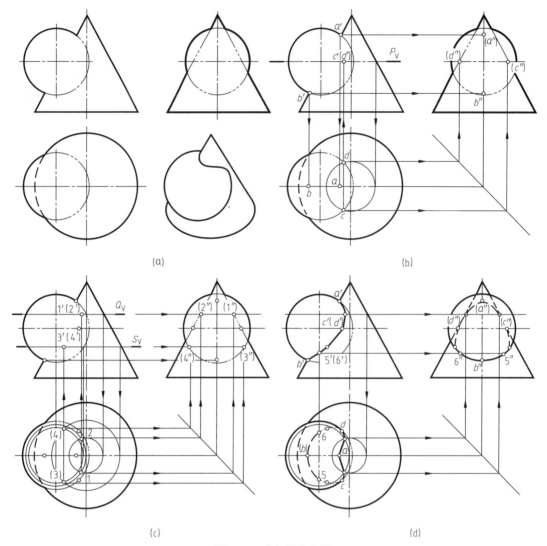

图 3-52 球与圆锥相贯

分析：从 3-52（a）可知，球的轴线与圆锥的轴线互相平行，它们有共同的前后对称面，其相贯线也是前后对称的一组封闭空间曲线。

因为两曲面立体的投影没有积聚性，因此，其相贯线就没有积聚性已知投影，所以不能利用表面取点法求得相贯线上的点，而应采用辅助截平面法求出相贯线上的点。因为相贯线前后对称，所以该相贯线的正面投影前后重影为一段曲线；其水平投影为一闭合曲线，位于球面上半部分的一段曲线可见（画成粗实线），位于球面下半部分的一段曲线不可见（画成中粗虚线）。

作图步骤：

（1）求作相贯线上特殊点的投影　由于相贯体前后对称，圆锥和圆球的正面投影轮廓线的交点即为相贯线上最高点 a' 和最低点 b'，作出其水平投影 a、b 和侧面投影 a''、b''；圆球水平转向轮廓线上点 c'、d'，其水平投影 c、d 可利用辅助截平面法作出。

辅助截平面法求共有点 C、D：过球心作水平辅助截平面 P，与圆球的截交线为圆（即为圆球 H 面转向轮廓线），其与圆锥的截交线也是圆（半径等于辅助截平面 P 与圆锥 V 面转向轮廓线的交点至轴线的距离），两截交线圆水平投影的交点即为 c、d，其正面投影 c'、d' 位于该水平辅助截平面 P 的正面积聚性投影 P 上，其侧面投影 c''、d'' 可利用点的投影规律求得，如图 3-52（b）所示。

（2）求作相贯线上一般点的投影　利用辅助截平面法作出Ⅰ、Ⅱ、Ⅲ、Ⅳ的三面投影，如图 3-52（c）所示。

（3）判别可见性并连线　如图 3-52（d）所示，首先判别相贯线正面投影的可见性：由于相贯线前后对称，前半相贯线可见，画成粗实线；后半相贯线不可见，其投影与前半相贯线重合。然后判别相贯线水平投影的可见性：位于上半球面的相贯线 cad 可见，画成粗实线；位于下半球的相贯线 $d(b)c$ 不可见，画成中粗虚线。最后判别相贯线侧面投影的可见性：位于左半球上的相贯线 $5''b''6''$ 可见，位于右半球上的相贯线 $5''(c'')(a'')(d'')6''$ 不可见，画成中粗虚线。其中圆球 W 面转向轮廓线上点Ⅴ、Ⅵ，需先通过作出相贯线的正面投影后，再确定其与圆球竖直中心线的交点 $5'$、$6'$，最后再求得其侧面投影 $5''$、$6''$。

（4）整理圆球、圆锥转向轮廓线的投影　各条转向轮廓线均画至相贯线，可见部分则画成粗实线，不可见部分则画成中粗虚线，因为圆锥的底面是完整的，只需将被球遮挡部分的底圆轮廓画成中粗虚线即可，如图 3-52（d）所示。

三、两曲面立体相贯线的变化

两曲面立体相交，由于它们的形状、大小以及轴线的相对位置不同，其相贯线不仅形状和变化趋势不同，而且数量也不同，如图 3-53 和图 3-54 所示。

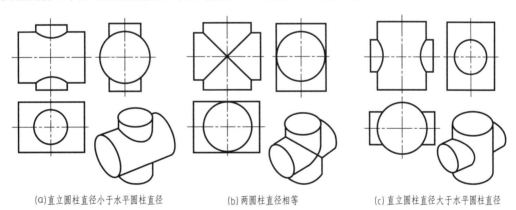

(a)直立圆柱直径小于水平圆柱直径　　(b)两圆柱直径相等　　(c)直立圆柱直径大于水平圆柱直径

图 3-53　轴线垂直相交的两圆柱其尺寸变化时相贯线的变化

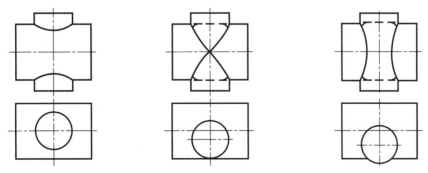

图 3-54　轴线垂直的两圆柱其轴线位置变化时相贯线的变化

四、两曲面立体相贯线的特殊情况

一般情况下，两曲面立体的相贯线是封闭的空间曲线，特殊情况下是平面曲线或直线。

（1）两曲面立体（回转体）共轴时，其相贯线为垂直于轴线的圆。

如图 3-55（a）所示，圆柱和球共轴，如图 3-55（b）所示，圆锥台与球共轴。这种情况下，因为它们轴线垂直于水平投影面，所以在正面投影中，该相贯线圆的正面投影积聚成水平线段。

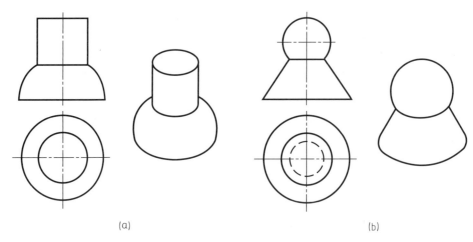

(a)   (b)

图 3-55 共轴的两回转体相贯

（2）当相交两曲面立体（回转体）表面共切于一个球面时，其相贯线为椭圆。在两回转体轴线同时平行的投影面上，该椭圆的投影积聚为直线段。

如图 3-56（a）所示，两圆柱直径相等，轴线垂直相交，且同时外切于一个球面，其相贯线为大小相等的两个正垂椭圆，该椭圆的正面投影积聚为两条相交直线段，其水平投影重影在竖直圆柱的水平积聚性投影圆上。如图 3-56（b）所示，正交的圆锥与圆柱共切于一个球面，其相贯线为大小相等的两个正垂椭圆，该椭圆的正面投影积聚为两条相交直线段，其水平投影为两个椭圆。

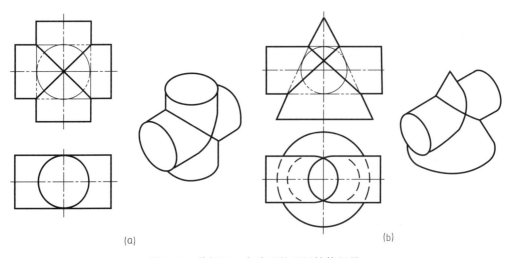

(a)   (b)

图 3-56 共切于一个球面的两回转体相贯

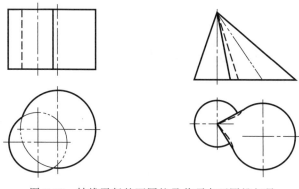

图 3-57 轴线平行的两圆柱及共顶点两圆锥相贯

（3）两个轴线平行的圆柱相交或两个共锥顶的圆锥相交时，其相贯线为直线段，如图 3-57 所示。

由上可知，两平面立体的相贯线为空间折线；平面立体与曲面立体的相贯线为多段平面曲线组合而成的空间曲折线；两曲面立体的相贯线通常为空间曲线，特殊情况下可为平面曲线或直线段。两立体相贯线的作图方法通常有以下三种：

（1）当两立体表面均具有积聚性投影时，即已知相贯线的两个投影，求作第三个投影，可利用积聚性投影关系直接求解；

（2）当其中一个立体表面具有积聚性投影时，即已知相贯线的一个投影，求另外的两个投影，可利用立体表面取点、取线的方法求解；

（3）两立体表面均无积聚性投影时，可利用辅助截平面法求解。

求解相贯线时，首先应进行空间分析和投影分析，明确已知条件和需要求解的问题，然后明确作图方法与作图步骤。当相贯线为空间曲线时，应作出相贯线上足够多的共有点（所有的特殊点和适量的一般点），判别相贯线的可见性并用光滑曲线连接，最后整理立体的棱线或转向轮廓线。

例 3-36 如图 3-58（a）所示，求圆管与半圆管的相贯线。

分析： 由立体图可知，圆管与半圆管为正交，外表面与外表面相交，内表面与内表面相交。外表面为两个直径相等的圆柱相交，相贯线为两条平面曲线（半个椭圆），其水平投影积聚在大圆上，其侧面投影积聚在大半圆上，其正面投影积聚在两条相交直线段上。内表面的相贯线为两段空间曲线，其水平投影积聚在小圆的两段圆弧上，其侧面投影积聚在小半圆上，其正面投影为两条曲线，没有积聚性，应按直径不等的两圆柱且轴线正交的情况求得相贯线。

作图过程如图 3-58（b）所示，按上述分析及投影关系，分别求出内、外相贯线的投影。

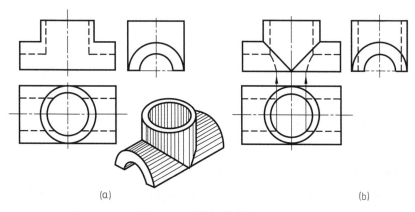

(a)   (b)

图 3-58 圆管与半圆管相贯

第四章 轴测投影

多面正投影图通常能较完整、准确地表达出形体各部分的形状，且绘图方便，是工程上常用的图样，如图 4-1（a）所示。但是多面正投影图缺乏立体感，必须有一定读图能力的人才能看懂。为了辅助看图，工程上还经常使用轴测投影图，如图 4-1（b）所示。轴测投影图能在一个投影上同时反映物体的正面、顶面和侧面的形状，立体感强，直观性好。但轴测投影图的缺点是不能准确表达形体的实际尺寸和真实形状，比如形体上原来的长方形平面，在轴测投影图上变形成平行四边形，圆变形成椭圆，且作图复杂，因而轴测投影图在工程上仅用来作为辅助图样。

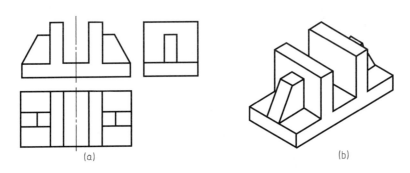

(a)   (b)

图 4-1　多面正投影图与轴测投影图

第一节　基 本 知 识

一、轴测投影的形成

将物体连同确定其空间位置的直角坐标系，按投影方向 S 用平行投影法一起投影到某一选定的投影面 P 上而得到的投影图称为轴测投影图，简称轴测图，该投影面 P 称为轴测投影面。通常轴测投影有以下两种基本形成方法，如图 4-2 所示。

（1）投影方向 S_Z 与轴测投影面 P 垂直，将物体倾斜放置，使物体上的三个坐标面与 P 面都斜交，这样所得的投影图称为正轴测投影图。

（2）投影方向 S_X 与轴测投影面 P 倾斜，这样所得的投影图称为斜轴测投影图。把正立投影面 V 当作轴测投影面 P，所得斜轴测投影称为正面斜轴测投影；把水平投影面 H 当作轴测投影面 P，所得斜轴测投影称为水平斜轴测投影。

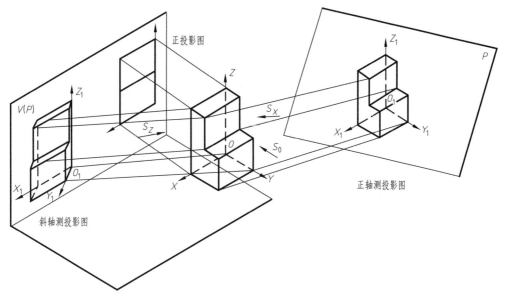

图 4-2 轴测投影的形成

二、轴测轴、轴间角及轴向变形系数

（1）轴测轴 空间直角坐标轴 OX、OY、OZ 在轴测投影面 P 上的投影 O_1X_1、O_1Y_1、O_1Z_1 称为轴测投影轴，简称轴测轴。

（2）轴间角 轴测轴之间的夹角 $\angle X_1O_1Y_1$、$\angle X_1O_1Z_1$ 和 $\angle Y_1O_1Z_1$ 称为轴间角。

（3）轴向变形系数 也叫轴向伸缩系数。轴测轴上单位长度与相应坐标轴上单位长度之比称为轴向变形系数，分别用 p、q、r 表示。即 $p=O_1X_1/OX$、$q=O_1Y_1/OY$、$r=O_1Z_1/OZ$，p、q、r 分别表示为 X、Y、Z 轴的轴向变形系数。

轴测轴、轴间角及轴向变形系数是绘制轴测图时的重要参数，不同类型的轴测图其轴间角及轴向变形系数也不同。

三、轴测投影的投影特性

由于轴测投影仍属于平行投影，其具有平行投影的一切特性。即：

（1）物体上互相平行的直线，其轴测投影仍平行。

（2）物体上与坐标轴平行的线段，其轴测投影仍平行于相应的轴测轴。因此，画轴测图时，物体上凡平行于坐标轴的线段，都可按其原长度乘以相应的轴向伸缩系数得到其轴测长度，这就是轴测图"轴测"二字的含义。

四、轴测投影的分类

如前所述，根据投影方向和轴测投影面的相对关系，轴测投影图可分为正轴测投影图和斜轴测投影图。这两类轴测投影，再根据轴向变形系数的不同，又可分为三种：

（1）当 $p=q=r$，称为正（或斜）等轴测投影，简称为正（或斜）等测。

（2）当 $p=r\neq q$，或 $p=q\neq r$ 或 $q=r\neq p$，称为正（或斜）二等轴测投影，简称为正

（或斜）二测。

（3）当 $p \neq q \neq r$，称为正（或斜）三轴测投影，简称为正（或斜）三测。

第二节　正轴测投影

一、轴间角与轴向变形系数

正轴测投影图是利用正投影法绘制的轴测图。此时物体的三个直角坐标面都倾斜于轴测投影面。其倾斜的角度不同，其轴测轴的轴间角和轴向变形系数亦不同。再根据三个轴向变形系数是否相等，正轴测投影图可分为正等测、正二测、正三测。工程实践中常使用正等测和正二测。

1. 正等测

根据理论分析（证明从略），正等测的轴间角 $\angle X_1 O_1 Y_1 = \angle X_1 O_1 Z_1 = \angle Y_1 O_1 Z_1 = 120°$。按国际规定，$O_1 Z_1$ 轴处于铅垂位置，则 $O_1 X_1$ 和 $O_1 Y_1$ 轴与水平线成 $30°$ 角，可利用 $30°$ 三角板方便地作图，如图 4-3（a）所示。正等测的轴向变形系数 $p = q = r \approx 0.82$。但在实际作图时，如按上述轴向变形系数计算绘图尺寸必非常烦琐。由于绘制轴测图的主要目的是表达物体的直观形状，为作图方便，常采用简化变形系数，在正等测中，取 $p = q = r = 1$，作图时即可将投影图上的尺寸直接度量到相应的轴测轴 $O_1 X_1$、$O_1 Y_1$ 和 $O_1 Z_1$ 上。如图 4-4（a）所示长方体的长、宽和高分别为 a、b 和 h，按简化变形系数作出的正等测，如图 4-4（b）所示，其与按照实际变形系数绘制的正等测相比较，形状不变，仅图形按比例放大，其放大比例倍数为 $1/0.82 \approx 1.22$ 倍。正二测如图 4-4（c）所示。

2. 正二测

正二测的轴间角 $\angle X_1 O_1 Y_1 = \angle Y_1 O_1 Z_1 = 131°25'$，$\angle X_1 O_1 Z_1 = 97°10'$。按国际规定，$O_1 Z_1$ 轴处于铅垂位置，则 $O_1 X_1$ 轴与水平线成 $7°10'$ 角，$O_1 Y_1$ 轴与水平线成 $41°25'$ 角，由于 $\tan 7°10' \approx 1/8$，$\tan 41°25' \approx 7/8$，因此，可利用此比例作出正二测的轴测轴，如图 4-3（b）所示。正二测的轴向变形系数 $p = r \approx 0.94$、$q \approx 0.47$，为作图方便，取简化变形系数 $p = r = 1$、$q = 0.5$ 作图。

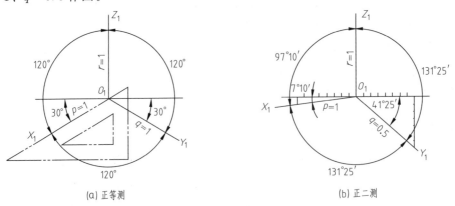

(a) 正等测　　　　　　　　　　　　　　(b) 正二测

图 4-3　正等测和正二测的轴间角及轴向变形系数

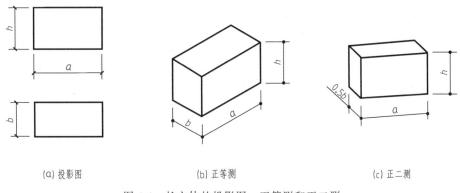

(a) 投影图　　　　　　　(b) 正等测　　　　　　　(c) 正二测

图 4-4　长方体的投影图、正等测和正二测

二、平面立体正等轴测图的画法

正等轴测图的基本绘图方法为坐标法，即根据形体各顶点的坐标值定出其在轴测投影中的空间位置，这种作图方法称为坐标法。

在实际作图时，还应根据物体的形状特点不同，结合端面法（拉伸法）、切割法、组合法（叠加法）等，灵活选用不同的作图方法。现举例说明平面立体正等轴测图的几种具体画法：

1. 坐标法

绘制正等轴测图应将 O_1Z_1 轴画成铅垂线，另外两个轴测轴的方向应按物体所要表达的内容和形体特征选择，所绘的正等轴测图应将该物体的形体特征完整、准确、清晰地表达出来。

例 4-1　作出如图 4-5（a）所示正五棱柱的正等轴测图。

分析：国标规定，绘制物体的正等轴测图时，该物体不可见棱线的轴测投影（虚线）省略不画。如图 4-5（g）所示。作该正五棱柱的正等轴测图时，为作图方便，宜选择该正五棱柱的上底面作为 XOY 面，如图 4-5（a）所示。绘制上底面正五边形的正等轴测图，即确定其各顶点的正等轴测坐标即可。为方便作图，其上底面坐标原点的选择尤为重要。

作图步骤：

（1）在投影图上确定直角坐标轴和坐标原点 O。坐标原点 O 应取在正五棱柱上底面上，并在投影图中标出该直角坐标轴和上底面各顶点的投影，如图 4-5（a）所示。

（2）画轴测轴，注意轴间角，轴测轴 O_1Z_1 向下铅垂，如图 4-5（b）所示。

（3）作出正五棱柱上底面正等轴测图，如图 4-5（c）所示。

（4）在 O_1Z_1 轴上截取正五棱柱高度，如图 4-5（d）所示。

（5）作出正五棱柱下底面正等轴测图，如图 4-5（e）所示。

（6）完成正五棱柱的正等轴测图，如图 4-5（f）所示。

（7）描深可见的轮廓线，完成该正五棱柱的正等轴测图，如图 4-5（g）所示（作图过程线为细实线，应保留！）。

注意：在正等测轴测图中与轴测轴不平行的线段不能按 1∶1 量取，应先根据坐标确定其两个端点，再连接成线段。

2. 端面法（拉伸法）

该方法在计算机三维绘图建模时显得尤为方便。其作图方法是首先确定形体中哪个表面是端面，然后作出该端面的正等轴测投影，再根据该形体长、宽或高的尺寸完成其正等轴测图。

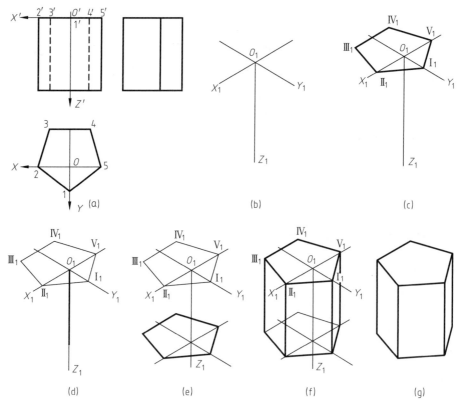

图 4-5 用坐标法绘制正五棱柱的正等轴测图

例 4-2 绘制如图 4-6（a）所示形体的正等轴测图。

分析： 此形体可以看成是由一个十四边形的端面（前立面）经过拉伸而成，故其正等轴测图可以先作出该端面的正等轴测图，再过端面各顶点给出宽度（Y 轴方向的平行线）即可。

作图步骤：

（1）先在其投影图上定出直角坐标轴和原点。坐标原点 O 取在形体左前下方角点处，如图 4-6（a）所示。

（2）画轴测轴，注意轴间角。轴测轴 O_1Z_1 向上，O_1X_1 和 O_1Y_1 与 O_1Z_1 反方向各成 $60°$，如图 4-6（b）所示。

（3）从形体的左前下角开始，画出前立面（端面）十四边形的正等轴测图，如图 4-6（c）所示。

（4）过该端面各顶点沿 Y（宽度）方向画平行线，注意被遮挡的轮廓部分不画，如图 4-6（d）所示。

（5）确定后立面十四边形的正等轴测图，注意被遮挡的轮廓部分不画，如图 4-6（e）所示。

（6）描深可见轮廓线的投影，整理成图，如图 4-6（f）所示。

3. 切割法

切割法是画正等轴测图最常用的方法，用切割法绘制正等轴测图一般应遵循先整体后局部的原则。

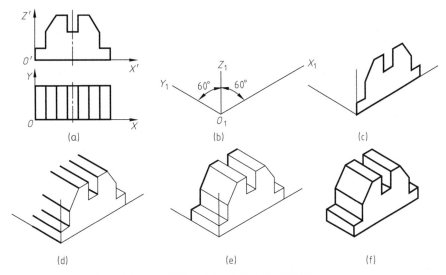

(a) (b) (c)

(d) (e) (f)

图 4-6　用端面法绘制形体的正等轴测图

例 4-3　绘制如图 4-7（a）所示形体的正等轴测图。

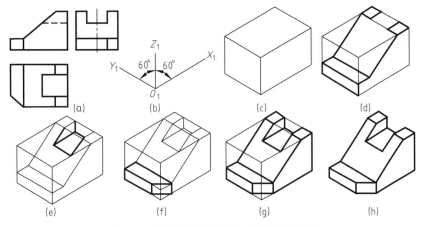

(a) (b) (c) (d)

(e) (f) (g) (h)

图 4-7　用切割法绘制形体的正等轴测图

分析：该形体可视为由完整长方体经挖切而形成。画其正等轴测图时，可先画出未切割前的完整形体（原形），再逐步挖切。

作图步骤：

（1）画出未切割前完整长方体的正等轴测图，如图 4-7（c）所示。注意坐标原点 O 定位在形体左前下角，画轴测轴时注意轴间角，轴测轴 O_1Z_1 向上，O_1X_1 和 O_1Y_1 与 O_1Z_1 反方向各成 $60°$，如图 4-7（b）所示。

（2）由上、下两个水平面的尺寸确定相应正垂截平面的位置（必须沿轴向量取尺寸来确定该正垂截平面的位置），如图 4-7（d）所示。

（3）挖切形体中上部的方槽，注意平行性，如图 4-7（e）所示。

（4）挖切形体左前下方一角，如图 4-7（f）所示。

（5）描深可见轮廓线的投影，如图 4-7（g）所示。

（6）整理成图，如图 4-7（h）所示。

4. 组合法（叠加法）

组合法又称为叠加法，绘图时首先应对形体的构成进行分析，明确其各部分组合情况及特点。一般从较大的形体入手，根据各组合部分之间的相对位置关系，先逐一画出各部分形体的正等轴测图，再组合（叠加）整理完成形体的正等轴测图。

例 4-4 作出如图 4-8（a）所示形体的正等轴测图。

分析： 画组合形体的轴测图，首先应对该组合形体的构成进行分析，明确其各部分组合情况及特点。从较大的形体入手，根据组合部分之间的相对位置关系，逐一画出各部分形体的正等轴测图。如图 4-8（a）所示的形体可以分解成由若干基本形体叠加，先逐一画出各基本形体的正等轴测图，再叠加整理完成该形体的正等轴测图，叠加时需注意各基本形体之间的相对位置关系。

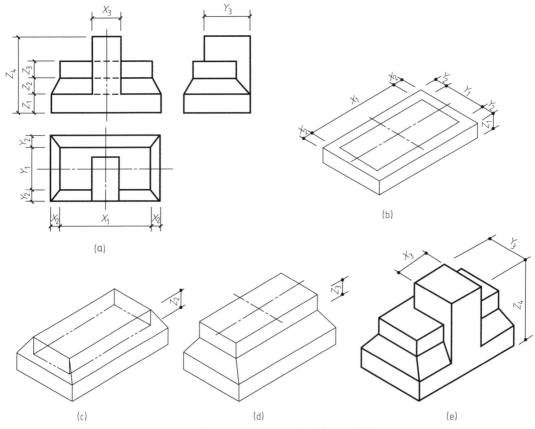

图 4-8 用组合法（叠加法）绘制形体的正等轴测图

作图步骤：

（1）从形体左前下角开始，画底板及四棱台上底面，如图 4-8（b）所示。

（2）画四棱台，如图 4-8（c）所示。

（3）画四棱柱，如图 4-8（d）所示。

（4）画中间四棱柱，整理成图，如图 4-8（e）所示。

三、圆的正等轴测图的画法

1. 圆的正等轴测投影的性质

在一般情况下，圆的正等轴测投影为椭圆。根据理论分析（证明从略），坐标面（或其平行面）上圆的正等轴测投影（椭圆）的长轴方向垂直于与该坐标面垂直的轴测轴；其短轴方向平行于该轴测轴，坐标面上圆的正等轴测图如图 4-9 所示。

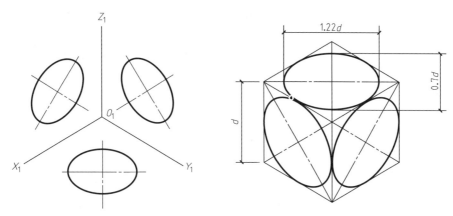

图 4-9　坐标面上圆的正等轴测图

在圆的正等轴测图中，椭圆的长轴长度等于该圆的直径 d，短轴即为 $0.58d$。如按简化变形系数作图，其长、短轴长度均放大 1.22 倍，即长轴长度等于 $1.22d$，短轴长度等于 $0.7d$，如图 4-9 所示。

2. 圆的正等轴测投影（椭圆）的画法

（1）一般画法——弦线法　位于一般位置平面或坐标面（或其平行面）上的圆，都可以用弦线法作出该圆上一系列点的正等轴测投影，然后依次光滑连接，即得到圆的正等轴测投影。如图 4-10（a）所示，位于 H 面上的圆，其轴测投影的作图步骤如下：

a. 画轴测轴 O_1X_1 和 O_1Y_1，并在其上按直径大小直接确定 1_1、2_1、3_1、4_1 点，如图 4-10（b）所示。

b. 过投影图中直角坐标轴 OY 上的 A、B 等分隔点作一系列平行于 OX 轴的平行弦，如图 4-10（a）所示，然后按坐标值相应地作出这些平行弦长的正等轴测投影，即求得椭圆上的 5_1、6_1、7_1、8_1、$\cdots$ 各点，如图 4-10（b）所示。

c. 依次光滑连接 1_1、5_1、7_1、3_1、8_1、6_1、2_1、4_1、$\cdots$ 各点，即为该圆的正等轴测投影（椭圆）。

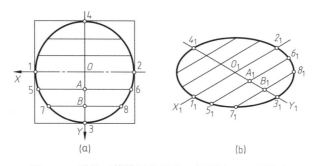

图 4-10　圆的正等轴测投影的一般画法——弦线法

（2）近似画法——四心圆法　为简化作图，通常采用椭圆的近似画法——四心圆法。如图 4-11 所示，为位于 H 面上直径为 d 的圆，其正等轴测投影（椭圆）的画法。同理，位于 V 面和 W 面上直径为 d 的圆，其正等轴测投影仅椭圆长、短轴的方向不同，其画法与位于

H 面上直径为 d 的圆的正等轴测投影（椭圆）的画法完全相同。四心圆法作图步骤如下：

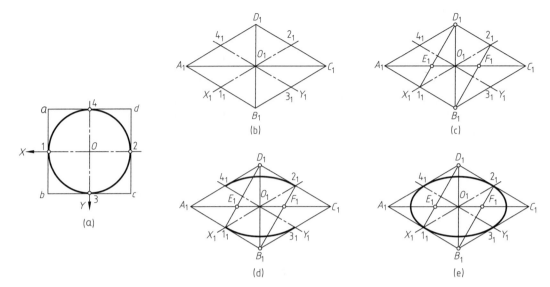

图 4-11 圆的正等轴测投影的近似画法——四心圆法

a. 在投影图上，作圆的外切正方形 $ABCD$ 与圆相切于 1、2、3、4 四个切点，如图 4-11（a）所示。

b. 画轴测轴 O_1X_1 和 O_1Y_1，量取直径 d 的长度作出四个切点的正等轴测投影 1_1、2_1、3_1、4_1，并过这些点分别作 O_1X_1 轴与 O_1Y_1 轴的平行线，所形成的菱形的对角线即为椭圆长、短轴的位置，如图 4-11（b）所示。

c. 连接 $D_1 1_1$ 和 $B_1 2_1$，并与菱形长对角线 A_1C_1 分别交与 E_1、F_1 两点，则 B_1、D_1、E_1、F_1 即为四段圆弧的圆心，如图 4-11（c）所示。

d. 分别以 B_1、D_1 为圆心，以 $B_1 2_1$、$D_1 1_1$ 为半径作两个大圆弧，如图 4-11（d）所示。

e. 再分别以 E_1、F_1 为圆心，以 $E_1 1_1$、$F_1 2_1$ 为半径作两个小圆弧，即完成该近似椭圆，如图 4-11（e）所示。

上述四心圆法可以演变为切点垂线法，利用该种方法绘制圆角（圆弧）的正等轴测投影则更为简单。

如图 4-12（a）中的薄板圆角部分，即可利用切点垂线法作图，如图 4-12（b）所示，其作图步骤如下：

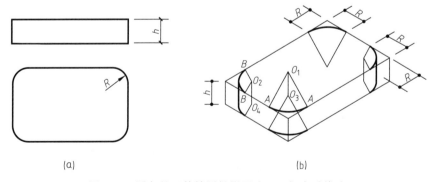

图 4-12 圆角的正等轴测投影画法——切点垂线法

a. 首先绘制未切割圆角的薄板的正等轴测图，从薄板直角的顶点分别沿 O_1X_1 轴和 O_1Y_1 轴方向量取半径 R 的长度，确定 A、A 和 B、B 点，过 A、A 和 B、B 点作其所在边的垂线分别交于 O_1 及 O_2 点。

b. 分别以 O_1 及 O_2 为圆心，以 O_1A 及 O_2B 为半径作圆弧，即为该薄板上底面相应圆角的正等轴测投影。

c. 分别将 O_1 和 O_2 点垂直下移，使 $O_1O_3=O_2O_4=h$（薄板厚度），确定 O_3、O_4 点。分别以 O_3 及 O_4 为圆心，作出该薄板下底面相应圆角的正等轴测投影，最后还需作出该薄板轮廓边界处上、下底面圆弧的公切线，即完成作图。

四、曲面立体正等轴测图的画法

掌握投影面内或者平行于投影面的圆的正等轴测投影画法，即可绘制曲面立体（回转体）的正等轴测图，如图 4-13 所示。图 4-13（a）、（b）为圆柱和圆锥台的正等轴测图，作图时分别作出上底面和下底面的椭圆，再作其公切线即可。图 4-13（c）为上端被切平的球，由于按简化变形系数作图，因此取 $1.22d$（d 为球的实际直径）为直径先作出球的外形轮廓，然后作出球被切割后截交线（圆）的正等轴测投影即可。图 4-13（d）为任意回转体，可将其沿垂直轴线方向分割为若干部分，以各分点为中心，作出该回转体的一系列纬圆，再对应作出这些纬圆的正等轴测投影，最后作出其外包络线即可。

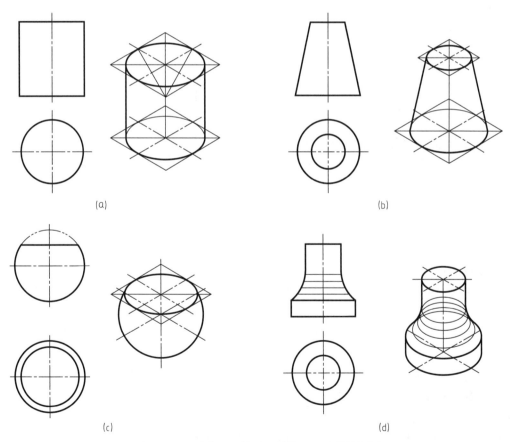

(a)

(b)

(c)

(d)

图 4-13　几种曲面立体（回转体）的正等轴测图

现举例说明曲面立体（回转体）正等轴测图的几种具体作法：

例 4-5 作出如图 4-14（a）所示组合体的正等轴测图。

分析：通过形体分析，可知该组合体是由底板、立板和三角形肋板三部分叠加而成。底板的左前角为四分之一圆角，且底板中心处开有一个圆柱形通孔；立板与底板等长，其中心处也开有一个圆柱形通孔柱孔。画该类组合体的正等轴测图时，宜选用组合法（叠加法）将其分解为多个基本形体，并按其相对位置逐一画出其正等轴测图，最后完成该组合体的正等轴测图。

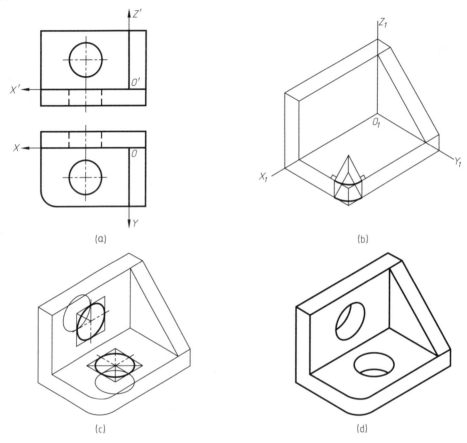

图 4-14　组合体的正等轴测图

作图步骤：

（1）在投影图上确定直角坐标轴和原点。选取底板、立板和三角形肋板的交点为原点 O，如图 4-14（a）所示。

（2）画轴测轴，按底板、立板和三角形肋板的尺寸分别作出其正等轴测投影，利用切点垂线法画出底板上四分之一圆角的正等轴测投影，如图 4-14（b）所示。

（3）利用切点垂线法作出底板和立板上圆柱形通孔的正等轴测投影，如图 4-14（c）所示。

（4）最后检查描深可见轮廓线的投影，完成该组合体的正等轴测图，如图 4-14（d）所示。

例 4-6 作出如图 4-15（a）所示两相交圆柱的正等测。

分析：作相交两圆柱的正等轴测图时，其相贯线正等测的画法为难点。可利用弦线描点法绘制，即利用辅助截平面法的作图原理，在正等轴测图上直接作出辅助截平面，从而求得相贯线上各交点的正等轴测投影。显然，交点取得越多作出的正等测图形越准确。本例选取竖直放置大圆柱的底面圆作为 XOY 面，其圆心为坐标原点 O。

作图步骤：

（1）在投影图上确定直角坐标轴和原点。选取竖直放置大圆柱的底面圆心为原点 O，如图 4-15（a）所示。

（2）画轴测轴，分别作出两圆柱的正等轴测投影，如图 4-15（b）所示。

（3）利用辅助截平面法作出相贯线上各交点的正等轴测投影，如图 4-15（c）所示。

（4）依次光滑连接各交点，即得到该相贯线的正等轴测投影，如图 4-15（d）所示。

（5）最后检查描深可见轮廓线的投影，完成相交两圆柱的正等测，如图 4-15（e）所示。

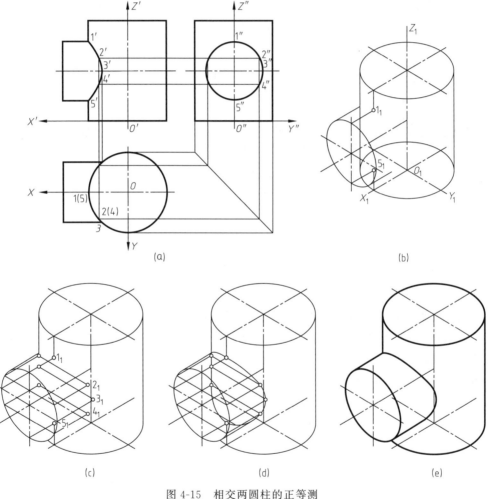

图 4-15　相交两圆柱的正等测

第三节　斜轴测投影

工程上常用的斜轴测投影为斜二测，其画法简单，立体感强。

一、斜二测的轴间角和轴向变形系数

1. 正面斜二测

从图 4-16（a）可看出，在斜轴测投影中通常将物体上某一坐标面（例如 XOZ 坐标面）平行于轴测投影面 P，投射方向 S 倾斜于 P 面，因此该坐标面或其平行面上的任何图形在轴测投影面 P 上的投影总是反映实形。若将正立投影面 V 作为轴测投影面 P，使物体上的 XOZ 坐标面平行于轴测投影面 P 放正，此时得到的投影就称为正面斜轴测投影，经常使用的是正面斜二等轴测投影，简称正面斜二测。因为 XOZ 坐标面平行于投影面 P，所以轴间角 $\angle X_1O_1Z_1=90°$，X 轴和 Z 轴的轴向变形系数 $p=r=1$。轴测轴 O_1Y_1 的方向和轴向变形系数均与投射方向 S 有关，为作图方便，选取轴间角 $\angle X_1O_1Y_1=\angle Y_1O_1Z_1=135°$，$q=0.5$。作图时，应将 O_1Z_1 轴处于铅垂位置，则 O_1X_1 轴为水平线，O_1Y_1 轴与水平线成 45°角，可利用 45°三角板方便作图，如图 4-16（b）所示。

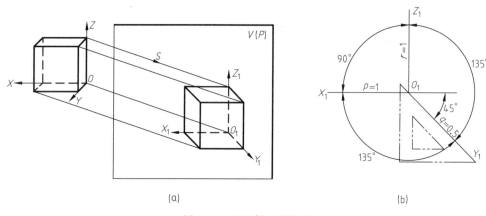

(a) (b)

图 4-16　正面斜二测投影

2. 水平斜二测

将水平投影面 H 作为轴测投影面 P，使物体上的 XOY 坐标面平行于轴测投影 P，此时得到的斜轴测投影就称为水平斜轴测投影，如图 4-17（a）所示。经常使用的是水平斜二等轴测投影，简称水平斜二测。因为 XOY 坐标面平行于轴测投影 P，所以轴间角 $\angle X_1O_1Y_1=90°$，X 轴和 Y 轴的轴向变形系数 $p=q=1$。为作图方便，选取轴间角 $\angle X_1O_1Z_1=120°$，$\angle Y_1O_1Z_1=150°$，$r=0.5$（或 $r=1$）。作图时，应将 O_1Z_1 轴处于铅垂位置，则 O_1X_1 轴与水平线成 30°角，而 O_1X_1 轴和 O_1Y_1 轴成 90°角，可利用 30°三角板方便作图，如图 4-17（b）所示。

二、斜二测的画法

绘图前，应根据物体的形状特点选定所需绘制斜二测的种类，通常情况下选用正面斜二测，当绘制建筑物的鸟瞰图时才选用水平斜二测，工程上常用水平斜二测绘制区域总平面布置图或绘制一幢建筑的水平斜二测剖面图（或水平斜等测剖面图）。

绘制正面斜二测时，选用上述轴间角和轴向变形系数，其作图步骤和正等测、正二测完全相同，长方体的正面斜二测如图 4-18 所示。

在正面斜二测中，由于物体上的 XOZ 坐标面（或其平行面）的正面斜二测投影仍反映其实形，因此应把物体形状较为复杂的一个表面作为其正立面。当物体的正立面中具有较多

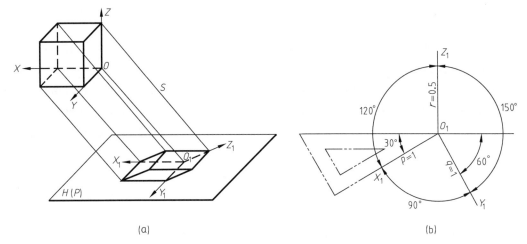

(a)

(b)

图 4-17　水平斜二测投影

圆或圆弧时，采用正面斜二测作图尤为方便。

例 4-7　作出如图 4-19（a）所示空心砖的斜二测。

分析：因为空心砖的正立面形状比较复杂，因此选用正面斜二测作图最为简便。选择空心砖的前立面作为 XOZ 面，前立面左下角点为坐标原点 O。

作图步骤：

（1）在投影图上确定直角坐标轴和原点。选取前立面左下角点为原点 O，如图 4-19（a）所示。

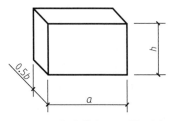

图 4-18　长方体的正面斜二测

（2）画轴测轴并作空心砖前立面的正面斜二测投影（即为 V 面投影实形），如图 4-19（b）所示。

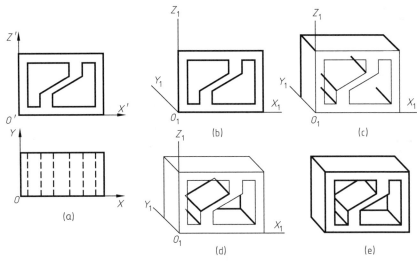

图 4-19　空心砖的正面斜二测

（3）过前立面上各角点作 O_1Y_1 轴平行线（即形体宽度线，不可见棱线不必画出），在其上截取空心砖厚度的一半，如图 4-19（c）所示。

（4）作出该空心砖镂空部分的正面斜二测投影，即画出空心砖后立面的可见轮廓线，如图 4-19（d）所示。

（5）最后检查描深可见轮廓线的投影，完成空心砖的正面斜二测，如图 4-19（e）所示。

例 4-8 作出如图 4-20（a）所示拱门的斜二测。

分析： 因为拱门的正立面有圆弧，因此选用正面斜二测作图最为简便。拱门由地台、门身和顶板三部分组成，宜采用组合法（叠加法）按各部分形体相对位置逐一画出其正面斜二测，最后完成拱门整体的正面斜二测。选取拱门的前立面作为 XOZ 面，前立面圆弧圆心处为坐标原点 O。

作图步骤：

（1）在投影图上确定直角坐标轴和原点。选取前立面圆弧圆心为原点 O，如图 4-20（a）所示。

（2）画轴测轴，作出门身的正面投影实形，如图 4-20（b）所示。

（3）过门身各顶点作出后立面投影，厚度沿 Y_1 反方向量取，注意应画出从门洞中能够看到的门身后立面的边界线，如图 4-20（c）所示。

（4）作地台的正面斜二测投影，厚度分别沿门身下表面 Y_1 正、反两方向量取，如图 4-20（d）所示。

（5）作顶板的正面斜二测投影。作图时必须注意该部分形体的相对位置，厚度分别沿门身上表面 Y_1 正、反两方向量取，如图 4-20（e）所示。

（6）最后检查描深可见轮廓线的投影，完成拱门的正面斜二测，如图 4-20（f）、（g）所示。

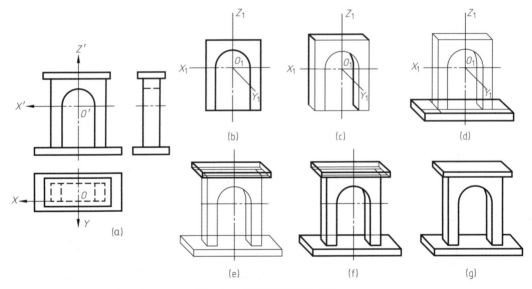

图 4-20 拱门的正面斜二测

例 4-9 作出如图 4-21（a）所示某区域总平面图的水平斜二测。

分析： 水平斜轴测图常用于建筑总平面布置，这种轴测图也称为鸟瞰图。画图时先将水平投影逆时针旋转 $30°$，然后按建筑物的高度或高度的 $1/2$，分别画出该区域中的每个建筑物，即完成该区域建筑群的鸟瞰图。本例选取地面为 XOY 面，某建筑物的一角点为坐标原点 O。

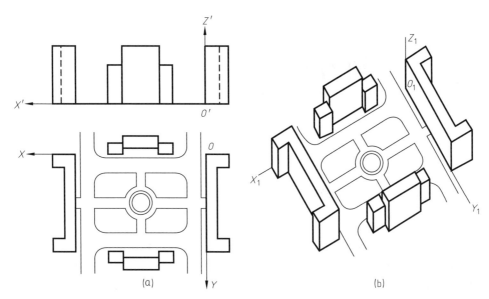

图 4-21　某区域总平面图的水平斜二测

作图步骤：

（1）在投影图上确定直角坐标轴和原点。选取某建筑物的一角点为原点 O，如图 4-21（a）所示。

（2）画轴测轴，使 O_1Z_1 轴为竖直方向，O_1X_1 轴与水平方向成 30°，O_1X_1 轴与 O_1Y_1 轴成 90°角。首先根据水平投影作出各建筑物底面的水平斜二测投影（与其水平投影图的形状、大小及位置均相同）。然后沿 O_1Z_1 轴方向，过水平投影中各角点量取各建筑物的高度或其高度的 1/2，再画出各建筑物上底面的可见轮廓线，如图 4-21（b）所示。

（3）最后检查描深可见轮廓线的投影，完成该区域总平面的水平斜二测，如图 4-21（b）所示。

第五章　组　合　体

第一节　组合体的构成

由基本几何体组合而成的形体称为组合体。从几何角度分析建筑形体可以看出：任何建筑形体都可以视为由若干基本几何体组合而成。如图 5-1 所示，上海外滩建筑群中的大部分建筑物都是由棱柱、棱锥、圆柱、圆锥和圆球等基本几何体组合而成。

图 5-1　上海外滩建筑群

一、组合体的三视图

在绘制工程图样时，将形体向投影面所作的正投影图亦称为视图。如图 5-2（a）所示，在三面投影体系中所得到的三面正投影图亦称为三视图。其中，正面投影称为主视图（正立面图）；水平投影称为俯视图（平面图）；侧面投影称为左视图（左侧立面图）。即为：

主视图（正立面图）——正面投影；

俯视图（平面图）——水平投影；

左视图（左侧立面图）——侧面投影。

工程图中，视图主要用于表达形体的空间形状，并不需要表达该形体与各投影面之间的距离。因此，如图 5-2（b）所示，在绘制组合体的三视图时没有必要绘出投影轴。为使三视图清晰整洁，也不必绘出各视图之间的投影连线。

如图 5-2（c）所示，三视图之间仍然符合三等规律。即：

主视图（正立面图）与俯视图（平面图）——长对正；

主视图（正立面图）与左视图（左侧立面图）——高平齐；

俯视图（平面图）与左视图（左侧立面图）——宽相等。

工程制图中，三等规律"长对正、高平齐、宽相等"是画图和读图必须遵循的最基本的投影规律。不仅整个组合体的三视图（三面投影）应符合三等规律，而且该组合体中各个局部结构的三视图（三面投影）也必须符合三等规律。

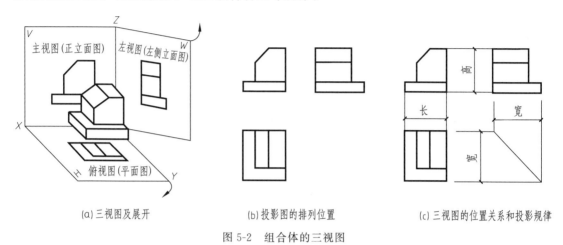

(a) 三视图及展开　　　　　　(b) 投影图的排列位置　　　　(c) 三视图的位置关系和投影规律

图 5-2　组合体的三视图

二、组合体的组成

组合体的组合方式主要为叠加式和挖切式。

如图 5-3 所示，该叠加式组合体为一肋式杯形基础，其可以看成由四棱柱底板 I、中间

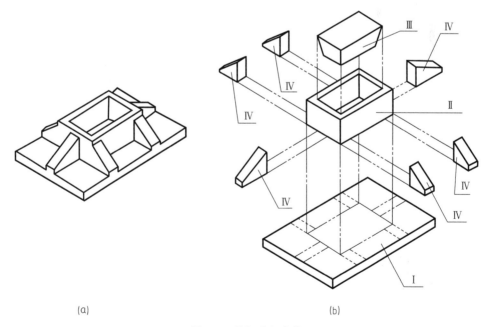

(a)　　　　　　　　　　　　　　　(b)

图 5-3　叠加式组合体

四棱柱Ⅱ和六个梯形肋板Ⅳ叠加而成，然后再在中间四棱柱中挖去一楔形块Ⅲ。该组合体的叠加方式主要有叠合、相交和共面。

如图 5-4 所示，该形体为切割式组合体，该组合体可看成为由一个长方体经过四次挖切后所形成，在其左、右两侧分别挖切两块狭长的三棱柱Ⅱ；在其上方中部前、后方向挖切一个半圆柱体Ⅲ，形成前、后半圆形通槽；再在其上部左、右方向挖切两块四棱柱切块Ⅳ，形成矩形通槽。该组合体的切割方式主要有截切、开槽和穿孔。

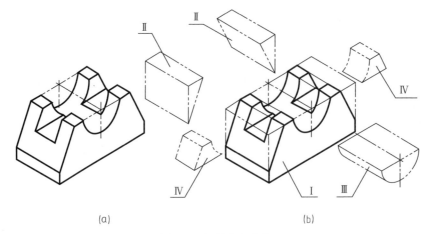

(a)   (b)

图 5-4   切割式组合体

分析组合体时经常使用形体分析法。所谓的形体分析法就是将一个复杂的组合体假想分解成若干个简单的基本几何体，并分析这些基本几何体之间的相对位置、组合方式以及各表面连接关系等。形体分析法的分析过程可以概括为"先分解，后综合；分解时确定局部，综合时考虑整体"。

三、组合体邻接表面的连接关系

基本几何体在相互叠加时，两个基本几何体之间的相对位置不同，其各表面的连接关系也不相同，主要存在四种邻接表面连接关系，即共面、不共面、相交和相切。在绘制组合体的视图时，应明确区分各邻接表面的连接关系。在表 5-1 中列举了简单组合体邻接表面的连接关系。

表 5-1   简单组合体的表面连接关系

组合方式		组合体示例	形体分析	注意画法
叠加式	叠加	不共面有界线	两个四棱柱上下叠合，中间的水平面为结合面。两个四棱柱前后棱面、左右棱面均不共面	不共面的两个平面之间有界线

组合方式		组合体示例	形体分析	注意画法
叠加式	叠加	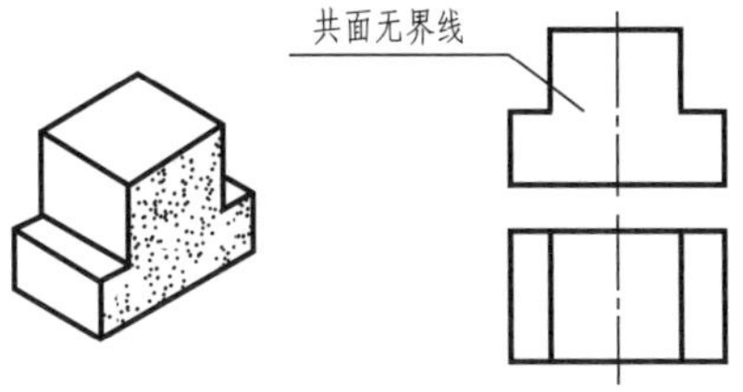 共面无界线	两个四棱柱上下叠合,中间的水平面为结合面。两个四棱柱左右棱面不共面,而前后棱面共面	共面的两个平面之间无界线
	相交	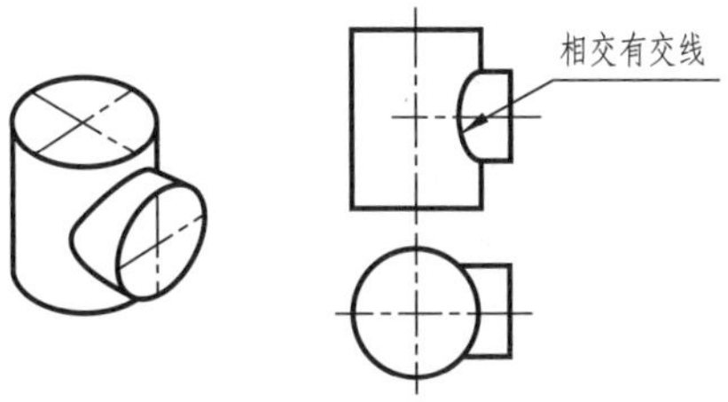 相交有交线	两直径不等的大、小圆柱垂直相交,表面有相贯线	两立体相贯,则应画出其表面交线(相贯线)
	相切	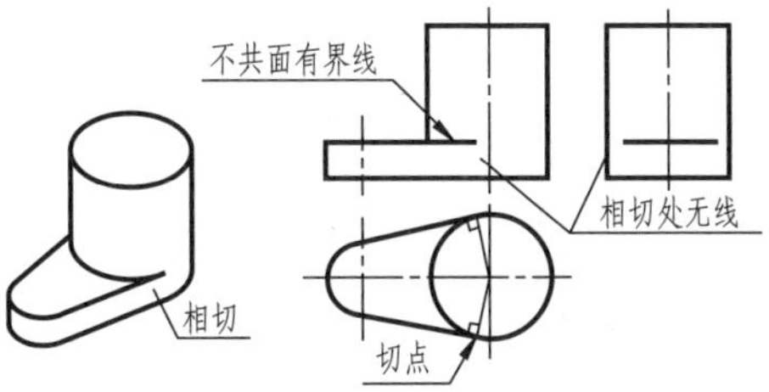 不共面有界线 相切处无线 相切 切点	底板的前后立面与圆柱相切。注意主视图和左视图中底板上表面的投影宽度应画至切点处	圆柱与底板不共面,则有界线;平面与圆柱面相切,则不画切线
切割式	截切	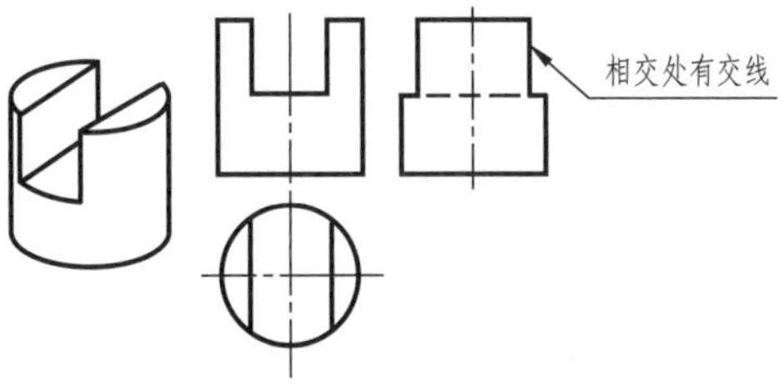 相交处有交线	在圆柱体上由两个侧平面和一个水平面挖切矩形槽,表面有截交线	平面与立体相交,应画出其表面交线(截交线)
	穿孔	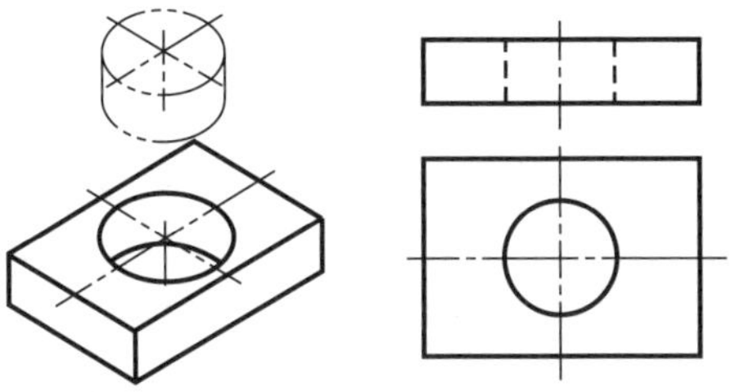	在长方形底板正中挖去一个圆柱后,形成一个圆孔	主视图中圆孔不可见,画中粗虚线

第二节　组合体的读图

一、组合体读图的要点

读图是学习本课程的重要环节,读图的过程,即依据正投影法原理,通过视图想象出组合体空间结构形状的过程。也是培养、提升空间想象力和空间思维能力的过程。

1. 几个视图相互联系进行构思

通常只通过一个视图并不能唯一确定复杂组合体的空间形状，如图 5-5（a）所示，仅给出组合体的主视图（正立面图），充分发挥想象即可构思出多个不同形状特点的组合体与之对应。如图 5-5（b）~（f）所示，根据相同主视图（正立面图），可构思出五种不同形状特点的组合体。

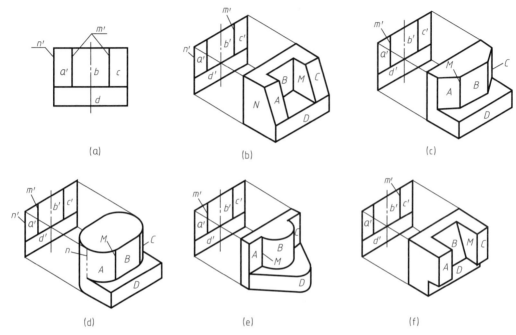

图 5-5　根据相同主视图（正立面图）构思组合体的各种可能形状

如图 5-6（a）所示，给出组合体的主视图和俯视图（正立面图和平面图），来构思不同形状特点的组合体。如图 5-6（b）~（d）所示，通过想象构思出来的三种组合体，都具有相同的主视图和俯视图（正立面图和平面图）。由此可见，已知两个视图也不能唯一确定该组合体的空间形状。

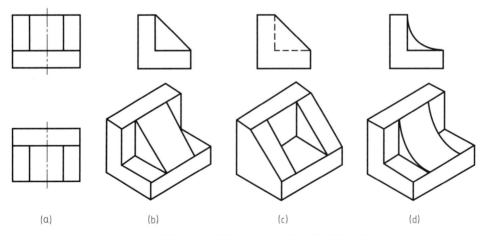

图 5-6　根据二个视图构思组合体的各种可能形状

综上所述，读图时应依据正投影法，通过多个视图进行分析、想象，才能构思出组合体的空间形状。如图 5-7 所示，给出组合体的三视图，来构思该组合体的空间形状。如图 5-7（a）所示，为组合体的三视图；如图 5-7（b）所示，根据主视图（正立面图），能够想象出该组合体为一个 L 形的形体；如图 5-7（c）所示，根据俯视图（平面图），能够确定该组合体为前、后对称的形体，且该组合体左侧部分中间开了一个长方形通槽，其左前角和左后角各有一个 45°的倒角；如图 5-7（d）所示，根据左视图（左侧立面图），能够确定该组合体右侧为一个顶部为半圆柱的立板，其中间开了一个圆柱形通孔。经过上述分析和想象，最终完整地构思出该组合体的空间形状。

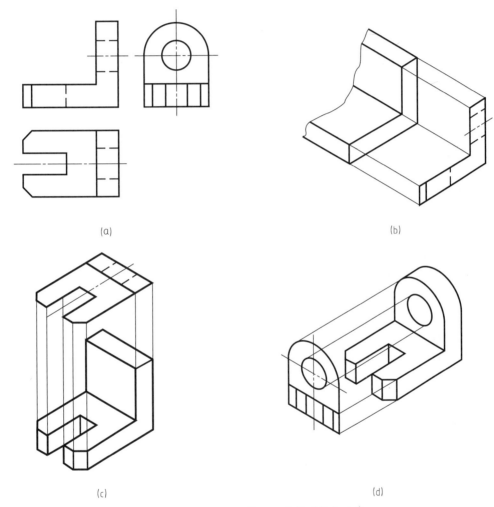

图 5-7　根据三视图构思组合体形状的过程

2. 找出特征视图

特征视图即为最能反映组合体的形状特征和其组合部分中各基本形体间的位置特征的那个视图，一般情况多为主视图，也可能是其他的一个或几个视图的组合。如图 5-6 所示，组合体的左视图（左侧立面图）即为反映其形状特征最明显的形状特征视图。如图 5-8（a）所示，给出组合体的主视图和俯视图（正立面图和平面图），来构思该组合体的空间形状。只通过其主视图和俯视图（正立面图和平面图），不能确定 A、B 两部分的凸、凹情况。如

图 5-8（b）、（c）所示，通过分析、想象，分别构思出两个不同特点的组合体，分别对应两个不同的左视图（左侧立面图）。因此，该组合体的左视图（左侧立面图）即为反映其各组合部分之间相对位置特征最明显的位置特征视图。

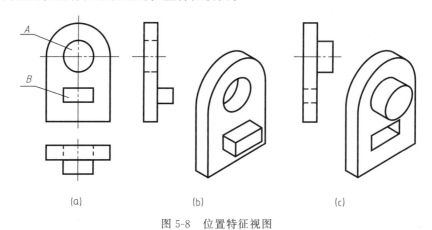

图 5-8　位置特征视图

二、组合体读图的基本方法

1. 形体分析法

形体分析法为最基本的读图方法。形体分析的过程为，首先从最能反映组合体形状特征的主视图着手，分析该组合体是由哪些基本形体组成及其组成形式；然后依据三等规律，逐一找出每个基本形体的三面投影，从而想象出各个基本形体的空间形状以及各基本形体之间的相对位置关系，最后构思出整个组合体的空间形状。

如图 5-9（a）所示，给出组合体的三视图。通过形体分析可知，该组合体由三个基本形体组合而成，图 5-9（b）、（c）、（d），分别表示三个基本形体组成该组合体的读图分析过程。如图 5-9（b）所示，为底板部分的投影，其空间形状为一个长方体薄板；如图 5-9（c）所示，为在长方体底板上方叠加了一个端面为八边形的形体，其中间开有半圆柱和四棱柱组合而成的左、右通孔；如图 5-9（d）所示，为在长方体底板上方、八边形形体右侧叠加的另一个形体，其空间形状为端面是直角梯形的四棱柱，其中间开有由相同的半圆柱和四棱柱组合而成的左、右通孔；如图 5-9（e）所示，将三个基本形体综合考虑，构思出整个组合体的空间形状。

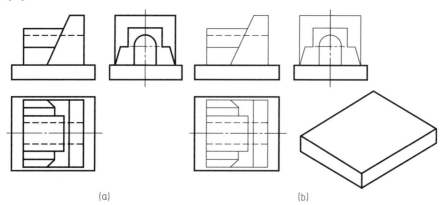

(a)　　　　　　　　　　　　　　　　(b)

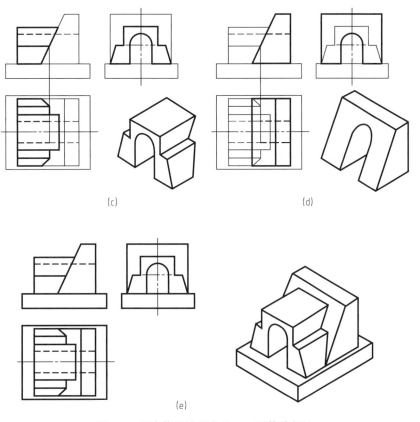

(c)　　　　　　　　　(d)

(e)

图 5-9　组合体的读图方法——形体分析法

2. 线面分析法

线面分析法为根据线与面的空间性质和投影规律，对组合体视图中的每一条线段和每一个封闭线框都进行投影分析，以确定其三面投影以及位于该组合体表面的空间位置情况，这种逐线逐面进行组合体分析读图的方法称为线面分析法。读图时，在运用形体分析法的基础上，对于组合体的复杂局部，常常需要结合线面分析法来辅助读图。

（1）组合体视图中线段的含义

① 一条线段（圆弧）可以表示为平面或曲面的积聚性投影。如图 5-10 所示，底部正六棱柱的六个侧棱面均垂直于 H 面，其水平投影均积聚为直线段；正六棱柱的上下底面为水

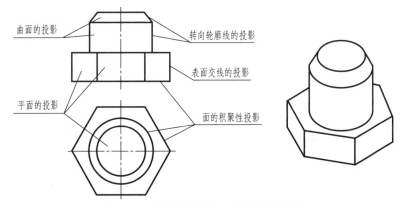

图 5-10　投影图中线段、封闭线框的含义

平面，其正面投影均积聚为水平直线段。中间圆柱体的圆柱面垂直于 H 面，其水平投影积聚为圆。

② 一条线段可以表示为两个表面交线的投影。如图 5-10 所示，正六棱柱各侧棱面的交线（棱线）为铅垂线，其正面投影为直线段，反映该正六棱柱的高度；顶部圆台的圆锥面与圆柱面的表面交线为圆，其水平投影反映该圆的实形，其正面投影积聚为水平直线段。

③ 一条线段可以表示为曲面立体（回转体）转向轮廓线的投影。如图 5-10 所示，圆柱面、圆锥面转向轮廓线的正面投影均为直线段。

（2）组合体视图中封闭线框的含义

① 一个封闭的线框可以表示为平面的投影。如图 5-10 所示，正六棱柱其左、右四个侧棱面均为铅垂面，其正面投影分别积聚为两个等大的矩形，具有类似性。而前、后两个侧棱面为正平面，其正面投影积聚为一个矩形，且反映前、后两个侧棱面的实形。顶部圆台的上底面为水平面，其水平投影为圆形，反映其上底面的实形。

② 一个封闭的线框可以表示为曲面（回转面）的投影。如图 5-10 所示，中间圆柱面的正面投影为矩形，顶部圆台其圆锥面的正面投影为梯形。

③ 一个封闭的线框可以表示为孔、洞的投影。如图 5-8（a）所示，A、B 部分的凸、凹情况，通过如图 5-8（b）（c）所示的分析过程可以看出，其分别对应为四棱柱孔和圆柱孔。

例 5-1 如图 5-11（a）所示，已知组合体的主、俯视图，要求补画其左视图。

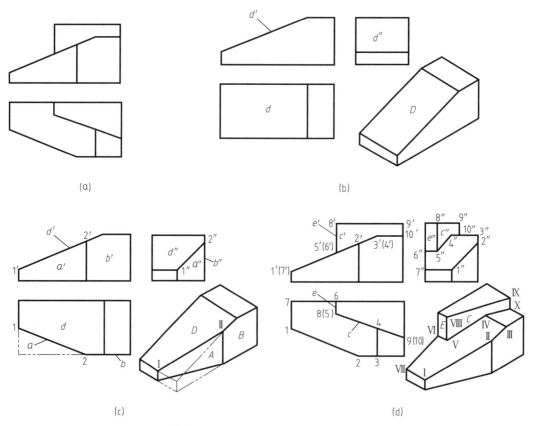

图 5-11　组合体补画视图的分析方法——分析各表面的交线

分析：首先使用形体分析法，根据已知的主、俯视图分析出该组合体由上、下两个基本形体叠加组合而成，下部形体为一个长方体被一个正垂面切去其左上角，再被一个铅垂面切去其左前角，而上部形体为底面是直角梯形的四棱柱，且该上、下两部分形体的后立面与右侧立面共面。然后依据三等规律，分别确定其在主、俯视图上的投影，从而分析、想象两个基本形体的空间形状，并进一步结合线面分析法确定两基本形体之间的相对位置关系，最后构思出整个组合体的空间形状。

作图步骤：

① 如图 5-11（b）所示，下部形体为一个长方体被正垂面 D 切去其左上角，补画出其左视图。

② 如图 5-11（c）所示，该下部形体再被铅垂面 A 切去其左前角，铅垂面 A 与正垂面 D 的交线为ⅠⅡ，确定该交线的正面投影 $1'2'$ 和水平投影 12，依据三等规律，在左视图上确定该交线的侧面投影 $1''2''$。此处特别注意，A、D 面倾斜于投影面的两个投影均为缩小的类似形。

③ 如图 5-11（d）所示，上部形体为底面是直角梯形的四棱柱，且该上、下两部分形体的后立面与右侧立面共面。该上部形体的左侧立面 E 为侧平面，其侧面投影 e'' 为矩形实形，侧平面 E 与正垂面 D 的交线为正垂线ⅤⅥ，依据三等规律，在左视图上确定该交线的侧面投影 $5''6''$。该上部形体的前立面为铅垂面 C，铅垂面 C 与正垂面 D 的交线为ⅣⅤ，根据该交线的正面投影 $4'5'$ 和水平投影 45 即可确定其侧面投影 $4''5''$。必须注意正垂面 D 的侧面投影 $1''2''3''4''5''6''7''$ 和水平投影 1234567 均为缩小的类似形。同理，铅垂面 C 的正面投影和侧面投影也均为缩小的类似形，依据三等规律，确定其侧面投影 $4''5''8''9''10''$，即完成该组合体的左视图。

（3）分析组合体各表面的形状

当平面与投影面平行时，其在该投影面上的投影反映实形；当平面与投影面倾斜时，其在该投影面上的投影必为一个缩小的类似形。如图 5-12 所示，四个组合体中阴影平面的投影均反映该相似特性。如图 5-12（a）所示，该组合体中有一个凹形十边形正垂面，其正面投影积聚为直线，水平投影和侧面投影均为与空间实形类似的十边形。如图 5-12（b）所示，该组合体中有一个凹形八边形侧垂面，其侧面投影积聚为直线，水平投影和正面投影均为与空间实形类似的八边形。如图 5-12（c）所示，该组合体中有一个凹形十边形铅垂面，其水平投影积聚为直线，正面投影和侧面投影均为与空间实形类似的十边形。如图 5-12（d）所示，该组合体中有一个平行四边形的一般位置平面，其在三视图中的投影均为与其空间实形类似的平行四边形。下面举例说明该分析方法在读图中的应用。

例 5-2 如图 5-13（a）所示，已知组合体的主、左视图，要求补画其俯视图。

分析：首先使用形体分析法，根据给出的主、左视图分析出该组合体为一长方体的前、后、左、右均被倾斜地切去四角后，再在其上部左、右两侧各挖去一角而形成，然后依据三等规律，并进一步结合线面分析法分析、想象出该组合体各表面的空间形状及其相对位置关系，最后构思出整个组合体的空间形状。

作图步骤：

① 如图 5-13（b）所示，分析出该组合体为一长方体的前、后、左、右均被倾斜地切去四角。补画俯视图时，应先画出其外轮廓矩形，再画出其各倾斜表面之间的交线的投影，如正垂面 P_1 和侧垂面 Q_1 的交线的投影。正垂面 P_1 的空间实形为梯形，其水平投影和侧面

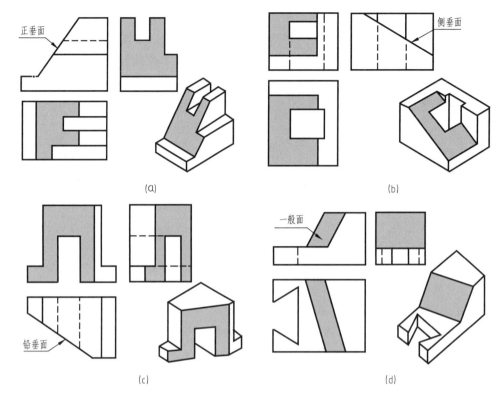

正垂面

侧垂面

(a)   (b)

一般面

铅垂面

(c)   (d)

图 5-12　倾斜面的投影为其缩小的类似形

投影均为梯形。侧垂面 Q_1 的空间实形也为梯形，其水平投影和正面投影也均为梯形。水平面 R 为矩形，其水平投影为实形，其正面投影和侧面投影均积聚为直线段。

② 如图 5-13（c）所示，该组合体的上部左、右两侧分别用对称的水平面 S 和侧平面 T 各挖去一角。此时正垂面 P 的水平投影和侧面投影应为其空间实形的类似形；侧垂面 Q 的水平投影和正面投影应为其空间实形的类似形。依据三等规律，作出正垂面 P 和侧垂面 Q 的水平投影。S 面为水平面，其水平投影为矩形实形，其正面投影和侧面投影均积聚为直线段。T 面为侧平面，其侧面投影为梯形实形，其正面投影和水平投影均积聚为直线段。

③ 如图 5-13（d）所示，为最后完成的组合体三视图，本例主要通过分析当组合体的表面为投影面的垂直面时，其倾斜于投影面的两个投影均为缩小的类似形，从而构思出组合体的空间形状。

（4）分析组合体各表面的相对位置关系

组合体视图上任何相邻的封闭线框，必处于其表面相交或前、后不同位置的两个面的投影。该两个面的相对位置究竟如何，应分别根据其三个视图的相对位置关系来分析。现仍以图 5-5（b）、（f）为例，如图 5-14 所示，为其分析方法。如图 5-14（a）所示，首先比较 A、B、C 面和 D 面，由于俯视图中均为粗实线，故只可能是 D 面凸出在前，A、B、C 面凹进在后。然后再比较 A、C 面和 B 面，由于其左视图上出现虚线，从主、俯视图来看，只可能 A、C 面在前，B 面在后。又因为其左视图中，与其等高处分别对应一条垂直虚线和一条倾斜粗实线，故 A、C 面为侧垂面，B 面为正平面。弄清楚各表面的前后位置关系，即可想象出该组合体的空间形状。如图 5-14（b）所示，由于俯视图的左、右两侧出现虚线，

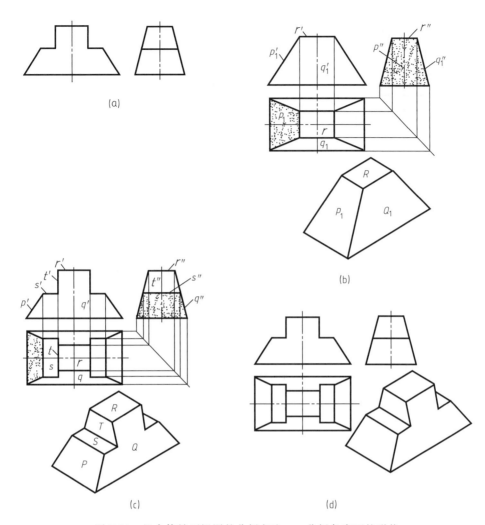

图 5-13　组合体补画视图的分析方法——分析各表面的形状

而中间为粗实线，故可断定 A、C 面相对 D 面凸出在前，B 面处于 D 面的后部。又因为左视图中出现一条斜虚线，故可知凹进的 B 面是一侧垂面，其与 D 面相交。下面举例说明该分析方法在读图中的应用。

例 5-3　如图 5-15（a）所示，已知组合体的主、俯视图，要求补画其左视图。

分析：首先使用形体分析法，根据已知的主、俯视图分析出该组合体是由三个基本形体叠加组合而成，再挖去一个圆柱形通孔；然后依据三等规律，分别找出每个基本形体在主、俯视图上的投影，从而想象出各个基本形体的空间形状。同时，应进一步结合线面分析法确定各基本形体之间的相对位置关系，最后构思出整个组合体的空间形状。

作图步骤：

① 如图 5-15（b）所示，该组合体底部为一个长方体，通过分析面 A 和面 B 的相对位置，可知 B 面在前，A 面在后，故该底部形体为一个凹形长方体。补出该长方体的左视图，凹进部分用中粗虚线表示。

② 如图 5-15（c）所示，由主视图上的 C 面正面投影 c′可知在底部长方体的前端中部还有一个凸出的四棱柱，需在左视图上补出该四棱柱的侧面投影。

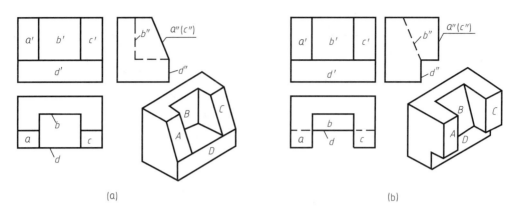

图 5-14　分析组合体各表面的相对位置关系

③ 如图 5-15（d）所示，在底部长方体上方与其后立面平齐处叠加了一个被挖去圆柱形通孔的立板，因图中引出线所指处没有任何形体的轮廓线，可知该立板的前立面与上述的 A 面共面。补齐该立板的左视图，即完成整个组合体的左视图。

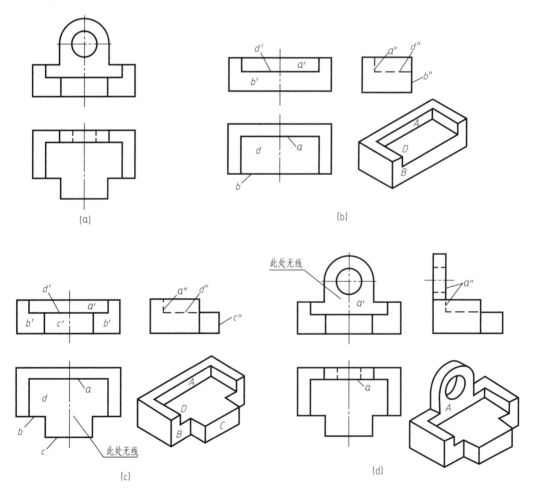

图 5-15　组合体补画视图的分析方法——分析各表面的相对位置关系

三、组合体读图步骤小结

根据上述读图实例，即可总结组合体读图的具体步骤如下：

（1）对组合体进行形体分析

根据组合体的已知视图，初步了解该组合体的基本空间形状。通常先从最能反映该组合体形状特征的主视图着手，利用形体分析法分析该组合体由哪些基本形体组成及其组合形式。然后依据三等规律，逐一确定每个基本形体的三视图，进一步分析、想象各个基本形体的空间形状及其相对位置关系。

（2）对组合体进行线面分析

对于复杂的组合体或组合体中的复杂局部，在形体分析法的基础上应进一步使用线面分析法，对该部分形体逐线逐面（每一条线段、每一个封闭线框）进行三面投影对照分析，从而确定其三面投影及其空间相对位置，进一步明确该组合体复杂局部的空间形状。

（3）综合考虑整体构思组合体的空间形状

综合分析、想象各个基本形体的空间形状和相对位置关系，整体构思该组合体的空间形状。

例 5-4 如图 5-16（a）所示，已知组合体的主、左视图，要求补画其俯视图。

分析：首先使用形体分析法，根据已知的主、左视图分析出该组合体由上、下两部分形体叠加组合而成。如图 5-16（b）所示，下部形体为一个长方体底板，在该底板的底部开有矩形断面的前、后通槽；上部形体为一个七棱柱，其前、后立面分别被两个侧垂面各切去一角。然后依据三等规律，并进一步使用线面分析法，确定上、下两部分形体的空间形状及其相对位置关系，最后构思出整个组合体的空间形状。

作图步骤：

① 形体分析 如图 5-16（a）所示，已知该组合体的主、左两视图中均有两个封闭线框，其两面投影分别相互对应，即可初步判断该组合体由上、下两部分形体叠加组合而成。

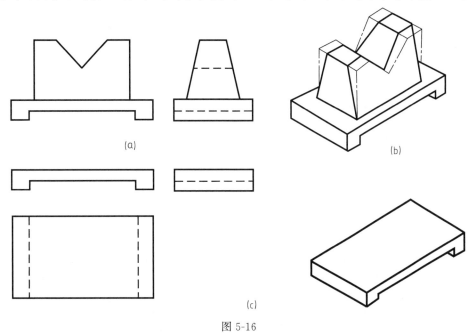

(a)

(b)

(c)

图 5-16

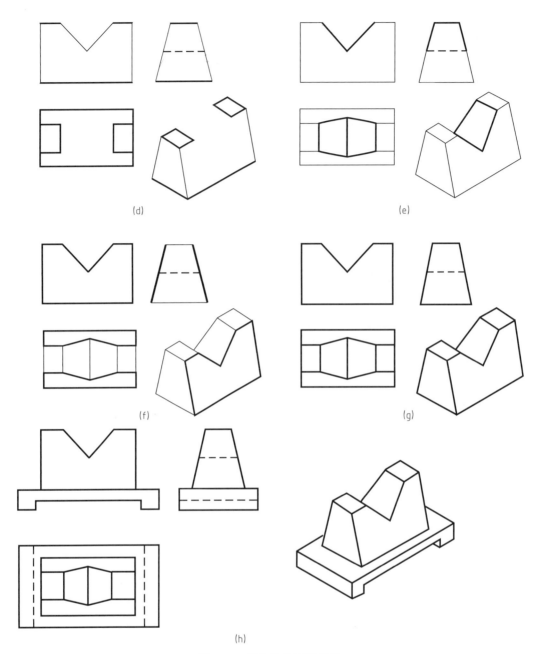

(d)

(e)

(f)

(g)

(h)

图 5-16 组合体的读图步骤

如图 5-16（b）所示，下部形体为一个长方体底板，该底板的底部开有矩形断面的前、后通槽；上部形体为一个七棱柱，其前、后立面分别被两个侧垂面各切去一角。如图 5-16（c）所示，先画出下部形体的俯视图。

② 线面分析 该组合体的上部形体部分相对比较复杂，应进一步使用线面分析法，对上部形体逐线逐面（每一条线段、每一个封闭线框）进行三面投影对照分析。上部形体共由九个平面所围成，分别是三个矩形水平面、两个梯形正垂面、两个七边形侧垂面和两个梯形侧平面。如图 5-16（d）、（e）、（f）所示，逐一画出该九个平面的水平投影，作图时应注意四个投影面的垂直面其倾斜于投影面的两个投影均为缩小的类似形。如图 5-16（g）所示，

完成上部形体的俯视图。

③ 综合考虑整体构思 综合分析、想象上、下两部分形体的空间形状和相对位置关系，整体构思该组合体的空间形状。如图 5-16（h）所示，完成该组合体的俯视图。

在整个组合体读图的过程中，一般以形体分析法为主，进一步结合线面分析法，边分析、边想象、边作图，即可快速、有效地读懂组合体的视图。

第六章　建筑形体的表达方法

第一节　建筑形体的视图

建筑形体的形状和结构多种多样，当其比较复杂时，仅使用三视图难以表达清楚复杂建筑形体的空间形状及其内部结构。因此，制图国家标准中规定了多种表达方法，绘图时可根据建筑形体的形状特征选用。一般来讲，建筑形体往往需要同时选用多种表达方法，以达到将其内外结构表达清楚的目的。

一、基本视图

当组合体的形状比较复杂时，其六个表面的形状有可能都不相同。若只选用三视图表示，则不可见的轮廓线在三视图中都要用虚线表示，这样在三视图中虚、实图线易于密集、重合，不仅影响图面清晰，同时也会给读图带来一定困难。为了清晰地表达组合形体的六个表面，国标规定在原有三个投影面的基础上，再增加三个投影面组成一个立方体。构成立方体形状的六个投影面称其为六个基本投影面，如图 6-1（a）所示。把组合形体放入该立方体中，分别向六个基本投影面投影，即可得到该组合形体的六面基本视图，如图 6-1（b）所示。

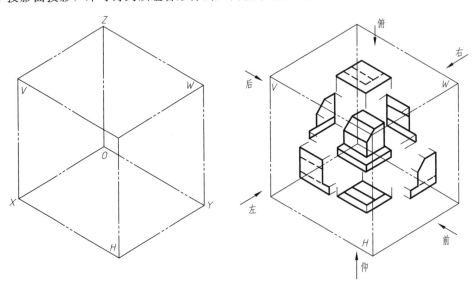

(a) 六个基本投影面　　　　　　　　　　　(b) 组合形体的六面基本视图

图 6-1　六个基本投影面及六面基本视图的形成

该六面基本视图的名称为：从前向后投影得到主视图（正立面图），从上向下投影得到俯视图（平面图），从左向右投影得到左视图（左侧立面图），从右向左投影得到右视图（右侧立面图），从下向上投影得到仰视图（底面图），从后向前投影得到后视图（背立面图）。括号中的名称为房屋建筑制图规定的六面基本视图的名称，如图6-2所示。六个基本投影面的展开方法，如图6-2（a）所示。使正立投影面保持不动，其他五个基本投影面按箭头所指方向展开到与正立投影面重合于同一个平面上，如图6-2（b）所示。

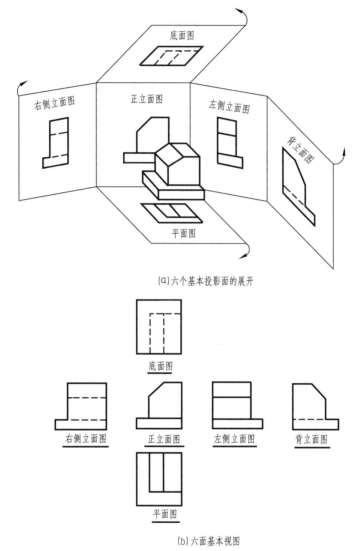

(a)六个基本投影面的展开

(b)六面基本视图

图6-2　按投影关系配置的六面基本视图

六面基本视图的投影对应关系为：

（1）六面基本视图的度量对应关系，仍保持"三等"规律，即主视图（正立面图）、后视图（背立面图）、左视图（左侧立面图）、右视图（右侧立面图）高度相等；主视图（正立面图）、后视图（背立面图）、俯视图（平面图）、仰视图（底面图）长度相等；左视图（左侧立面图）、右视图（右侧立面图）、俯视图（平面图）、仰视图（底面图）宽度相等。如图6-2（b）所示。

（2）六面基本视图的方位对应关系，除后视图（背立面图）外，其他视图在远离主视图

（正立面图）的一侧，仍表示该形体的前方部分。

　　绘图过程中，为了合理利用图纸，当在同一张图纸中绘制六面基本视图或其中的某几个基本视图时，主视图（正立面图）、俯视图（平面图）、左视图（左侧立面图）的投影对应关系保持不变，其他三面基本视图在其右侧或左侧依次排列，如图6-3所示。每个基本视图，一般均应标注图名，图名宜标注在该基本视图的下方或一侧，并在图名下绘制一条粗实线，其长度应以该图名的长度为准。

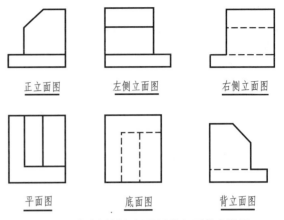

图6-3　节省图纸空间配置的六面基本视图

　　用基本视图表达建筑形体时，正立面图应尽可能反映该建筑的主要特征，其他基本视图的选用，可在保证该建筑形体表达完整、清晰的前提下，使基本视图的数量为最少，力求制图简便，如图6-4所示。

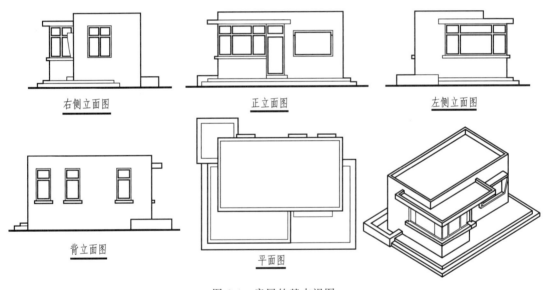

图6-4　房屋的基本视图

二、辅助视图

1. 局部视图

　　将建筑形体的某一部分向基本投影面投影所获得的视图称为局部视图。在建筑施工图中，分区绘制的建筑平面图即属于局部视图。为便于读图，国标规定分区绘制的建筑平面图应绘制组合示意图，还需标出该分区在建筑平面图中的位置，如图6-5所示，各分区示意图的分区部位及编号应一致，并与组合示意图一致。

2. 镜像视图

　　镜像视图是形体在镜面中的反射图形的正投影，该镜面应平行于相应的投影面，如图6-6（a）所示。用镜像投影法绘制的平面图应在图名后注写"镜像"二字，以便读图时

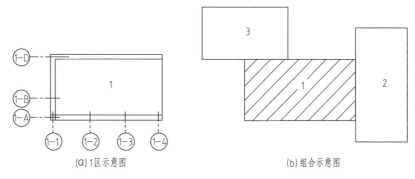

(a)1区示意图　　　　　　　(b)组合示意图

图 6-5　局部视图

识别，如图 6-6（b）所示。必要时也可画出镜像视图的识别符号，如图 6-6（c）所示。

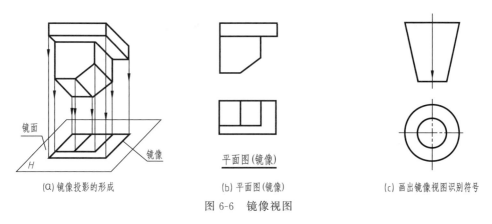

(a)镜像投影的形成　　　　(b) 平面图(镜像)　　　　(c) 画出镜像视图识别符号

图 6-6　镜像视图

　　镜像视图可用于表达某些建筑工程的构造，如梁、板、柱构造节点，如图 6-7 所示。因为楼板在上面，梁、柱在下面，直接按照正投影法绘制平面图时，梁、柱的水平投影均不可见，需用中粗虚线绘制，这样给读图和绘图均带来不便。此时，如果把 H 面换为镜面，在镜面中即可得到梁、柱的可见反射投影。镜像视图在建筑装饰工程中应用较多，如吊顶平面图，即为将地面当作一面镜子，从而获得该吊顶的镜像平面图。

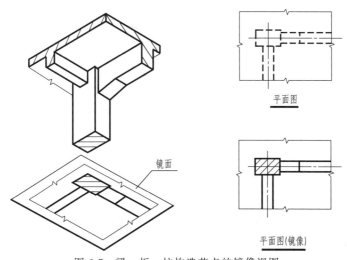

图 6-7　梁、板、柱构造节点的镜像视图

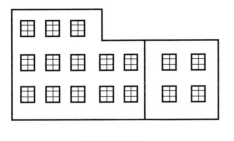

正立面图(展开)

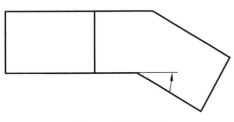

图 6-8 展开视图

3. 展开视图

有些建筑形体的造型呈折线形或曲线形，此时，该形体的某些面与投影面平行，而另外一些面则不平行。与投影面平行的面，可以画出反映其实形的投影，而倾斜或弯曲的面其投影不可能反映出实形。为了同时表达出该倾斜或弯曲面的实形，可假想将其展开至与某一个选定的投影面平行后，再使用正投影法绘制，用这种方法得到的视图称为展开视图，如图 6-8 所示。

展开视图不做任何标注，只需在其图名后注写"展开"二字即可，如图 6-8 所示。

三、第三角投影

随着国际交流的日益增多，在工程技术交流中经常遇到像英、美等国家使用第三角投影画法的技术图纸。我国制图国家标准规定，必要时（如合同规定等）允许使用第三角投影画法。

1. 第三角投影的概念

将互相垂直的三个投影面（V、H、W）无限延伸，可将空间分为八个区域，其中 V 面之前、H 面之上、W 面之左为第一分角，按逆时针方向，依次称为第二分角、……、第八分角，如图 2-10 所示。我国制图国家标准规定，我国的工程图样均采用第一角画法，即将形体放在第一分角内进行投影，称为第一角投影。如果将形体放在第三分角内进行投影，则称为第三角投影，如图 6-9 所示。

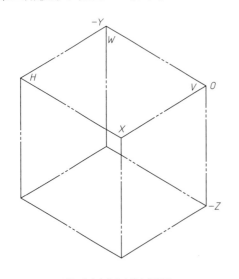

(a) 第三分角中的六个基本投影面

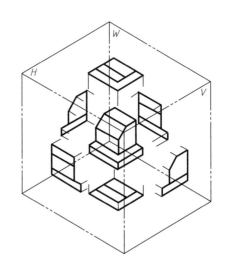

(b) 第三分角中组合形体的六面投影

图 6-9　八个分角及第三分角投影

2. 第三角投影

如图 6-10（a）所示，把形体放在第三分角向三个投影面（V、H、W）作正投影，然

后 V 面不动，将 H 面向上旋转 $90°$ 与 V 面重合，将 W 面向右旋转 $90°$ 与 V 面重合，便得到位于同一平面上且属于第三角投影的六面基本视图，如图 6-10（b）所示。

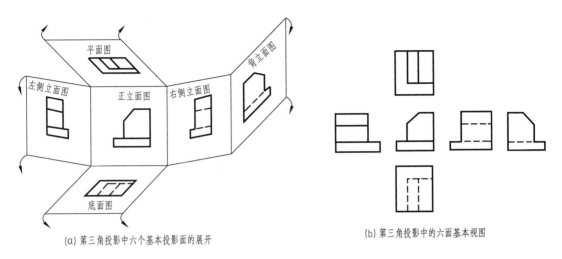

(a) 第三角投影中六个基本投影面的展开　　　　(b) 第三角投影中的六面基本视图

图 6-10　第三角投影中按投影关系配置的六面基本视图

3. 第三角投影与第一角投影比较

（1）相同点　均使用正投影法绘制，在其六面基本视图中均符合"长对正，高平齐，宽相等"的三等规律。

（2）不同点

① 观察者、形体、投影面三者的相对位置关系不同：第一角投影中的相对位置关系为"观察者—形体—投影面"，即通过观察者的视线（投射线）先通过形体的各顶点，然后与投影面相交；而第三角投影中的相对位置关系为"观察者—投影面—形体"，即通过观察者的视线（投射线）先通过投影面（投影面透明），然后到达形体的各顶点。

视图中的第一角投影、第三角投影分别用相应的符号表示，如图 6-11 所示。

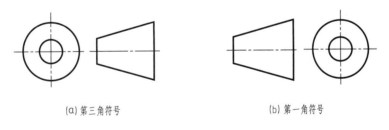

(a) 第三角符号　　　　　　　　　　　　(b) 第一角符号

图 6-11　投影符号

② 六面基本视图按其投影关系配置的相对位置不同：第一角画法的投影面展开时，正立投影面（V）不动，水平投影面（H）绕 OX 轴向下旋转 $90°$ 与 V 面重合，侧立投影面（W）绕 OZ 轴向右向后旋转 $90°$ 与 V 面重合，使其位于同一平面内，第一角画法的六面基本视图按其投影关系配置的相对位置如图 6-2 所示；而第三角画法的投影面展开时，正立投影面（V）不动，水平投影面（H）绕 OX 轴向上旋转 $90°$ 与 V 面重合，侧立投影面（W）绕 OZ 轴向右向前旋转 $90°$ 与 V 面重合，使其位于同一平面内，第三角画法的六面基本视图按其投影关系配置的相对位置如图 6-10 所示。

第三角画法与第一角画法中六面基本视图按其投影关系配置（图 6-2）的相对位置相比较，可以看出：各基本视图以正立面图为中心，平面图与底面图的位置上下对调，左侧立面图与右侧立面图的位置左右对调，这是第三角画法与第一角画法的根本区别。

第二节　建筑形体视图的尺寸标注

建筑形体的视图只能反映其形状，而各建筑形体的真实大小及其相对位置，则要通过尺寸标注来确定。建筑形体尺寸标注的基本原则是，要符合正确、完整和清晰的要求。正确，是指尺寸标注要符合制图国家标准的有关规定；完整，是指尺寸标注要齐全，不能遗漏；清晰，是指尺寸布置要整齐，不可重复，便于读图。

一、基本形体的尺寸标注

常见的基本形体有棱柱、棱锥、棱台、圆柱、圆锥、圆台、球等。基本形体的尺寸可分为定形尺寸、定位尺寸和总体尺寸三类。这些常见基本形体的定形尺寸标注，如图 6-12 所示。

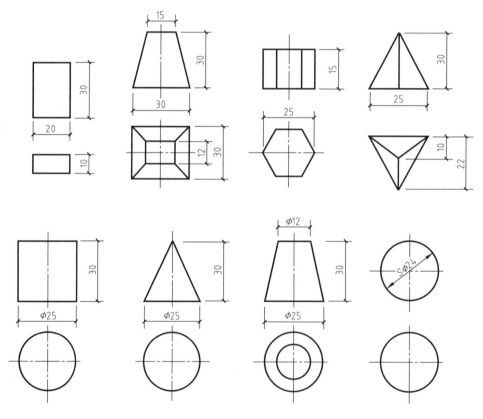

图 6-12　基本形体的定形尺寸标注

对于被切割的基本形体，除了要标注基本形体的定形尺寸外，还需标注截平面的定位尺寸，但不能标注截交线的定形尺寸，如图 6-13 所示。

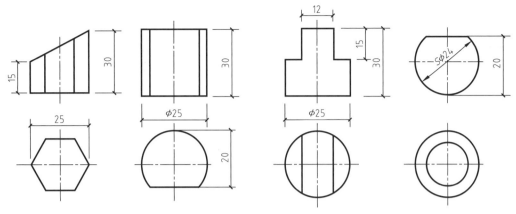

图 6-13　基本形体切割后的尺寸标注

二、建筑形体的尺寸标注方法

建筑形体的尺寸也分为定形尺寸、定位尺寸和总体尺寸三类。

1. 定形尺寸

确定组成建筑构配件的各基本形体其形状大小的尺寸，称为定形尺寸。如图 6-14（a）所示，该建筑配件（铰支承）底板部分的定形尺寸 180、110、15 和 ϕ16；如图 6-14（b）所示，其立板部分的定形尺寸 60、110、80、15 和 ϕ30；如图 6-14（c）所示，其肋板部分的定形尺寸 40、25 和 15，这些定形尺寸分别确定了组成该建筑配件（铰支承）的底板、立板和肋板的形状大小。

2. 定位尺寸

确定组成建筑构配件的各基本形体之间相对位置关系的尺寸，称为定位尺寸。标注定位尺寸的起始点，称为尺寸基准。在建筑形体的长、宽、高三个方向上标注尺寸都需要有尺寸基准。通常把建筑形体的底面、侧面、对称线、轴线、中心线等作为尺寸基准。如图 6-14（a）所示，该建筑配件（铰支承）底板部分的定位尺寸的 140 和 70，确定了该底板上四个 ϕ16 通孔的位置；如图 6-14（b）所示，其立板部分的定位尺寸 50，确定了该立板上 ϕ30 通孔的位置。

3. 总体尺寸

确定建筑形体总长、总宽和总高的尺寸，称为总体尺寸。为了能够确定建筑形体所占面积或体积的大小，一般需标注建筑形体的总体尺寸。如图 6-14（d）所示，该建筑配件（铰支承）的总体尺寸 180、110 和 95，确定其总长、总宽和总高。

如图 6-14（d）所示，为建筑配件（铰支承）的尺寸标注方法。首先利用形体分析法将其分解为三个基本形体（底板、立板和肋板），分别标注该三个基本形体的定形尺寸。再确定该建筑配件（铰支承）的尺寸基准，长度方向尺寸基准为其左右对称面；宽度方向尺寸基准为其前后对称面；高度方向尺寸基准为其底面，分别标注各基本形体的定位尺寸。然后统一考虑其整体尺寸标注，对个别尺寸进行调整，增加标注确定两立板长度方向上的定位尺寸 70，并将立板中 ϕ30 通孔高度方向的定位尺寸调整为 65，为标注总体高度（95）而减去原立板的定形尺寸 80。最后标注其总体尺寸（总长、总宽和总高）。

在建筑形体的尺寸标注中，上述三类尺寸均应符合制图国家标准规定的正确、完整和清晰的要求。

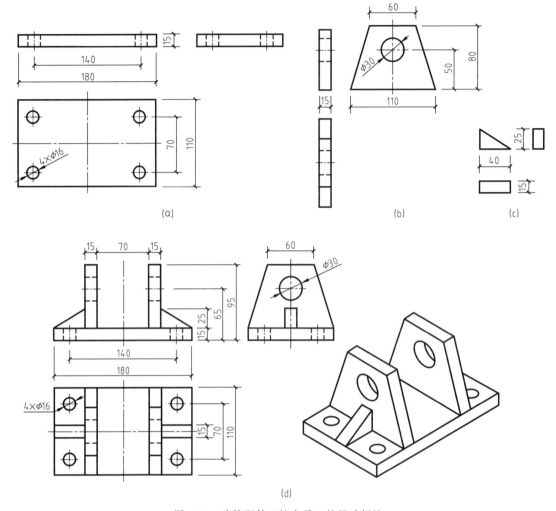

图 6-14　建筑配件（铰支承）的尺寸标注

三、尺寸标注应注意的几个问题

（1）尺寸标注应尽量做到能直接读出各部分的尺寸数值，不需临时计算。

（2）尺寸标注要明显，一般布置在视图的轮廓之外，并位于两个视图之间。通常，长度方向的尺寸应标注在正立面图与平面图之间；高度方向的尺寸应标注在正立面图与左侧立面图之间；宽度方向的尺寸应标注在平面图与左侧立面图之间。

（3）同一方向的尺寸尽量集中标注，排成几道，小尺寸在内，大尺寸在外，相互之间平行且等距，其间距为 7～10mm。

（4）某些简单的常见结构在组合形体中出现频率较高，其尺寸标注方法已经固定，对于初学者只需模仿标注即可。如图 6-15 所示，仅供参考。

四、尺寸标注的步骤

建筑形体尺寸标注的步骤如下：

（1）标注该建筑形体中每个基本形体的定形尺寸，分别画出尺寸界线、尺寸线、尺寸起

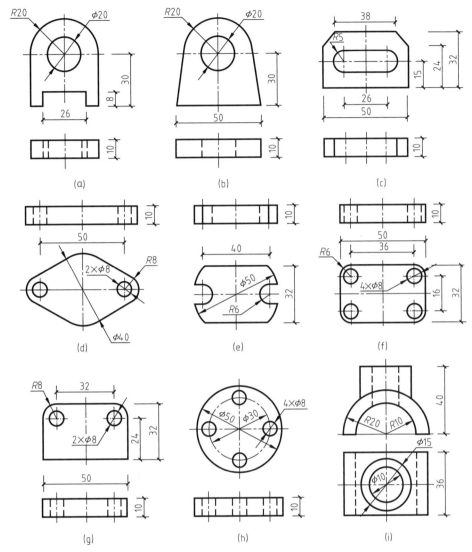

图 6-15 常见结构的尺寸标注

止符号等；

（2）选定三个方向的尺寸基准，标注每个基本形体相互间的定位尺寸；

（3）标注总体尺寸；

（4）调整个别尺寸的标注位置；

（5）注写尺寸数字；

（6）检查调整。

现举例说明建筑形体尺寸标注方法：

例 6-1　标注如图 6-16 所示肋式杯形基础的尺寸。

分析：该肋式杯形基础是由四棱柱形底板、中空四棱柱、前后肋板和左右肋板组合而成的形体。

解题步骤：

（1）标注定形尺寸　四棱柱形底板的长、宽、高分别为 3000、2000、250；中空四棱柱

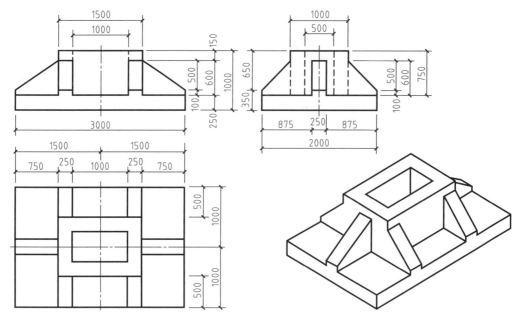

图 6-16　肋式杯形基础的尺寸标注

外形长 1500，宽 1000，高 750，孔长 1000，宽 500，高 750；前后肋板长 250、宽 500、高 600 和 100；左右肋板长 750、宽 250、高 600 和 100。

（2）标注定位尺寸　中空四棱柱在底板的上面，其中心与底板的中心对齐，前后肋板对称，左右肋板亦对称。整个基础为前后、左右对称图形，因此，在长度方向选择该基础的左右对称面为尺寸基准，在宽度方向选择其前后对称面为尺寸基准，在高度方向选择其底面为尺寸基准。

中空四棱柱沿底板长、宽、高方向的定位尺寸是 750、500、250；左右肋板的定位尺寸是沿底板宽度方向的 875，高度方向的 250，长度方向因与底板左右对齐，故不需标注。同理，前后肋板的定位尺寸是沿底板长度方向的 750，高度方向的 250。

（3）标注总体尺寸　肋式杯形基础的总长和总宽与四棱柱形底板的长、宽一致，为 3000 和 2000，不需另加标注，总高为 1000。

对于该肋式杯形基础，应标注其杯口中线的尺寸，以便于施工，如图 6-16 所示俯视图中的 1500 和 1000。

第三节　建筑形体视图的画法

以如图 6-16 所示的肋式杯形基础为例来说明其画图过程。

一、形体分析

使用形体分析法，读懂该建筑形体的内、外形状和结构。

二、选择视图

1. 确定摆放位置

在选择视图时，一般将建筑形体按正常位置（或工作位置）摆放，并使该建筑形体的主要表面平行或垂直于基本投影面。这样，不仅使获得的视图更多反映其表面实形，而且视图的形状简单，便于画图。

根据肋式杯形基础在建筑中所处的位置，应将其水平放置，使其底板的底面与 H 面重合，底板的前、后立面与 V 面平行。

2. 选择主视图（正立面图）

在三视图中，主视图的选择尤为重要，在视图选择中应重点考虑。其选择原则为：

① 一般选取最能反映该建筑形体形状、结构特征的视图作为主视图（正立面图）。

② 应使主视图（正立面图）中的虚线尽可能少一些。

③ 应合理布置图纸的幅面。

显然，选取如图 6-16 所示方向作为主视图（正立面图）的投影方向最佳，各该肋式杯形基础中基本形体及其相对位置关系在此投影方向表达最为清晰，也最能反映其形状、结构特征。

3. 确定视图数量

视图的数量，应根据建筑形体的复杂程度和习惯画法来确定，其原则为：在保证完整清晰地表达建筑形体各部分形状和位置的前提下，选取视图的数量越少越好。

确定视图数量的方法为：首先对建筑形体进行形体分析，确定其各组成部分所需要的视图数量，再减去标注尺寸后可以省去的视图数量，从而得出最终所需要的视图数量和视图名称。如图 6-16 所示的肋式杯形基础需要三个视图即可表达清楚。

三、画视图

肋式杯形基础的画图步骤如图 6-17 所示。

1. 选比例、定图幅

可以先选比例，后定图幅；也可先选图幅，后定比例。先选比例：结合确定的视图数量，估计视图、注写尺寸、图名和视图间隔所占幅面大小，由此确定图幅。先选图幅：先选定图幅大小，再根据视图数量和图面布置，预留注写尺寸、图名、视图间隔等空间，最后确定比例。无论先确定哪个参数，使得比例或图幅不合适，均可调整，重新确定。

2. 布置视图

先画出图幅线、图框线和标题栏线框，明确图纸上可以画图的幅面大小，然后大致安排三个视图的位置，并注意视图与视图之间要留有适当间隔空间，以标注尺寸和书写图名，如图 6-17（a）所示。

3. 画视图底稿

依据形体分析的结果，按照先主后次、先大后小的顺序依次画图，首先确定长、宽、高三个方向的尺寸基准，如图 6-17（a）所示；画底板及中间四棱柱，如图 6-17（b）所示；画肋板，如图 6-17（c）所示；画四棱柱中孔，如图 6-17（d）所示，最后完成全图。画每一个基本形体时，先画其最具有特征的投影，然后画另外两个投影。

应特别注意，形体分析只是一种假想的分析方法，实际上，建筑物或构配件均为不可分割的整体，因此建筑形体中若各基本形体的某些表面共面时，该基本形状之间没有分界线。

4. 加深图线

利用形体分析法逐个检查各个基本形体的投影及其相对位置是否正确，复核有无错漏和多余的图线，最后按规定的线型、线宽加深图线。

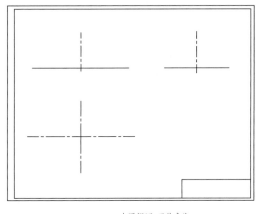

(a) 布置视图、画基准线

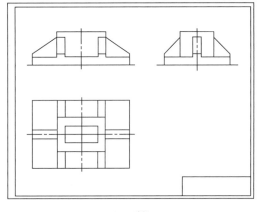

(b) 画底板及中间四棱柱

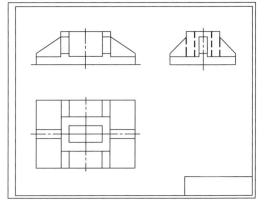

(c) 画肋板

(d) 画四棱柱中孔，检查完底稿全图

图 6-17　肋式杯形基础三视图的画图步骤

5. 标注尺寸

标注尺寸的方法和步骤见例 6-1。

6. 填写标题栏

填写标题栏，完成全图。所有视图应做到投影正确，尺寸标注齐全，布置合理，符合国标规定。

第四节　剖　面　图

建筑形体的视图中，不可见的轮廓线需要用虚线表达。对于内形复杂的建筑形体必然造成虚实线交错，混淆不清的情况。长期的生产实践证明，解决该问题的最好方法，就是假想将建筑形体剖开，让其内部显露出来，使该建筑形体内部不可见的部分转变成可见的部分，即可使用粗实线来表达该建筑形体内部轮廓线的投影。

一、剖面图的形成

假想用一个（几个）剖切平面（曲面）沿建筑形体的某一部分切开，移走该剖切面与观察者之间的部分，将剩余部分向投影面投影，所得到的视图叫剖面图，简称剖面。剖切面与建筑形体接触的部分，称为截面或断面，截面或断面的投影称为截面图或断面图。

如图 6-18 所示，为一钢筋混凝土基础的三视图，由于其内部有安装柱子用的杯口，所以其主视图和左视图中均有虚线，视图表达不够清晰，如图 6-18（a）所示。现假想用一个剖切平面 P（正平面）把该基础假想剖开，移走该剖切平面与观察者之间的这部分基础，将剩余部分的基础重新向投影面（V 面）进行投影，所得的投影图即为剖面图，简称剖面，如图 6-18（b）所示。在该剖面图上，原来内部不可见的轮廓线（虚线）转变成了可见的轮廓线，改用粗实线表达；而原来外部有一部分可见轮廓线（粗实线）的位置则转变成不可见的虚线，此时该处不可见的虚线省略不画，如图 6-18（c）所示。

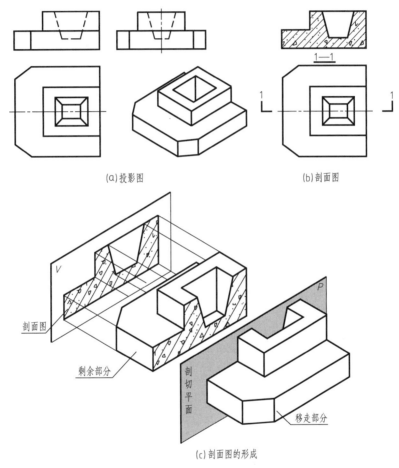

(a)投影图　　　　　　　　　　(b)剖面图

(c)剖面图的形成

图 6-18　钢筋混凝土基础剖面图的形成

二、剖面图的标注

剖面图的内容与剖切平面的剖切位置和投影方向有关，因此在视图中必须用剖切符号表明剖切位置和投影方向。为便于读图，还应对每个剖切符号进行编号，并在其对应的剖面图下方标注相应的图名。具体标注方法如下：

（1）剖切平面的剖切位置在视图中用剖切位置线表示。剖切位置线用两段粗实线绘制，其长度为 6～10mm。在视图中不得与其他图线相交，如图 6-18（b）所示，俯视图左右的粗实线即为剖切位置线。

（2）投影方向在视图中用剖视方向线表示。剖视方向线应垂直画在剖切位置线的两端，其长度短于剖切位置线，为 4～6mm，也用粗实线绘制，如图 6-18（b）所示。

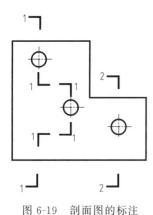

（3）剖切符号的编号，要用阿拉伯数字按顺序由左至右、由下至上连续编号，并写在剖视方向线的端部，编号数字一律水平书写，如图 6-18（b）所示的"1"。

（4）剖面图的图名要用与剖切符号相同的编号命名，图名书写在该剖面图的正下方，图名下方再加画一条粗实线，如图 6-18（b）中的"1—1"。

当剖切平面通过建筑形体的对称平面，而且该剖面图又符合投影关系配置，且中间没有其他图形相隔，上述标注可完全省略，例如图 6-18（b）所示，所有标注均可省略。

剖切位置、投影方向和数字编号的组合标注方法如图 6-19 所示。

图 6-19　剖面图的标注

三、剖面图的画法

1. 确定剖切位置

剖切的位置和方向应根据需要来确定。如图 6-18 所示，钢筋混凝土基础其主视图中有表示内部形状的虚线，若把主视图（正立面图）改画为剖面图，剖切平面应平行于正立投影面（V 面）且通过其前、后对称面进行剖切。

2. 画剖面图

剖切位置确定后，即可假想将形体剖开，画出其剖面图。该剖切平面剖切到的部分应画图例线，通常用 45°细实线表示。各种建筑图例见《房屋建筑制图统一标准》（GB/T 50001—2017）。

由于剖切是假想的，故其他方向的视图或剖面图仍需完整绘制。

应当注意：画剖面图时，除了应画出建筑形体被剖切平面剖切到的建筑图形外，还需画出被保留的后半部分建筑形体的投影，如图 6-18（b）所示的 1—1 剖面图。

四、剖面图中应注意的几个问题

（1）绘制剖面图的过程是假想用剖切平面将形体剖切开，因此其他视图应按完整建筑形体绘制，而不应只画出被剖切后剩余的形体部分，如图 6-20（a）所示为错误画法，（b）为正确画法。

（2）明确剖切平面的位置。剖切平面一般应通过建筑形体的主要对称面或轴线，并要平行或垂直于某一投影面，如图 6-21 所示 1—1 剖切平面通过前后对称面，平行于正立投影面。

（3）当沿着肋板或薄壁纵向剖切时，被剖切部分的断面图不画剖面线，只用粗实线将其和相邻结构分开。

（4）当在剖面图或其他视图上已表达清楚，而在剖面图中此部分用虚线表达时，该部分虚线一律省略不画，如图 6-21（b）所示，1—1 剖面图中的虚线省略不画。但省略虚线后将影响该部分形体的清晰表达时，需在剖面图中画

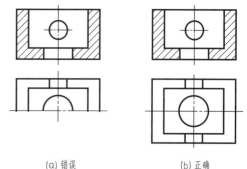

(a) 错误　　　　　　(b) 正确

图 6-20　其他视图画法

出适量的虚线。

五、剖面图的种类

1. 全剖面图

（1）定义 用剖切平面完全剖开建筑形体所得到的剖面图称为全剖面图，简称全剖面，如图 6-21 所示。

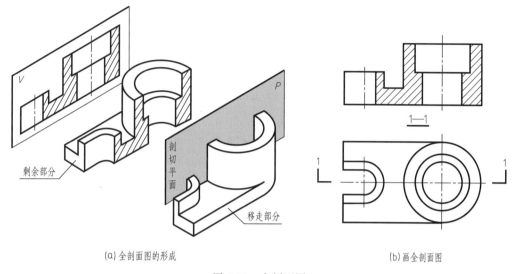

（a）全剖面图的形成　　　　　　　　　　　　（b）画全剖面图

图 6-21　全剖面图

（2）适用范围 全剖面图适用于建筑形体的外形较简单，内部结构较复杂，其对应视图为非对称图形的情况。外形简单的回转建筑形体，为了便于标注尺寸也常采用全剖面图。

（3）剖面图的标注 如图 6-21（b）所示。对于采用单一剖切平面且通过建筑形体的对称面剖切，剖面图按投影关系配置时，可以省略标注。如图 6-21（b）所示，1—1 全剖面图的标注可以省略。

2. 半剖面图

（1）定义 当建筑形体为对称形体时，必有视图为对称图形，该视图以对称中心线（细单点长画线）为界，一半画成剖面图，一半画成视图，这种剖面图称为半剖面图，简称半剖面，如图 6-22 所示。

画半剖面图时，当视图与剖面图左、右配置时，规定把剖面图画在对称中心线（细单点长画线）的右侧。当视图与剖面图上、下配置时，规定把剖面图画在对称中心线（细单点长画线）的下方。

注意：不能在对称中心线（细单点长画线）的位置画粗实线。

（2）适用范围 半剖面图的特点是用一半剖面图和一半视图来组合表达建筑形体的内部结构和外部形状，因此当建筑形体的内、外形状均需表达，且该视图为对称图形时，常选用半剖面图，如图 6-22（b）所示的左视图。

（3）标注 如图 6-22（b）所示，2—2 半剖面图中，剖切平面通过空心圆柱的前、后对称面剖切，且按投影关系配置，故 2—2 半剖面图的标注可以省略。

3. 局部剖面图

（1）定义 用剖切平面剖开建筑形体的局部所获得的剖面图称为局部剖面图，简称局部

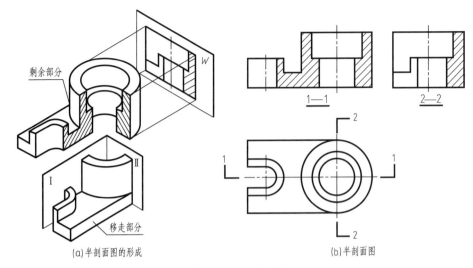

(a)半剖面图的形成   (b)半剖面图

图 6-22   半剖面图

剖面。

　　如图 6-23、图 6-24 所示建筑结构，若选用全剖面图不能清晰表达地面各层结构特点，且画图不便，这种情况宜选用局部剖面图。局部剖切图中，剖切后断裂的边界用细波浪线绘制。

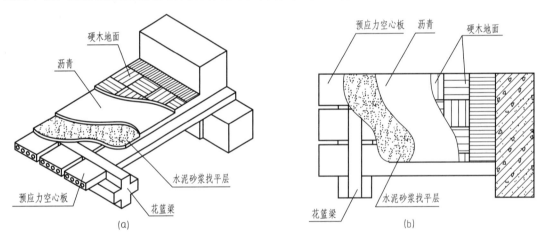

图 6-23   地面的分层局部剖面图

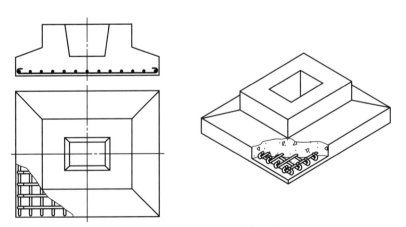

图 6-24   杯形基础局部剖面图

（2）适用范围　局部剖面图是一种比较灵活的表达方法，适用范围较广，剖切位置以及剖切范围，需要根据具体情况而定。

（3）标注　局部剖面图中剖切位置比较明显，故可省略标注。

4. 阶梯剖面图

（1）定义　用几个相互平行的剖切平面分别通过建筑形体内部孔洞的对称中心线将其全部剖切开所得到的剖面图称为阶梯剖面图，简称阶梯剖面，如图 6-25 所示。

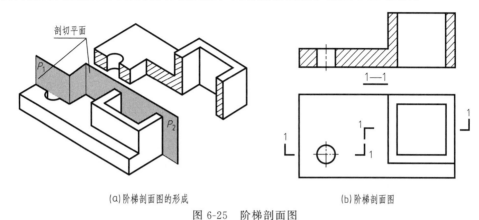

(a)阶梯剖面图的形成　　　　(b)阶梯剖面图

图 6-25　阶梯剖面图

注意：剖切平面的转折处不应与视图上轮廓线重合，在阶梯剖面图中，不应在两个剖切平面转折处画其粗实线的投影，如图 6-25（b）所示的 1—1 阶梯剖面图。

（2）适用范围　当形体上的孔、槽、空腔等内部结构不在同一平面内，应选用阶梯剖面图。

（3）标注　阶梯剖面图应标注剖切位置线、剖视方向线和数字编号，并在其下方用相同数字标注该阶梯剖面图的图名，如图 6-25（b）所示。

5. 旋转剖面图

（1）定义　用相交的两个（多个）剖切平面剖切建筑形体所得到的剖面图称为旋转剖面图，简称旋转剖面，如图 6-26 所示。

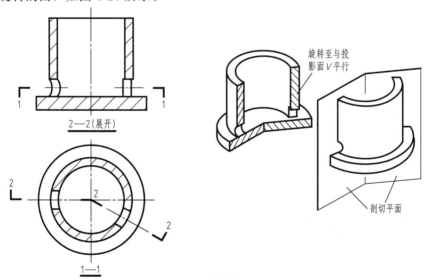

图 6-26　旋转剖面图

（2）适用范围　当建筑形体内部结构的对称面为两个（多个）相交平面时，即可选用旋转剖面图。与投影面平行的剖切平面不动，其他剖切面以交线为轴旋转到与其重合，再向投影面投影，如图 6-26 所示。

（3）标注　旋转剖面图应标注剖切位置线、剖视方向线和数字编号，并在其下方用相同数字标注该旋转剖面图的图名。如图 6-26 所示，主视图即为旋转剖面图，其图名为"2—2（展开）"。

（4）注意　画旋转剖面图时应注意，被剖切后的可见部分仍按原有位置投影，如图 6-26 所示，右侧小孔仍按其原有位置投影。在旋转剖面图中，虽然两个（多个）剖切平面在转折处相交，但规定不能画出其交线的投影。

六、剖面图的尺寸标注

剖面图中的尺寸标注方法与建筑形体视图的尺寸标注方法基本相同，均应遵循制图国家标准中的有关规定。对于半剖面图，因其图形不完整而必然造成其尺寸不完整，在其尺寸完整的一侧，尺寸线、尺寸界线的标注方法依旧，尺寸数字仍按整体全尺寸注写，其注写位置应与对称中心线（细单点长画线）对齐，且将尺寸线画过尺寸数字。如图 6-28（b）所示，1—1 半剖面图中的尺寸 70、30、60、120。

剖面图中画剖面线的断面区域，如需标注尺寸数字，应将相应的剖面线断开，使其避免穿过尺寸数字。

七、剖面图作图示例

例 6-2　如图 6-27 所示，将视图改画成适当剖面图，并重新标注尺寸。

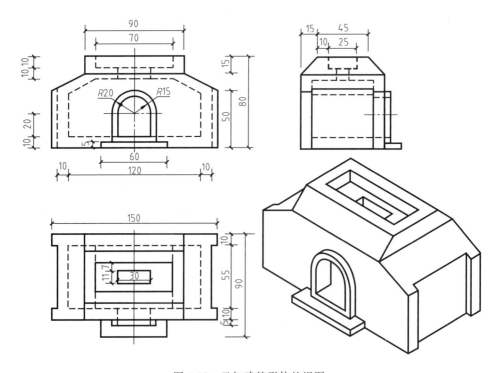

图 6-27　已知建筑形体的视图

分析：此建筑形体为一空腔结构，且左右对称，故其主视图宜改画为半剖面图，俯视图宜改画为半剖面图，该建筑形体前后不对称，故其左视图宜改画为全剖面图。

作图步骤：

（1）对该建筑形体进行形体分析，想象其外部形状和内部结构。

（2）确定各剖切平面的位置。1—1半剖面图的剖切平面平行于V面，通过上部通孔的前、后对称面切割；2—2半剖面图的剖切平面平行于H面，通过水平半圆柱通孔的水平轴线切割；3—3全剖面图的剖切平面平行于W面，通过该建筑形体的左、右对称面切割。

（3）仔细分析该建筑形体被剖切后的内、外结构。明确断面的位置和形状，以及被剖切后剩余部分建筑形体的形状和结构，投影后获得相应的剖面图。被剖到的断面区域画图例线，注意补齐剩余部分建筑形体可见轮廓线的投影。

（4）先画整体，后画局部；先画外形轮廓，再画内部结构，如图6-28（a）所示。

（5）检查、加深可见轮廓线，标注尺寸，完成作图，如图6-28（b）所示。

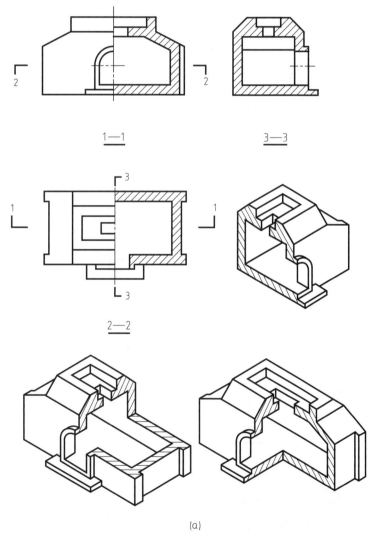

（a）

图 6-28

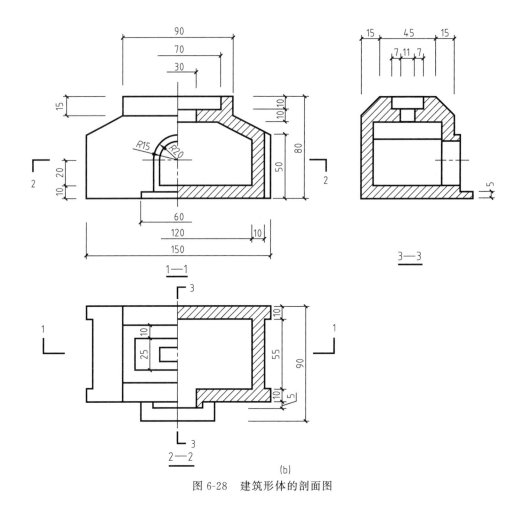

图 6-28　建筑形体的剖面图

第五节　断　面　图

一、断面图的形成

假想用剖切平面剖切建筑形体，只画出被剖到的断面区域的图形称为断面图，简称断面。如图 6-29 所示。

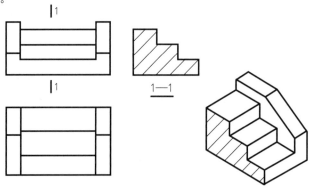

图 6-29　建筑形体的断面图

断面图主要用于表达建筑形体某一部位的断面形状。把断面图结合基本视图来表达建筑形体时，可使绘图大为简化。

二、断面图的标注

只有画在视图之外的断面图才需要标注，如图 6-29 所示。断面图使用剖切符号来表达剖切位置和剖视方向。其剖切位置的表达同剖面图，用长度为 6～10mm 的粗实线画出剖切位置线。断面图的剖视方向用编号数字的注写位置表示投影方向，例如编号数字写在剖切位置线右侧，表示投影方向向右，如图 6-29 所示。编号数字写在剖切位置线的下方，表示投影方向向下，如图 6-30（d）所示。断面图的编号数字、材料图例、图线线型均与剖面图相同，注写图名时只写编号数字即可，不再写"断面图"三个字。

三、剖面图与断面图的区别

如图 6-30 所示，以牛腿工字柱为例来说明剖面图与断面图的区别。

（1）性质上　剖面图是剖切后剩余部分建筑形体的投影，是体的投影。而断面图只是剖切后断面区域的投影，是面的投影。剖面图中包含断面图，而断面图只是剖面图中的一部分，如图 6-30（c）、（d）所示。

（2）画法上　剖面图是画出断面投影以及该断面以后剩余建筑形体的所有可见轮廓线投影，而断面图只画出断面区域的投影。

（3）标注上　剖面图既要标注剖切位置线又要标注剖视方向线，而断面图只需标注剖切位置线即可，其投影方向用编号数字的注写位置来表示。

（4）剖切形式上　剖面图的剖切平面可以发生转折，而断面图每次只能用一个剖切平面剖切，不允许转折。

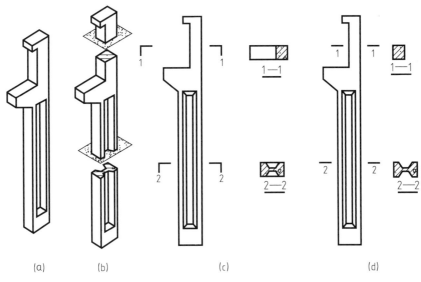

（a）　　　　（b）　　　　（c）　　　　（d）

图 6-30　剖面图与断面图的区别

四、断面图的种类和画法

绘制断面图时，根据其配置位置的不同，将断面图分为三种类型。

1. 移出断面图

布置在视图轮廓线外的断面图形称为移出断面图，移出断面图的轮廓线用粗实线绘制，并配置在剖切位置线的延长线上或其他适当位置，如图 6-30（d）所示。

2. 重合断面图

将断面翻转 90°画在视图轮廓线内的断面图形称为重合断面图，重合断面的轮廓线用细实线绘制。当视图中的图线与重合断面的图线重叠时，视图中的图线仍应连续画出，不可中断，如图 6-31 所示，为墙面装饰的重合断面图。

如图 6-32 所示，为现浇钢筋混凝土楼板的重合断面图。因楼板部分图形较窄，不易画出材料图例，故涂黑表示。

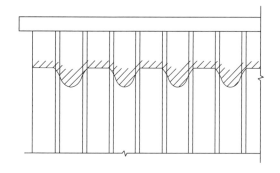

图 6-31　墙面装饰的重合断面图

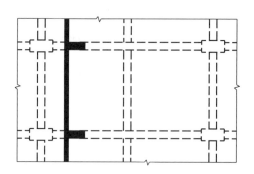

图 6-32　现浇钢筋混凝土楼板的重合断面图

3. 中断断面图

当建筑形体较长且沿长度方向其断面图形状相同或按一定规律变化时，可以将该断面图画在视图中间断开处，这种断面图称为中断断面图，如图 6-33 所示，中断断面图的轮廓线用粗实线绘制。

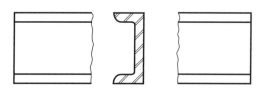

图 6-33　中断断面图

五、断面图作图示例

如图 6-34（a）所示，为一钢筋混凝土空腹鱼腹式吊车梁。该梁通过完整的正立面图、平面图和六个移出断面图，清楚地表达了该梁的形状和结构，如图 6-34（b）所示。

(a)

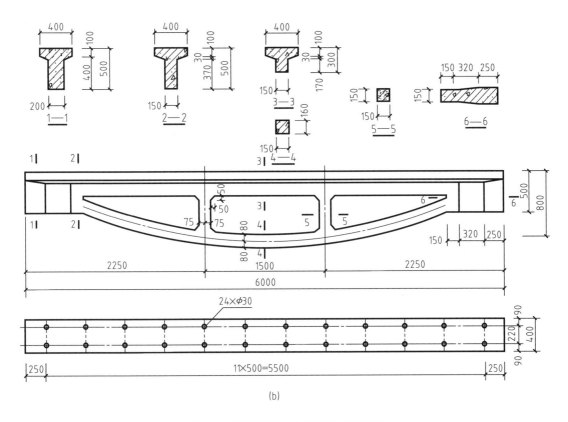

图 6-34　钢筋混凝土空腹鱼腹式吊车梁

第六节　轴测剖面图

假想用剖切平面将建筑形体的轴测图剖开，绘制被剖切后剩余部分建筑形体的轴测图，称为轴测剖面图。轴测剖面图既能直观地表达建筑形体的外部形状又能清晰表达其内部构造。

轴测剖面图的规定画法：

（1）为了使轴测剖面图能同时表达建筑形体的内、外形状，一般采用互相垂直的两个剖切平面剖切掉该建筑形体左前方的 1/4，应选取通过建筑形体的主要轴线或其对称面的投影面平行面作为剖切平面，如图 6-35 所示。

（2）在轴测剖面图中，其断面的图例线不再绘制 45°方向斜线，而与其轴测轴的倾角有

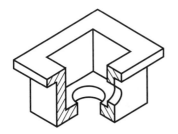

图 6-35　正等轴测剖面图中剖切平面位置

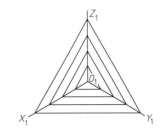

图 6-36　正等轴测剖面图中剖面线画法

关，其方向应按如图 6-36 所示方法绘制。在各轴测轴上，任取一单位长度并乘以该轴的轴向变形系数后确定定位点，然后连线，即为该坐标面内轴测剖面图剖面线的倾斜方向。

（3）当沿着肋板或薄壁纵向剖切时，其轴测剖面图和剖面图同样不画剖面线，只用粗实线将其和相邻结构分开即可。如图 6-37 所示，（a）为肋板在轴测剖面图中的画法，（b）为肋板在剖面图中的画法。

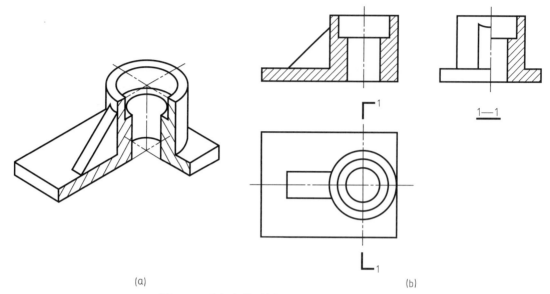

（a）   （b）

图 6-37　肋板在轴测剖面图、剖面图中的画法

例 6-3　如图 6-38 所示，已知钢筋混凝土楼板的三视图，绘制其正等轴测剖面图。

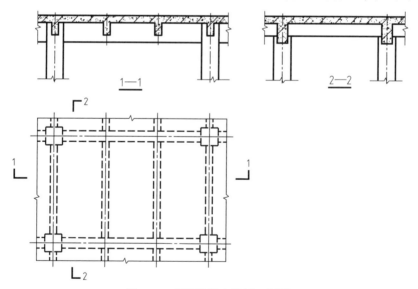

图 6-38　钢筋混凝土楼板三视图

分析：本例钢筋混凝土楼板由楼板、柱子、主梁、次梁组成，其平面图中虚线较多，绘制其正等轴测剖面图应选择从下向上的投影方向。因此，应绘制其仰视正等轴测剖面图。

作图步骤：

（1）画楼板，如图 6-39（a）所示。

（2）画柱子，先确定柱子在楼板底面上的位置如图 6-39（b）所示，再画出完整的柱子如图 6-39（c）所示。

（3）画主梁，先确定主梁在楼板底面上的位置如图 6-39（d）所示，再画出完整的主梁如图 6-39（e）所示。注意确定主梁与楼板、主梁与柱子交线的投影。

（4）画次梁，先确定次梁在楼板底面上的位置如图 6-39（f）所示，再画出完整的次梁如图 6-39（g）所示。注意确定次梁与楼板、次梁与柱子、次梁与主梁交线的投影。

（5）被剖到的断面区域应画图例线。注意图例线的倾斜方向，图例线为细实线，如图 6-39（h）所示。

（6）检查、加深可见轮廓线，完成作图，如图 6-39（h）所示。

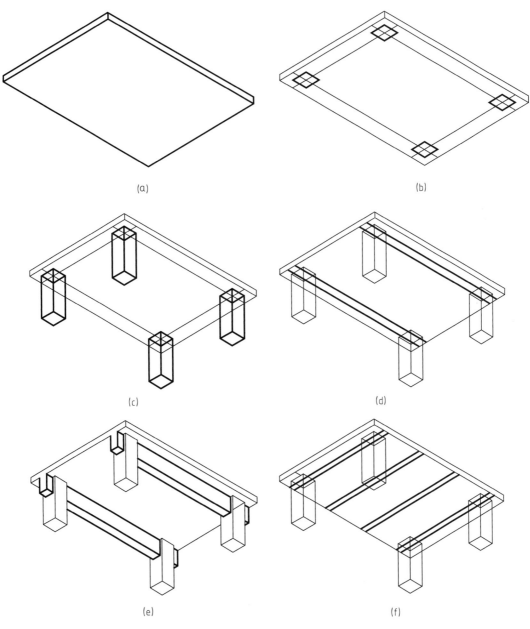

图 6-39

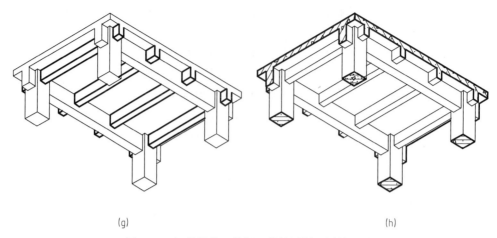

(g)   (h)

图 6-39　钢筋混凝土楼板正等轴测剖面图的画法

第七章 建筑施工图

第一节 建筑施工图的组成及内容

一、房屋的组成及作用

房屋建筑根据使用功能和使用对象的不同分为很多种类，一般可归纳为民用建筑和工业建筑两大类。各种建筑物，虽然使用要求、空间组合、外形、规模等各不相同，但其组成部分大致相同。如图7-1所示，自下而上第一层称为底层或首层，最上一层称为顶层。首层和顶层之间的若干层可依次称为二层、三层、……或标准层，也可称为中间层。房屋是由许多构件、配件和装修构造组成的，从图7-1可知它们的名称和位置，一般包括基础、墙（或柱）、楼（地）面、楼梯、屋顶、门窗等六部分。此外，还有台阶（坡道）、雨篷、阳台、栏杆、明沟（散水）、水管以及粉刷、装饰等。

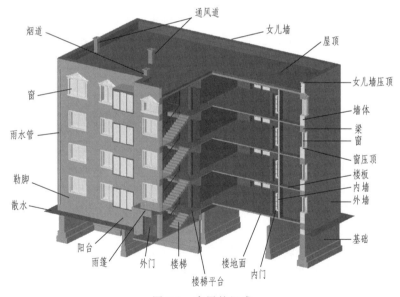

图 7-1 房屋的组成

基础是房屋最下部的承重构件，它承受着房屋的全部荷载，并将这些荷载传给地基。

基础上面是墙，包括外墙和内墙，它们共同承受着由屋顶和楼面传来的荷载，并传给基础。同时，外墙还起着保护作用，抵御自然界各种因素对室内的侵袭，而内墙具有分隔空间作用，将室内分隔成各种用途的房间。外墙与室外地面接近的部位称为勒脚，为保护墙身不受雨水浸蚀，常在勒脚处将墙体加厚并外抹水泥砂浆。

楼（地）面是房屋建筑中水平方向的承重构件，除承受家具、设备和人体荷载及其本身重量外，它还对墙身起水平支撑作用。

楼梯是房屋的垂直交通设施，供人们上下楼层、运输货物或紧急疏散之用。

屋顶是房屋最上层起覆盖作用的外围护构件，可以抵抗雨雪、避免日晒等自然因素的影响。屋顶由屋面层和结构层组成。

窗的作用是采光、通风与围护。楼梯、走廊、门和台阶在房屋中起着沟通内外、上下交通的作用。此外，还有挑檐、雨水管、散水、通风道、排水和排烟设施等。

二、施工图的分类

施工图一般按工种分类，根据施工图内容和作用的不同分为建筑施工图、结构施工图和设备施工图。

1. 建筑施工图

建筑施工图简称建施，主要表达建筑物的规划位置，内部布置情况，外部形状，内外装修、构造、施工要求等。建筑施工图主要包括图纸目录、设计总说明、总平面图、平面图、立面图、剖面图和详图等。

2. 结构施工图

结构施工图简称结施，是根据建筑设计的要求，主要表达建筑物中承重结构的布置、构件类型、材料组成、构造做法等。结构施工图主要包括结构设计说明、基础施工图、结构平面布置图、各种构件详图等。

3. 设备施工图

设备施工图简称设施，主要表达建筑物的给水排水、采暖、通风、电气照明等设备的布置和施工要求等。设备施工图主要包括各种设备的平面图、系统图和详图。

三、建筑施工图的有关规定

（一）定位轴线

1. 含义和作用

为了建筑工业化，在建筑平面图中，常采用轴线网格划分平面，使房屋的平面构件和配件趋于统一，这些轴线叫定位轴线。定位轴线是确定房屋主要承重构件（墙、柱、梁）位置及标注尺寸的基线。因此，在施工中凡承重墙、梁、柱、屋架等主要承重构件的位置处均应画定位轴线，并进行编号，以作为设计与施工放线的依据。

2. 画法和编号

（1）定位轴线应用细单点长画线绘制。轴线编号注写在轴线一端的细实线圆内，圆的直径为 8~10mm，定位轴线的圆心应在定位轴线的延长线上或延长线的折线上。

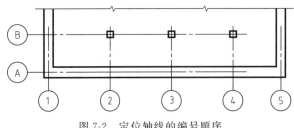

图 7-2 定位轴线的编号顺序

（2）"国标"规定：水平方向的轴线从左至右用阿拉伯数字依次连续编为①、②、③、…；竖直方向自下而上用大写拉丁字母依次连续编为Ⓐ、Ⓑ、Ⓒ、…并除去 I、O、Z 三个字母，以免与阿拉伯数字中的 0、1、2 三个数字混淆，如图 7-2 所示。

如果字母数量不够使用，可增用双字母或单字母加数字注脚，如AA、BB、CC、…、WW 或 A1、B1、C1、…、W1。

（3）如建筑平面形状较特殊，也可采用分区编号的形式来标注轴线，其方式为"分区号-该区轴线号"，如图7-3所示。

（4）一个详图适用于几根轴线时，应同时注明各有关轴线的编号，如图7-4所示。

（5）如平面为折线形，定位轴线的编号可用分区标注，亦可以从左至右依次标注，如图7-5所示。

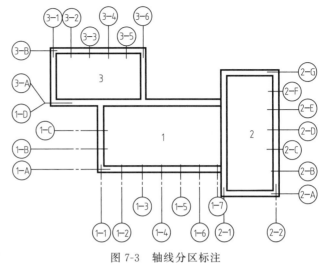

图 7-3　轴线分区标注

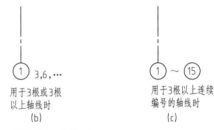

图 7-4　详图的轴线编号

（6）如为圆形平面，定位轴线则应以圆心为准成放射状依次标注，并以距圆心距离决定其另一方向轴线位置及编号，如图7-6所示。

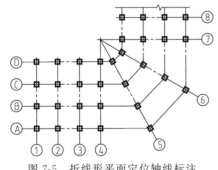

图 7-5　折线形平面定位轴线标注

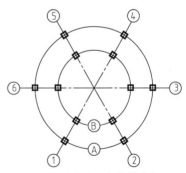

图 7-6　圆形平面定位轴线标注

（7）一般承重墙柱及外墙等编为主轴线，非承重墙、隔墙等编为附加轴线（又叫分轴线）。附加轴线的编号应以分数表示，并按以下规定编写，如图7-7所示。

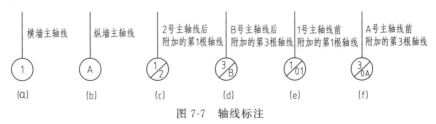

图 7-7　轴线标注

① 两根轴线之间的附加轴线，应以分母表示前一根轴线的编号，分子表示附加轴线的编号，该编号宜用阿拉伯数字顺序编写，如：

$\dfrac{1}{2}$ 表示 2 号轴线后附加的第一根轴线；

$\dfrac{2}{C}$ 表示 C 号轴线后附加的第二根轴线。

② 1 号轴线或 A 号轴线之前的附加轴线分母应以 01、0A 表示，如：

$\dfrac{1}{01}$ 表示 1 号轴线前附加的第一根轴线；

$\dfrac{2}{0A}$ 表示 A 号轴线前附加的第二根轴线。

（8）通用详图的定位轴线，只画轴线圆，不注写轴线编号，如图 7-8 所示。

（二）标高

建筑物的某一部位与确定的水准基点的距离，称为该部位的标高。标高有绝对标高和相对标高两种。

图 7-8　通用详图轴线

1. 绝对标高（又称海拔高度）

以我国青岛附近黄海的平均海平面为零点，全国各地的标高均以此为基准。

2. 相对标高

以建筑物首层室内主要房间的地面为零点，建筑物某处的标高均以此为基准。每个个体建筑物都有本身的相对标高。

3. 表示方法

标高符号常用高度约为 3mm 的等腰直角三角形表示，如图 7-9（a）所示。其中室外整平标高采用全部涂黑的 45°等腰三角形"▼"表示，大小形状同标高符号。标高单位为"米（m）"，标到小数点后三位，如图 7-9（b）所示。在总平面图中，可以注写到小数点后两位。

图 7-9　标高符号的表示方法

标高符号的尖端应指至被注高度的位置。尖端一般应向下，也可向上。标高数字应注写在标高符号的上侧或下侧，如图 7-10 所示。

标高有零和正负之分，零点标高应注写成±0.000，正数标高可不注"＋"，负数标高应注"－"，例如 3.000、－0.600 等。

在图样的同一位置需表示几个不同的标高时，标高数字可按图 7-11 所示的形式注写。

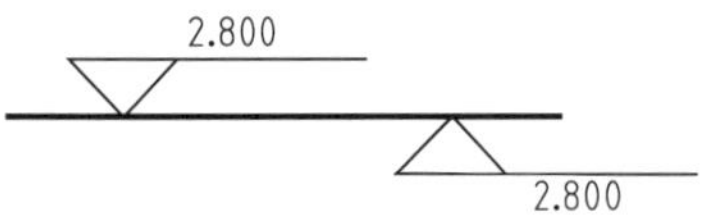

图 7-10　标高的指向 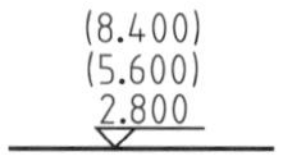　　　　　　　　图 7-11　同一位置注写多个标高数字

（三）详图索引标志和详图标志

为了便于看图，常采用详图索引标志和详图标志。详图标志（又称详图符号）画在详图

的下方；详图索引标志（又称索引符号）表示建筑平、立、剖面图中某个部位需另画详图表示，故详图索引标志是标注在需要画出详图的位置附近，并用引出线引出。

1. 详图索引标志

如图 7-12（a）所示为详图索引标志。其水平直径线及符号圆圈均以细实线绘制，圆的直径为 8～10mm，水平直径线将圆分为上下两半，上方注写出详图编号，下方注写出详图所在图纸编号，如图 7-12（b）所示。如详图绘在本张图纸上，则仅用细实线在索引标志的下半圆内画一段水平细实线即可，如图 7-12（c）所示；如索引的详图采用标准图，应在索引标志水平直径延长线上加注标准图集的编号，如图 7-12（d）所示。

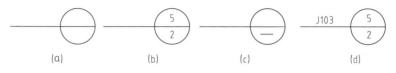

图 7-12　详图索引标志

如图 7-13 所示为用于索引剖面详图的索引标志。应在被剖切的部位绘制剖切位置线，并以引出线引出索引标志。引出线所在的一侧应视为剖视方向。

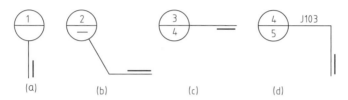

图 7-13　用于索引剖面详图的索引标志

2. 详图标志

详图的位置和编号，应用详图标志表示。详图标志应以粗实线绘制，直径为 14mm，如图 7-14（a）所示。详图与被索引的图样同在一张图纸内时，应在详图标志内用阿拉伯数字注明详图的编号。详图与被索引的图样，如不在同一张图纸内时，也可以用细实线在详图标志内画一水平直径，上半圆中注明详图编号，下半圆内注明被索引图的图纸编号如图 7-14（b）所示 。

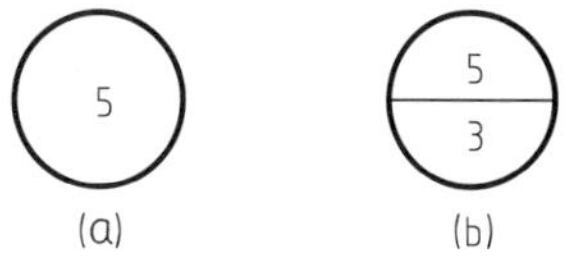

图 7-14　详图标志

（四）其他符号

1. 指北针和风向频率玫瑰图

（1）指北针是用于表示建筑物的方向的。指北针应按"国标"规定绘制，如图 7-15 所示，其圆用细实线，直径为 24mm；指针尾部宽度为 3mm，指针头部应注"北"或"N"字。如需用较大直径绘制指北针时，指针尾部宽度宜为直径的 1/8。

（2）风向频率玫瑰图简称风玫瑰图，是总平面图上用来表示该地区常年风向频率的标志。风向频率玫瑰图在 8 个或 16 个方位线上用端点与中心的距离，代表当地这一风向在一年中发生次数的多少，粗实线范围表示全年风向，细虚线范围表示夏季风向。风向由各方位吹向中心，风向线最长者为主导风向，如图 7-16 所示。

2. 引出线

（1）引出线应以细实线绘制，宜采用水平方向的直线，与水平方向成 30°、45°、60°、

90°的直线，或经上述角度再折为水平线。文字说明宜注写在水平线的上方，如图 7-17（a）所示；也可注写在水平线的端部，如图 7-17（b）所示；索引详图的引出线，宜与水平直径线相连接，如图 7-17（c）所示。

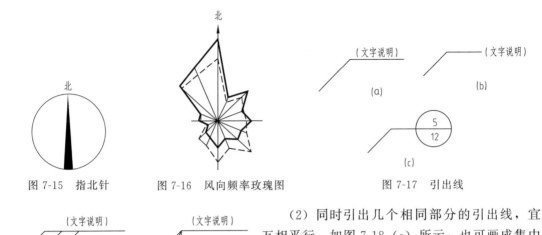

图 7-15　指北针　　　　图 7-16　风向频率玫瑰图　　　　图 7-17　引出线

图 7-18　共用引出线

（2）同时引出几个相同部分的引出线，宜互相平行，如图 7-18（a）所示；也可画成集中于一点的放射线，如图 7-18（b）所示。

（3）多层次构造用分层说明的方法标注其构造做法。多层次构造的共用引出线，应通过被引出的各层。文字说明宜用 5 号或 7 号字注写在横线的上方或横线的端部，说明的顺序由上至下，并应与被说明的层次相互一致。如层次为横向排列，则由上至下的说明顺序应与由左至右的层次相互一致，如图 7-19 所示。

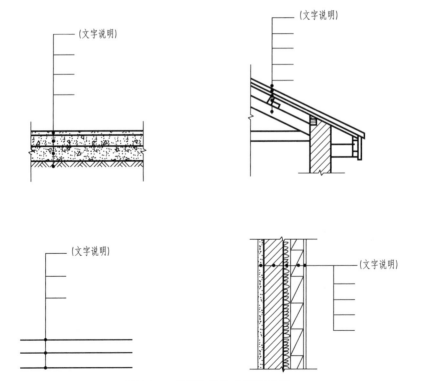

图 7-19　多层次构造共用引出线

第二节 图纸目录和设计说明

一、图纸目录

当拿到一套图纸后，首先要查看图纸的目录。图纸的目录可以帮助读图者了解图纸的张数、图纸专业类别以及每张图纸要表达的内容，可以让读图者快速地找到所需要的图纸。图纸目录有时也称"首页图"，就是第一张图纸（表7-1）。

表7-1 图纸目录

××× 建筑设计研究院	图纸目录		专业	建筑	设计阶段	建施
			工程编号	0104	××年××月	
	建设单位	×××公司	校对		第1页	
	工程名称	×××住宅楼	编制		共1页	
序号	图号	图名	张数	折 A₁ 图	备注	
1	J(施)-01	总平面位置图 设计说明	1	1.00		
2	J(施)-02	一层平面图	1	1.00		
3	J(施)-03	标准层平面图	1	1.00		
4	J(施)-04	①—㉓轴立面图	1	1.00		
5	J(施)-05	㉓—①轴立面图	1	1.00		
6	J(施)-06	Ⓐ—Ⓟ轴立面图	1	1.00		
7	J(施)-07	Ⓟ—Ⓐ轴立面图	1	1.00		
8	J(施)-08	1—1 剖面图	1	0.50		
9	J(施)-09	屋面排水平面图	1	1.00		
10	J(施)-10	A 单元平面详图	1	1.00		
11	J(施)-11	B 单元平面详图	1	1.00		
12	J(施)-12	C 单元平面详图	1	1.00		
13	J(施)-13	D 单元平面详图	1	1.00		
14	J(施)-14	1♯楼梯平面详图	1	1.00		
15	J(施)-15	2♯楼梯平面详图	1	1.00		
16	J(施)-16	3♯楼梯平面详图	1	1.00		
17	J(施)-17	墙身大样图	1	0.75		
18	J(施)-18	立面节点详图	1	0.50		
19	J(施)-19	门窗表 门窗详图	1	0.75		
注册工程设计师			注册建筑师			
签字			签字			

其中：复用图/张　（折1号图/张）　　　　　　　　合计　19　张（折 A₁ 图　17.50　张）

表 7-1 为某单位住宅楼的图纸目录，从中可以了解到下列资料。

设计单位：×××建筑设计研究院。

建设单位：×××公司。

工程名称：×××住宅楼。

工程编号：0104。

工程编号是设计单位为了便于存档和查阅图纸而采取的一种管理方法。不同的单位可根据自己的实际编号。

图纸编号和名称：序号由 1～19，名称见表 7-1"图名"。

每一项工程都会有很多张图纸，在同一张图纸上又会有很多图形。设计人员为了表达和查阅的方便，必须对图纸命名，再用数字编号，以确定图纸的顺序。见表 7-1 所列，本设计共有建筑施工图 19 张，每张折合成 A1 号图的数量，总折合量 17.5 张。

目前，关于图纸目录国家标准尚没有统一的格式，各设计单位根据自己的实际规定执行，但总体上应包括以上内容。

二、设计说明

凡是图样上无法表示而又直接与工程质量有关的一些要求，往往在图纸上用文字说明表达出来。设计说明的主要内容有设计依据、工程概况、尺寸单位、构造及装修说明以及设计人员对施工单位的要求等，示例如下：

设计说明

一、设计依据

1. 《建筑设计防火规范》GB 50016—2014。

2. 《住宅设计规范》GB 50096—2011。

3. 建设单位提供的审批文件，原始条件，设计意见，建筑测试图，×××市规划部门的审查意见及有关部门批准的初步设计图纸。

二、工程概述

1. 本工程为×××职工住宅楼，位于×××内。

2. 本工程地上 4 层，无地下室。建筑总高度为 23.05 米，一至四层均为住宅。首层地面标高为±0.000，室外地坪标高为－1.05。层高均为 3 米。共四个单元 56 户。

3. 基底面积：1009.09 米^2，总建筑面积 7910.29 米^2。

4. 建筑耐火等级不低于二级，楼梯及入口疏散宽度均满足要求，梯间内分户门均为乙级防火门。

5. 该工程采用砖混结构，楼板为现浇钢筋混凝土楼板。

三、尺寸单位

本设计除总图尺寸以米计外，其他尺寸均以毫米为单位，标高以米为单位。

四、构造及装修说明

1. 墙体：外墙为 490 厚黏土砖，内墙亦为黏土砖墙，砖标号及砂浆标号详见结施。

2. 屋面：做法见龙 J427，其中保温层厚度最薄处不小于 160 厚，并注意在施工中防止雨水浸泡。

3. 防潮：防潮层为 30 厚防水砂浆掺 3‰硅质密实剂，设置在±0.00 以下 6 毫米处。

4. 室内装修：地面：底层：参见龙 J21-24-Z1，素土夯实后加 100 厚 C10 混凝土垫层。

楼层：参见龙 J21-25-Z5，其中卫生间及厨房地面做防水层，其地面低于同层地面 30，地面找坡，坡向地漏。

墙面：参见龙 J21-26-Z9A，石灰水改为涂料，厨房，卫生间为水泥砂浆打底贴白色瓷砖到顶。

天棚：参见龙 J21-26-Z14C，石灰水改为涂料。

窗：均采用塑钢窗（由甲方选订），阳台为塑钢窗，客厅采用落地式塑钢推拉门窗，且底部比楼地面高出 50，所有外门窗侧壁安装时铺毛毡一层以保温。

楼梯间：设明踢脚线，楼梯扶手选用木扶手。

五、其他

1. 所有木构件与墙或混凝土接触，嵌入部分均刷沥青一道防腐，所有金属构件与墙或混凝土接触嵌入部分均刷樟丹防锈。外露铁件均涂防锈漆一道，调合漆两道，颜色同所在墙面颜色。

2. 凡是穿墙，穿楼板的各种管道，都应用水泥砂浆填实严密。

3. 各专业预留孔洞应严格配合各专业图纸进行，施工前土建专业技术人员要与各专业技术人员核对预留孔洞数量、位置、尺寸后方可进行施工，以免事后打洞。

4. 施工时，除严格按施工图纸施工外，请与结构、水、暖、电气各专业密切配合，以保证工程质量。

5. 本工程所有装饰材料均应先取样板或色板，会同设计人员及使用单位商定后订货、施工。

6. 本工程外装修见立面设计，材料选购具体待甲方认定。

7. 图中未详尽之处，须严格按照国家现行工程施工及验收规范执行。

8. 本施工图如有更改设计，需经设计者认定同意后提出设计变更及修改意见。

第三节　建筑总平面图

一、建筑总平面图的内容及用途

建筑总平面图（总平面布置图或总平面图）是将拟建工程附近一定范围内的新建、拟建、原有和拆除的建筑物、构筑物连同其周围的地形地貌（道路、绿化、土坡、池塘等），用水平投影方法和相应的图例画出的图样，如图 7-20 所示。

总平面图可以反映出上述建筑的形状、位置、朝向以及与周围环境的关系，它是新建筑物施工定位、土方设计以及绘制水、暖、电等管线总平面图和施工总平面图设计的重要依据。

二、建筑总平面图的比例

由于总平面图包括地区范围较大，国家制图标准（以下简称"国标"）规定：总平面图的比例宜选用 1∶300、1∶500、1∶1000、1∶2000 来绘制。实际工程中，由于国土局以及

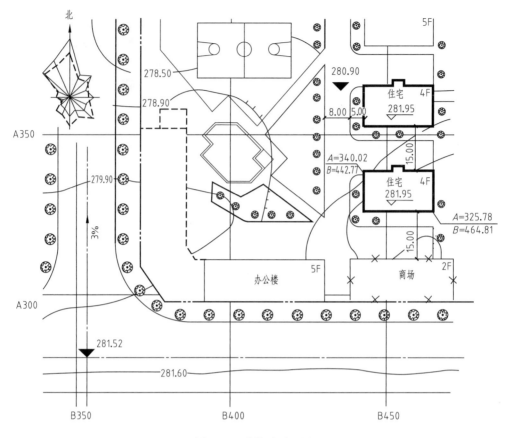

图 7-20 建筑总平面图

有关单位提供的地形图常为 1 : 500 的比例，故总平面图常用 1 : 500 的比例绘制。

三、建筑总平面图图例

由于比例较小，故总平面图上的房屋、道路、桥梁、绿化等都用图例表示。

如表 7-2 所示，列出的为"国标"规定的总平面图部分图例（图例：以图形规定出的画法称为图例）。在较复杂的总平面图中，如用了一些"国标"上没有的图例，应在图纸的适当位置加以说明。

四、建筑总平面图的图示内容

建筑总平面图应按上北下南方向绘制。根据场地形状或布局，可向左或右偏转，但不宜超过 45°。建筑总平面图中应绘制指北针或风玫瑰图，如图 7-20 所示。

1. 拟建建筑的定位

建筑总平面图常画在有等高线和坐标网格的地形图上。地形图上的坐标称为测量坐标，是用与地形图相同比例画出的 50m×50m 或 100m×100m 的方格网，此方格网的竖轴用 X 表示，横轴用 Y 表示。一般房屋的定位应注其三个角的坐标，如建筑物、构筑物的外墙与坐标轴线平行，可标注其对角坐标，如图 7-21 所示。当房屋的两个方向与测量坐标网不平

表 7-2　总平面图图例（部分）（GB/T 50103—2010）

名称	图例	备注	名称	图例	备注
新建建筑物	$X=$ $Y=$ Φ12F/2D $H=59.00m$	新建建筑物以粗实线表示与室外地坪相接处±0.00外墙定位轮廓线。 建筑物一般以±0.00高度处的外墙定位轴线交叉点坐标定位。轴线用细实线表示,并标明轴线号。 根据不同设计阶段标注建筑编号,地上、地下层数,建筑高度,建筑出入口位置(两种表示方法均可,但同一图纸采用一种表示方法)。 地下建筑物以粗虚线表示其轮廓。 建筑上部(±0.00以上)外挑建筑用细实线表示。 建筑物上部连廊用细虚线表示并标注位置	台阶及无障碍坡道	1.　2.	1. 表示台阶(级数仅为示意)。 2. 表示无障碍坡道
			坐标	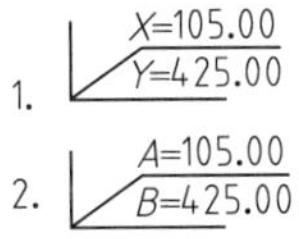 1. $X=105.00$ $Y=425.00$　2. $A=105.00$ $B=425.00$	1. 表示地形测量坐标系。 2. 表示自设坐标系。 坐标数字平行于建筑标注
			填挖边坡		—
			室内地坪标高	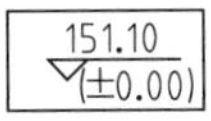 151.10 (±0.00)	数字平行于建筑物书写
			室外地坪标高	 ▼143.00	室外标高也可采用等高线
原有建筑物		用细实线表示	新建的道路	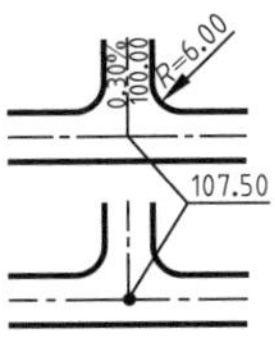 R=6.00 107.50	"R=6.00"表示道路转弯半径;"107.50"为道路中心线交叉点设计标高,两种表示方法均可,同一图纸采用一种方式表示;"100.00"为变坡点之间距离,"0.30%"表示道路坡度,"→"表示坡向
计划扩建的预留地或建筑物		用中粗虚线表示			
拆除的建筑物		用细实线表示			
建筑物下面的通道		—	原有道路	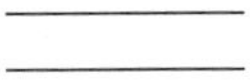	—
铺砌场地		—	计划扩建的道路		—
围墙及大门		—	拆除的道路	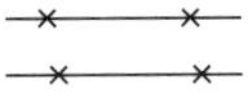	—
挡土墙	5.00 / 1.50	挡土墙根据不同设计阶段的需要标注 墙顶标高 墙底标高	草坪	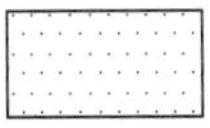	—

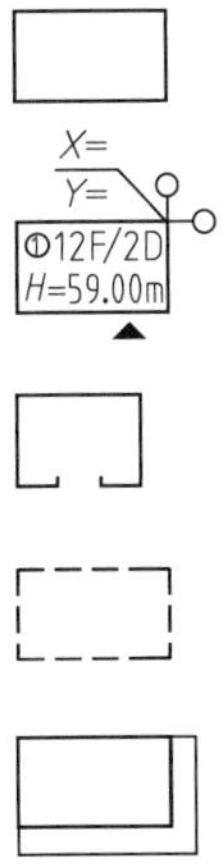

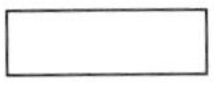

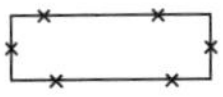

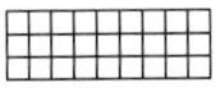

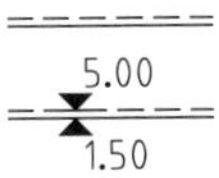

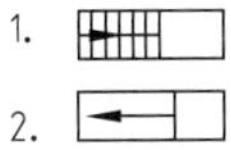

行时，为方便施工，通常采用建筑坐标网定位，其方法是在图中选用某一适当位置为坐标原点，以竖直方向为 A 轴，水平方向为 B 轴，同样以 50m×50m 或 100m×100m 进行分格，即为建筑坐标网。

坐标网格应以细实线表示。测量坐标网应画成交叉十字线;建筑坐标网应画成网格通线。

在一张图上,主要建筑物、构筑物用坐标定位时,较小的建筑物、构筑物也可用相对尺寸定位。

如图 7-20 所示的新建住宅,两个墙角的坐标为 $\dfrac{A=340.20}{B=442.77}$、$\dfrac{A=325.78}{B=464.81}$。可知建筑的总长为 $464.81-442.77=22.04$(m),总宽为 $340.02-325.78=14.24$(m)。

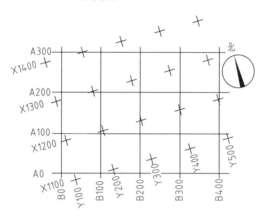

图 7-21   坐标网格

注:图中 X 为南北方向轴线,X 的增量在 X 轴线上;Y 为东西方向轴线,Y 的增量在 Y 轴线上。

A轴相当于测量坐标网中的 X 轴,B轴相当于测量坐标网中的 Y 轴。

2. 拟建建筑、原有建筑物位置、形状

在总平面图上将建筑物分成五种情况,即新建建筑物、原有建筑物、计划扩建的预留地或建筑物、拆除的建筑物和新建的地下建筑物或构筑物。建筑物外形一般以 ±0.00 高度处的外墙定位轴线或外墙面线为准。

3. 其他内容

建筑总平面图中还应包括保留的地形和地物;场地四邻原有及规划的道路、绿化带等的位置;道路、广场的主要坐标(或定位尺寸),停车场及停车位、消防车道及高层建筑消防扑救场地的布置;绿化、景观及休闲设施的布置示意,并表示出护坡、挡土墙,排水沟等。

五、建筑总平面图的线型

总平面图中常用线型如表 7-2 所示总平面图常用图例备注内容。

六、建筑总平面图的标注

在总平面图上应绘出建筑物、构筑物的位置及与各类控制线(区域分界线、用地红线、建筑红线等)的距离,标注新建房屋的总长、总宽及与周围房屋或道路的间距等尺寸。尺寸以米为单位,标注到小数点后两位。

新建房屋的层数在房屋图形右上角上用点数或数字表示,一般低层、多层用点数表示层数,高层用数字表示。如果为群体建筑,也可统一用点数或数字表示。

新建房屋的室内地坪标高为绝对标高(以我国青岛市外黄海的平均海平面为 ±0.000 的标高),这也是相对标高(以某建筑物底层室内地坪为 ±0.000 的标高)的零点。

总平面图上的建筑物、构筑物应注写名称，名称宜直接标注在图上。

七、建筑总平面图的读图顺序

(1) 看图标、图例、比例和有关的文字说明，对图纸有概括的了解；

(2) 看图名了解工程性质、用地范围、地形及周边情况；

(3) 看新建建筑物的层数、室内外标高，根据坐标了解道路、管线、绿化等情况；

(4) 根据指北针和风向频率玫瑰图判断建筑物的朝向及当地常年风向和风速。

八、看图示例

从如图 7-20 所示的某住宅工程的总平面图中可以看出：整个建筑基地比较规整，基地南面与西面为主要交通干道，建筑群体沿红线（规划管理部门用红笔在地形图上画出的用地范围线）布置在基地四周。西、南公路交会处有一拟建建筑的预留地，办公楼紧挨预留地布置在靠南边干道旁，办公楼东侧二层商场要拆除，新建两栋住宅楼在基地东侧。住宅楼南北朝向，4层，距南面商场 15.0m，距西面的道路 5.0m，两住宅楼间距 15.0m。住宅楼底层室内整平标高为 281.95m，室外整平标高为 280.90m。整个基地主导风向为北偏西。从图中还可看出基地四周布置的建筑，中间为绿化用地、水池、球场等，原有建筑有办公楼、商场、北面的住宅；西南角的拟建建筑的预留地，如果整个工程开工，东南角的商场建筑需拆除。

第四节　建筑平面图

一、建筑平面图的用途

建筑平面图是用以表达房屋建筑的平面形状、房间布置、内外交通联系，以及墙、柱、门窗等构配件的位置、尺寸、材料和做法等内容的图样。建筑平面图简称"平面图"。

平面图是建筑施工图的主要图纸之一，是施工过程中，房屋的定位放线、砌墙、设备安装、装修以及编制概预算、备料等的重要依据。

二、建筑平面图的形成及图名

建筑各层平面图通常是假想用一水平剖切平面经过门窗洞口之间将房屋剖开，移去剖切平面以上的部分，将余下部分用正投影法投影到 H 面上得到的正投影图，即平面图实际上是剖切位置位于门窗洞口之间的水平剖面图。一般情况下，房屋的每一层都有相应的平面图。此外，还有屋顶的平面图。即 n 层的房屋就有 $n+1$ 个平面图，并在每个平面图的下方标注相应的图名，如"一层平面图"（或称"底层平面图""首层平面图"），如图 7-22 所示；"二层平面图""三层平面图"等，当建筑中间若干层的平面布局、构造情况完全一致时，则可用一个平面图来表达相同布局的若干层，称之为标准层平面图，如图 7-23 所示；"顶层平面图"，如图 7-24 所示；"屋顶平面图"，如图 7-25 所示。图名下方应加画一条粗实线，图名右方标注比例。

在同一张图纸上绘制多于一层的平面图时，各层平面图宜按层数以由低向高的顺序从左至右或从下至上布置。平面图的方向宜与总图方向一致。平面图的长边宜与横式幅面图纸的长边一致。平面较大的建筑物，可分区绘制平面图，但每张平面图均应绘制组合示意图。

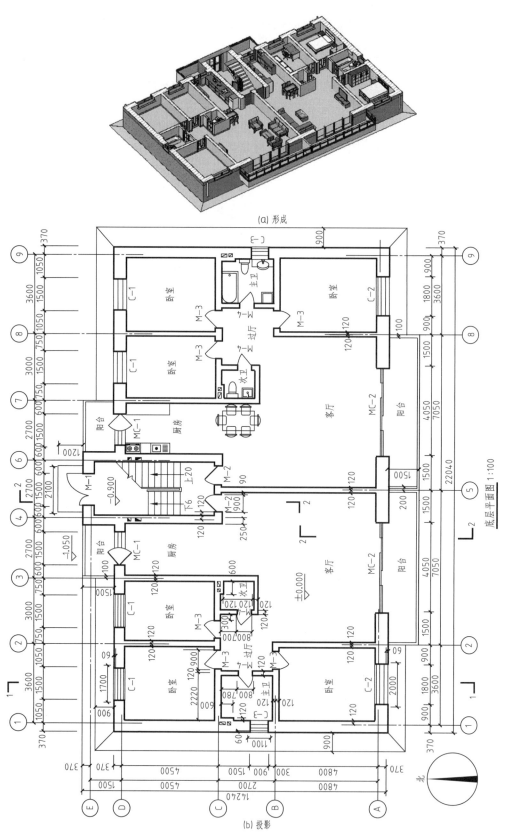

(a) 形成

(b) 投影

图 7-22 一层（底层、首层）平面图

底层平面图 1:100

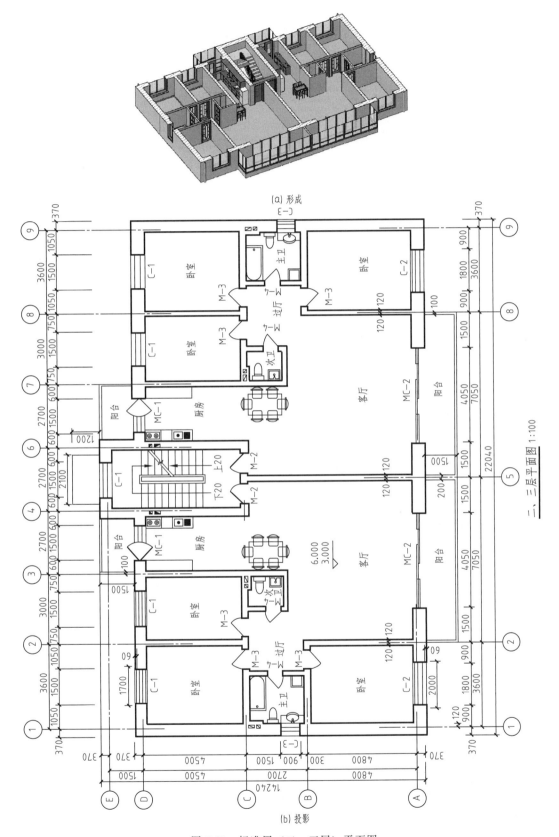

(a) 形成

(b) 投影

图 7-23　标准层（二、三层）平面图

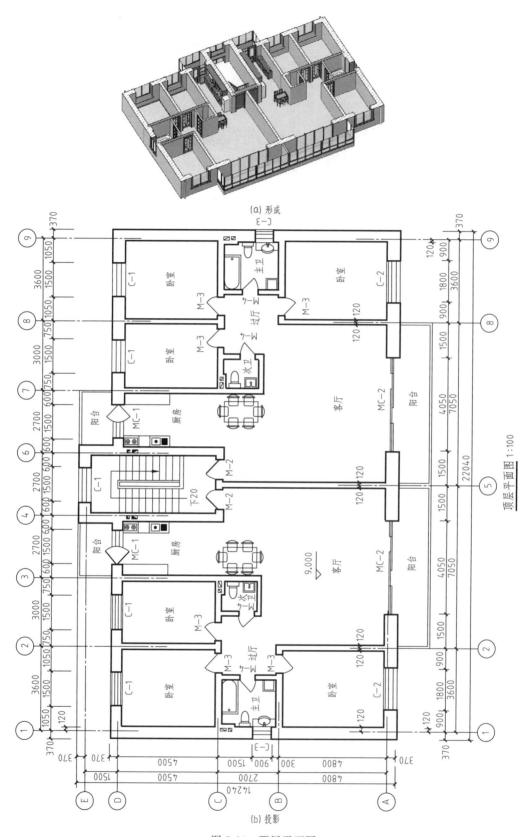

(a) 形成

(b) 投影

顶层平面图 1:100

图 7-24 顶层平面图

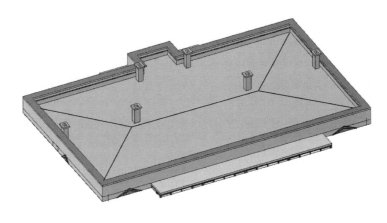

(a)形成

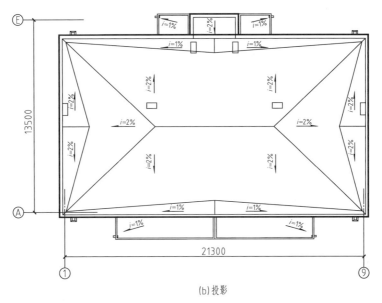

(b)投影

图 7-25 屋顶平面图

三、建筑平面图的比例

建筑平面图宜选用 1∶50、1∶100、1∶150、1∶200 的比例绘制，实际工程中常用 1∶100 的比例绘制，如表 7-3 所示。

表 7-3 比例（GB/T 50104—2010）

图名	比例
建筑物或构筑物的平面图、立面图、剖面图	1∶50、1∶100、1∶150、1∶200、1∶300
建筑物或构筑物的局部放大图	1∶10、1∶20、1∶25、1∶30、1∶50
配件及构造详图	1∶1、1∶2、1∶5、1∶10、1∶15、1∶20、1∶25、1∶30、1∶50

四、建筑平面图的图示内容

建筑平面图内应包括剖切面及投影方向可见的建筑构造。底层平面图应画出房屋底层相

应的水平投影，以及与本栋房屋有关的台阶、花池、散水、垃圾箱等的投影，如图 7-22
（b）所示；二层、三层平面图除画出房屋本层范围的投影内容外，还应画出底层平面图无
法表达的雨篷、阳台、窗楣等内容，而对于底层平面图上已表达清楚的台阶、花池、散
水、垃圾箱等内容就不再画出，如图 7-23（b）所示；顶层平面图则只需画出顶层的投影
内容及下一层的窗楣、雨篷等内容，如图 7-24（b）所示；屋顶平面图是用来表达房屋屋
顶的形状，女儿墙位置，屋面排水方式、坡度、落水管位置等的图形，如图 7-25（b）
所示。

建筑平面图由于比例较小，各层平面图中的卫生间、楼梯间、门窗等投影难以详尽表
示，一般采用"国标"规定的图例来表达，而相应的详细情况则另用较大比例的详图来表
达。具体图例如表 7-4 所示。

表 7-4 房屋施工图常见图例（部分，取自 GB/T 50104—2010）

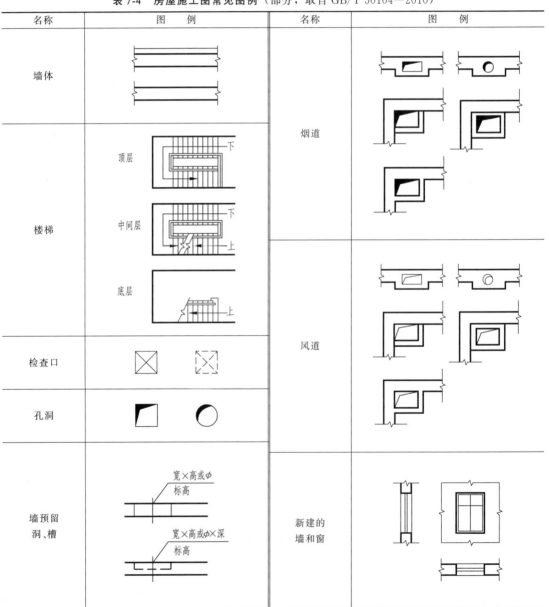

名称	图　　例	名称	图　　例
空门洞	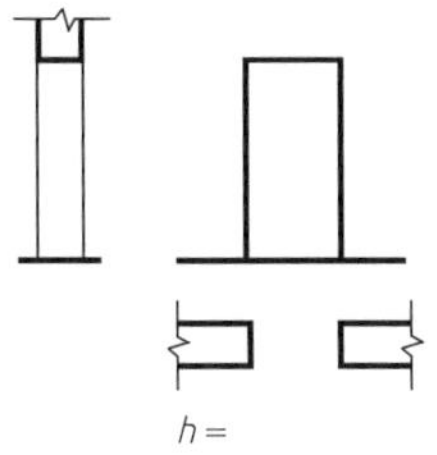	单面开启双扇门(包括平开或单面弹簧)	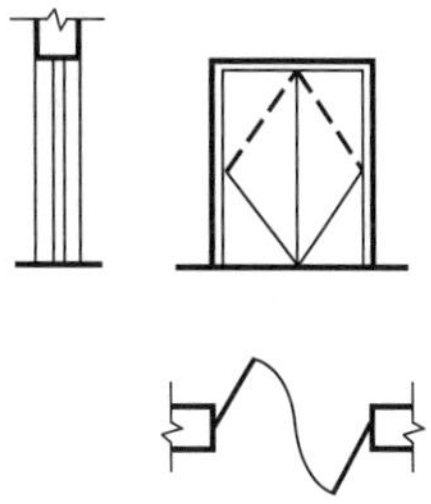
单面开启单扇门(包括平开或单面弹簧)	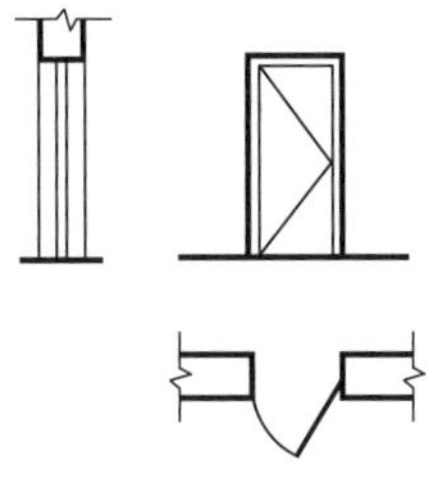	双层双扇平开门	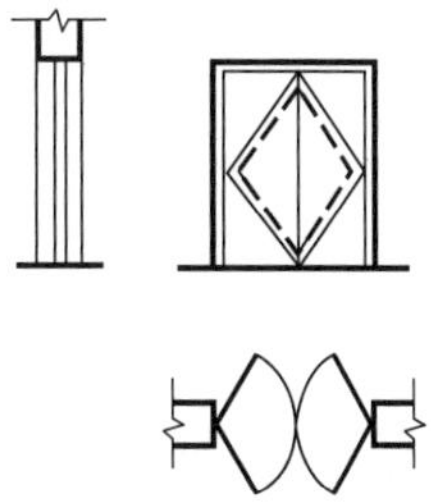
双面开启单扇门(包括双面平开或双面弹簧)	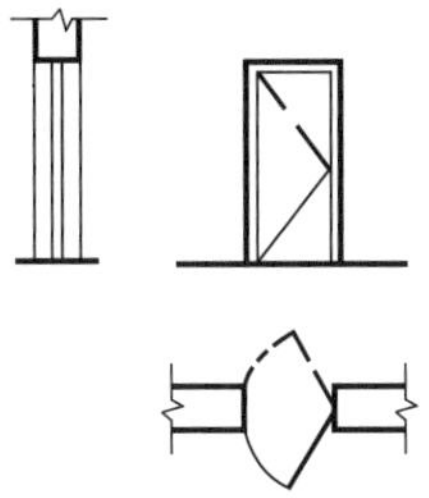	电梯	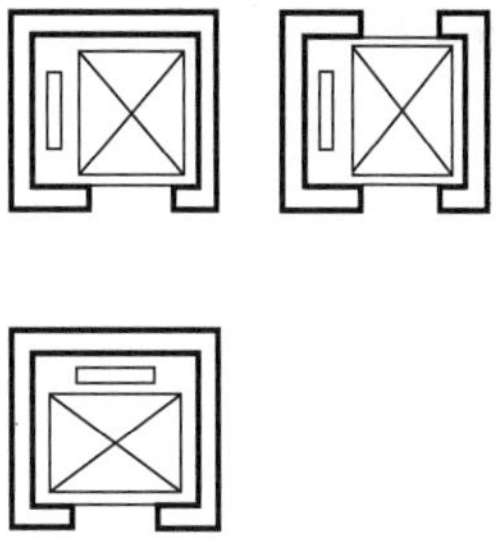
双层单扇平开门	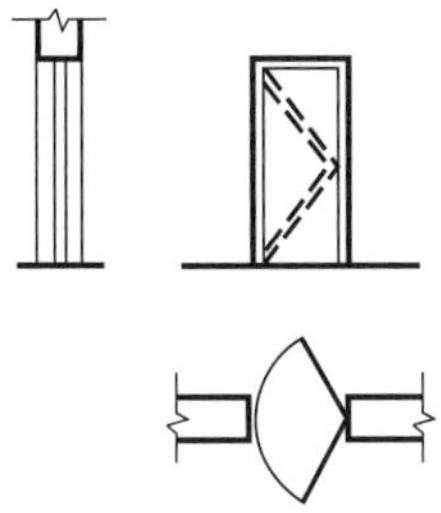	固定窗	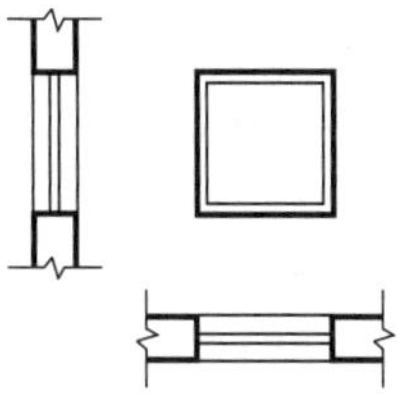
单面开启双扇门(包括平开或单面弹簧)	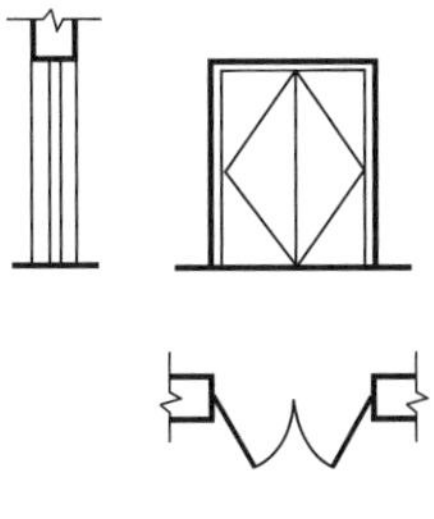	单层外开平开窗	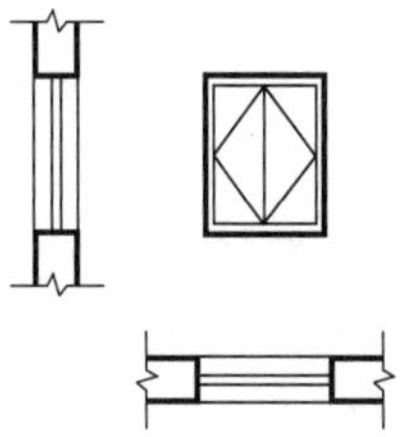

名称	图　例	名称	图　例
单层内开平开窗		单层推拉窗	
双层内外开平开窗		自动扶梯	

五、建筑平面图的线型

建筑平面图的线型，按"国标"规定，被剖切的主要建筑构造（包括构配件）的轮廓线，应用粗实线；被剖切的次要建筑构造（包括构配件）的轮廓线，应用中粗实线。门扇的开启示意线用中实线表示，其余可见投影线则应用中实线或细实线表示。

六、建筑平面图的标注

1. 轴线

为方便施工时定位放线和查阅图纸，用定位轴线确定主要承重结构和构件（承重墙、梁、柱、屋架、基础等）的位置。对应次要承重构件，可以用附加轴线表示。

图样对称时，一般标注在图样的下方和左侧；图样不对称时，以下方和左侧为主，上方和右侧也要标注。

2. 尺寸标注

建筑平面图标注的尺寸可分为总尺寸、定位尺寸和细部尺寸。绘图时，应根据设计深度和图纸用途确定所需注写的尺寸。

（1）外部尺寸　在水平方向和竖直方向各标注三道。最外一道尺寸标注房屋水平方向的总长、总宽，称为总尺寸。中间一道尺寸称为定位尺寸——轴线尺寸，标注房屋的开间、进深（注：一般情况下两横墙之间的距离称为"开间"；两纵墙之间的距离称为"进深"）。最里边一道尺寸标注房屋外墙的墙段及门、窗、洞口尺寸，称为细部尺寸。

如果建筑平面图图形对称，宜在图形的左边、下边标注尺寸；如果图形不对称，则需在图形的各个方向标注尺寸，或在局部不对称的部分标注尺寸。

（2）内部尺寸　房屋内部门窗洞口、门垛、内墙厚、柱子截面等细部尺寸。

3. 标高

建筑物平面图宜标注室内外地坪、楼地面、地下层地面、阳台、平台、台阶等处的完成面标高。平屋面等不易标明建筑标高的部位可标注结构标高，并予以说明。结构找坡的平屋面，屋面标高可标注在结构板面最低点，并注明找坡坡度，如图 7-25（b）所示。

4. 门窗编号

为编制概预算的统计及施工备料，平面图上所有的门窗都应进行编号。门常用"M1""M2"或"M-1""M-2"等表示，窗常用"C1""C2"或"C-1""C-2"表示，也可用标准图集上的门窗代号来编注门窗。门窗编号为"MF""LMT""LC"的含义依次分别为"防盗门""铝合金推拉门""铝合金窗"。为便于施工，图中还常列有门窗表，如表 7-5 所示。

表 7-5 门窗表

名称	门窗编号	洞口尺寸(宽×高)/(mm×mm)	数量/扇	说明
门	M-1	1500×2100	1	单元入口电子门
	M-2	900×2100	8	防盗门
	M-3	900×2100	24	木门
	M-4	800×2100	16	木门
窗	C-1	1500×1500	19	双层玻璃内开塑钢窗
	C-2	1800×1500	8	双层玻璃内开塑钢窗
	C-3	900×1500	8	双层玻璃内开塑钢窗
	C-4	1500×1000	1	双层玻璃内开塑钢窗
门联窗	MC-1	1500×2400	8	双层玻璃门联窗
	MC-2	4060×2400	8	双层玻璃门联窗

5. 剖切位置及详图索引

建（构）筑物剖面图的剖切部位，应根据图纸的用途或设计深度，在平面图上选择能反映全貌、构造特征以及有代表性的部位剖切，剖切符号宜注在±0.000 标高的平面图（多为一层平面图）上，如图 7-22（b）所示的 1—1，2—2。如果图中某个部位需要画出详图，则在该部位要标出详图索引标志。

6. 房间功能说明

建筑物平面图应注写房间的名称或编号。编号注写在直径为 6mm 细实线绘制的圆圈内，并在同张图纸上列出房间名称表。如图 7-22（b）、图 7-23（b）、图 7-24（b）所示平面图采用的是注写房间名称的方式来表达的。

7. 指北针

指北针应绘制在建筑物±0.000 标高的平面图（一层平面图）上，并放在明显位置，所指的方向应与总平面图一致，如图 7-22（b）所示。

七、看图示例

1. 一层（底层、首层）平面图的阅读

如图 7-22（b）所示为某住宅楼的底层平面图，绘图比例为 1∶100。横向定位轴线有①～⑨；纵向定位轴线有Ⓐ～Ⓔ。该楼每层均为两户，北面中间入口为楼梯间，每户有三室一厅一厨二卫，南北各有一阳台。客厅开间为 7.05m，朝南的居室开间为 3.6m；进深为 4.8m；朝北的居室开间为 3.6m 和 3m 两种，进深为 4.5m；楼梯和厨房开间都为 2.7m，楼梯两侧墙厚为 370mm，其余内墙厚度均为 240mm，外墙厚度 490mm。

每个单元有四种门 M-1、M-2、M-3 和 M-4，四种窗户 C-1、C-2、C-3 和 C-4，两种窗

联门 MC-1、和 MC-2，其详细尺寸如表 7-5 门窗表所示。

一层平面图中外部尺寸共有三道：最外一道表示总长和总宽的尺寸，它们分别为 22.04m、14.24m；第二道尺寸是定位轴线的间距，一般即为房间的开间和进深尺寸，如 3600、3000、2700 和 4500、2700、4800 等；最里面的一道尺寸为门窗洞的大小及它们到定位轴线的距离。

楼底层室内地面相对标高为 ±0.000m，楼梯间地面标高为 −0.900m，室外标高为 −1.050m。该楼北面入口处设有一个踏步进到室内，经 6 级踏步到达一层地面；楼梯向上 20 级踏步可到达二层楼面。朝南客厅有推拉门通向阳台。建筑四周做有散水，宽 900mm。

底层平面图上标有 1—1 和 2—2 剖面图的剖切符号。1—1 剖面图（见本章第六节）是切到轴线 A、B、C、D，通过南北卧室和中间卫生间的一个全剖面图，它的剖切平面平行于定位轴线Ⓐ～Ⓔ，通过窗 C-1 及 C-2，其投影方向向西；2—2 剖面图（见本章第六节）切到轴线 A、C、E，通过客厅和楼梯间的阶梯剖面图，它的剖切平面也平行于定位轴线Ⓐ～Ⓔ，经过楼梯间后在客厅转折，再通过窗联门 MC-2 及阳台，其投影方向向东。

2. 二、三层（标准层）平面图和顶层平面图的阅读

与底层平面图相比，其他层平面图要简单一些，其主要区别在于：

其一，一些已在底层平面图中表示清楚的构配件，就不在其他层平面图中重复绘制。例如：按照建筑制图标准，在二层以上的平面图中不再绘制明沟、散水、台阶、花坛等室外设施及构配件；在三层以上的平面图中不再绘制已由二层平面图中表示的雨篷；除底层平面图外，其他各层平面图一般也不绘制指北针和剖切符号。

其二，各层平面图中楼梯间的建筑构造图例不同。以该住宅楼平面图为例，相对于底层室内地面，底层的楼梯间图例中，有上至一层楼高度的 20 级踏步数和箭头，有下至单元出口地面的 6 级踏步数和箭头；中间层的楼梯间图例中，各有上、下至一层楼高度的 20 级踏步数和箭头；顶层的楼梯间图例中，只有下至一层楼高度的 20 级踏步数和箭头。如图 7-23（b）、图 7-24（b）所示，即为上面所读住宅楼的标准层和顶层平面图，读者可以对照底层平面图进行阅读。

3. 屋顶平面图的阅读

屋顶平面图是将屋面上的构配件直接向水平投影面所作的正投影图。由于屋顶平面图通常比较简单，故常用较小的比例（如 1：200）来绘制。在屋顶平面图中，一般表示屋顶的外形、屋脊、屋檐或内、外檐沟的位置，用带坡度的箭头表示屋面排水方向，另外还有女儿墙、排水管和屋顶水箱、屋面出入口的设置等，如图 7-25（b）所示。

八、建筑平面图的画图步骤

（1）选择合适的画图比例，一般用 1：100，根据比例确定图幅尺寸。

（2）根据开间和进深的尺寸，先画出定位轴线，如图 7-26（a）所示。

（3）再根据墙体位置和厚度，用细实线画出内外墙厚度轮廓线，如图 7-26（b）所示。

（4）根据门窗洞口的细部尺寸用细实线画出门窗图例，如图 7-26（c）所示。

（5）用细实线画出楼梯、平台、台阶、散水、雨篷等细部，再按图例画出厨房灶具、卫生间设备、烟道、通风道等，如图 7-26（d）所示。

（6）检查，按图面要求加深所有图线，使图面层次清晰，再画出尺寸线、尺寸界线和表示定位轴线的圆圈，最后注写尺寸数字、门窗编号、轴线编号等，填写图标后，完成作图，如图 7-22（b）所示。

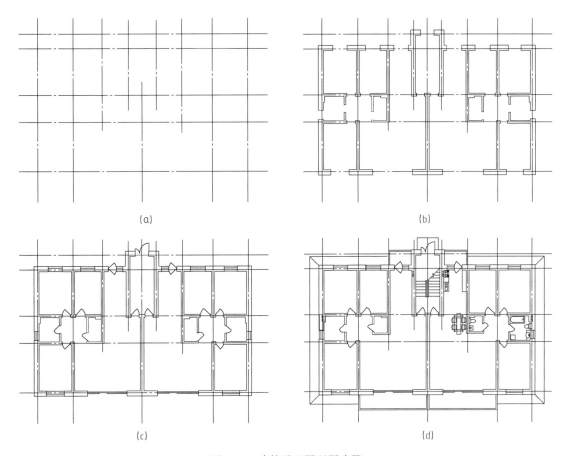

(a)

(b)

(c)

(d)

图 7-26　建筑平面图画图步骤

第五节　建筑立面图

一、建筑立面图的用途

建筑立面图简称立面图，主要用来表达房屋的外部造型，门窗位置及形式，外墙面装修，阳台、雨篷等部分的材料和做法等。

二、建筑立面图的形成及图名

建筑立面图是用正投影法，将建筑物的各墙面向与该墙面平行的投影面投影所得到的投影图，如图 7-27、图 7-28、图 7-29 所示。

建筑立面图的图名，常用以下三种方式命名：

（1）以建筑墙面的特征命名：常把建筑主要出入口所在墙面的立面图称为正立面图，其余几个立面相应地称为背立面图、侧立面图等。

（2）以建筑各墙面的朝向来命名，如东立面图、西立面图、南立面图、北立面图。当东、西立面相同时可以绘制一个立面图。

（3）有定位轴线的建筑物，宜根据两端定位轴线号编注立面图名称，如①～⑨（南）立面图、⑨～①（北）立面图等。

如果建筑物的平面形状较曲折，可绘制展开立面图。圆形或多边形平面的建筑物，可分段展开绘制立面图，但应在图名后加注"展开"二字。

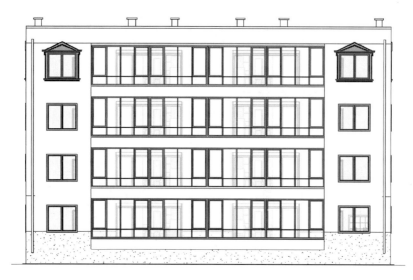

(a) 形成

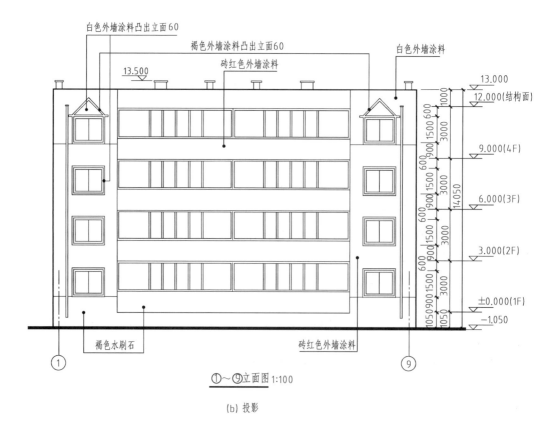

①～⑨立面图 1:100

(b) 投影

图 7-27　①～⑨（南）立面图

(a) 形成

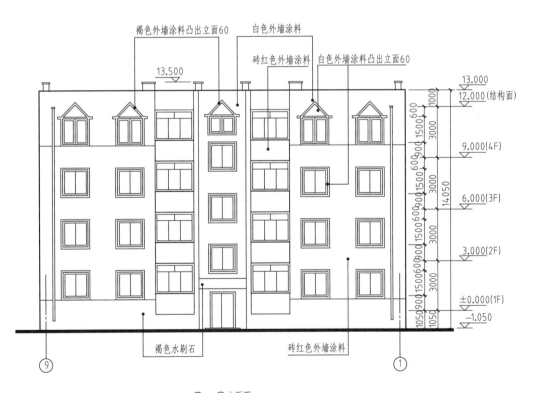

褐色外墙涂料凸出立面60
白色外墙涂料
砖红色外墙涂料
白色外墙涂料凸出立面60

13.500

13.000
12.000(结构面)

9.000(4F)

6.000(3F)

3.000(2F)

±0.000(1F)
−1.050

褐色水刷石
砖红色外墙涂料

⑨~①立面图 1:100

(b) 投影

图 7-28　⑨~①（北）立面图

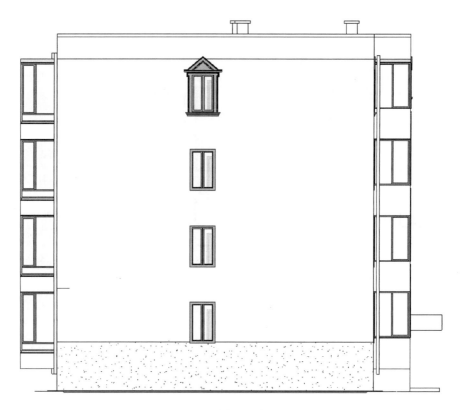

(a) 东立面图形成

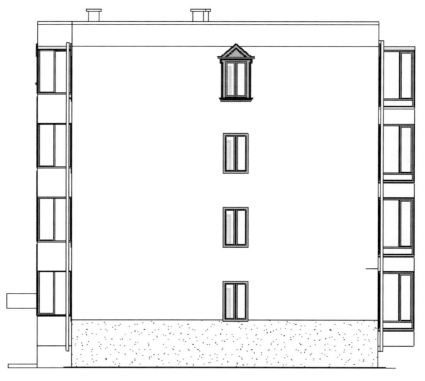

(b) 西立面图形成

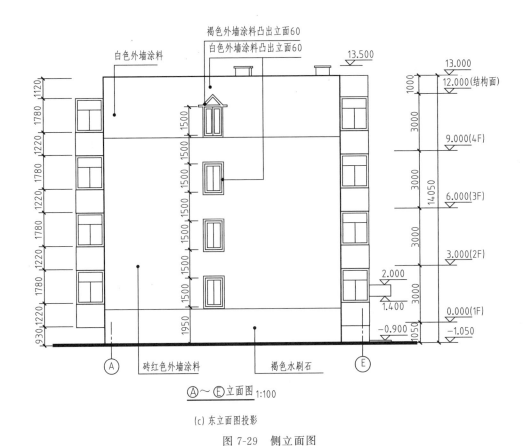

褐色外墙涂料凸出立面60
白色外墙涂料凸出立面60
白色外墙涂料

砖红色外墙涂料　　　　　褐色水刷石

Ⓐ～Ⓔ立面图 1:100

(c) 东立面图投影

图 7-29　侧立面图

三、建筑立面图的比例

建筑立面图的比例与平面图一致，宜选用 1∶50、1∶100、1∶150、1∶200 的比例绘制。

四、建筑立面图的图示内容

建筑立面图应根据正投影原理绘出建筑物外墙面上所有门窗、雨篷、檐口、壁柱、窗台、窗楣及底层入口处的台阶、花池等的投影。由于比例较小，立面图上的门窗等构件也用图例表示。相同的门窗、阳台、外檐装修、构造做法等可在局部重点表示，绘出其完整图形，其余部分可只画轮廓线，如图 7-27（b）、图 7-28（b）、图 7-29（c）所示。

五、建筑立面图的线型

为使建筑立面图外形更清晰，通常用粗实线表示立面图的最外轮廓线，而凸出墙面的雨篷、阳台、柱子、窗台、窗楣、台阶、花池等投影线用中粗线画出，地坪线用加粗线（是粗实线线宽的 1.4 倍）画出，其余如门窗及墙面分格线、落水管以及材料符号引出线、说明引出线等用细实线画出。

六、建筑立面图的标注

1. 轴线

有定位轴线的建筑物，立面图宜标注建筑物两端的定位轴线及其编号。

2. 尺寸

建筑立面图在竖直方向宜标注三道尺寸：最内一道尺寸标注房屋的室内外高差，门窗洞口高度，垂直方向窗间墙、窗下墙高，檐口高度等细部尺寸；中间一道尺寸标注层高尺寸；最外一道尺寸为总高尺寸。另外还应标注平、剖面图未表示的高度。

立面图水平方向一般不注尺寸。

3. 标高

建筑立面图宜注写各主要部位的完成面标高（相对标高），及平、剖面图未表示的标高。

4. 装修说明

在建筑物立面图上，外墙表面分格线应表示清楚。应用文字说明各部位所用面材及色彩；也可以在建筑设计说明中列出外墙面的装修做法，而不注写在立面图中，以保证立面图的完整美观。

七、看图示例

如图 7-28（b）所示的住宅楼⑨～①（北）立面图投影，从图名或轴线编号可知该图表示的是建筑北立面图，其比例为 1:100。从图中可看出该建筑的外部造型，也可了解该建筑的屋顶形式，门窗、阳台、楼梯间、檐口等细部形式及位置。该住宅楼北面墙上每层有二樘左右的推拉窗户，由室外进入楼内是通过对开的一樘大门和一樘小门，楼梯间休息平台处有一樘左右推拉窗户。该建筑包括底层在内共 4 层，层高都为 3m。建筑室外地坪处标高－1.05m，女儿墙顶面处的标高 13m，所以外墙总高度为 14.05m。由立面图还可知，该住宅楼外墙面主色调用砖红色涂料，装饰用白色外墙涂料，勒脚用褐色水刷石，顶层窗上有三角形装饰，门窗详细尺寸如表 7-5 门窗表所示。

八、建筑立面图的画图步骤

（1）选取和建筑平面图相同的比例，根据比例确定图幅尺寸。

（2）画室外地坪、两端的定位轴线、外墙轮廓线、屋顶线等，如图 7-30（a）所示。

（3）根据层高、各部分标高和平面图门窗洞口尺寸，画出立面图中阳台、门窗洞等细部的外形轮廓，如图 7-30（b）所示。

（4）画出门窗、墙面分格线、雨水管、烟道、通风道等细部，如图 7-30（c）所示。

（5）注写尺寸、标高、首尾轴线号、墙面装修说明等，如图 7-30（d）所示。

（6）检查无误后加深图线，注写图名、比例等，完成作图，如图 7-28（b）所示。

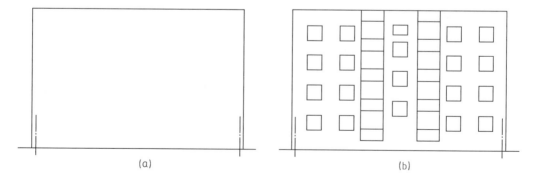

(a)　　　　　　　　　　　　(b)

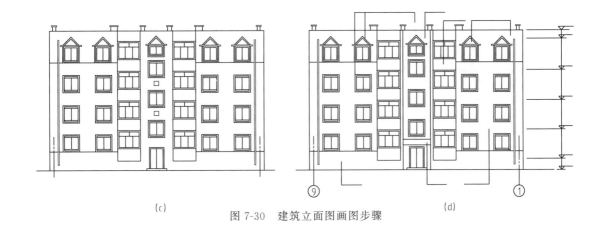

(c)

图 7-30 建筑立面图画图步骤

(d)

第六节 建筑剖面图

一、建筑剖面图的用途

建筑剖面图简称剖面图，主要用以表示房屋内部的结构或构造方式，如屋面（楼、地面）形式、分层情况、材料、做法、高度尺寸及各部位的联系等。它与平、立面图互相配合用于计算工程量，指导各层楼板和屋面施工、门窗安装和内部装修等。

二、建筑剖面图的形成及图名

建筑剖面图是假想用一个或几个剖切平面将房屋剖切开后移去靠近观察者的部分，作出剩余部分的投影图。剖面图的数量是根据房屋的复杂程度和施工实际需要决定的；剖面图的剖切部位，应根据图纸的用途或设计深度，在平面图上选择能反映全貌、构造特征以及有代表性的部位剖切，如门窗洞口和楼梯间等位置，并应通过门窗洞口剖切，如图 7-22（b）所示的 1—1（一个剖切面），2—2（两个剖切面）。剖面图的图名符号应与底层平面图上剖切符号相对应，如通过 1—1 剖面的称为 1—1 剖面图，如图 7-31 所示；通过 2—2 剖面的称为2—2 剖面图，如图 7-32 所示。

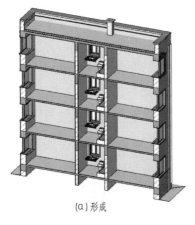

(a) 形成

图 7-31

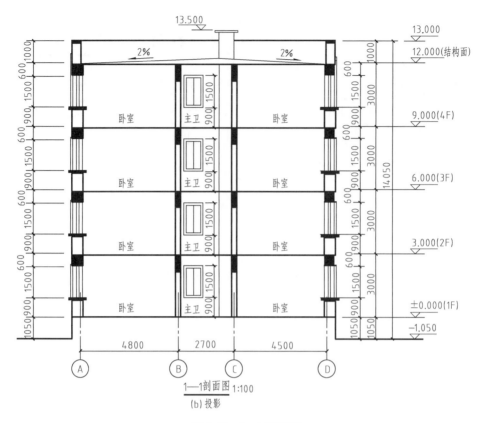

图 7-31　1—1 剖面图

三、建筑剖面图的比例

　　建筑剖面图的比例常与平面图、立面图的比例一致，即采用 1：50、1：100、1：150、1：200 等比例绘制。由于比例较小，剖面图中的门、窗等构件也采用"国标"标定的图例来表示。

　　为了清楚地表达建筑各部分的材料及构造层次，当剖面图比例大于 1：50 时，应在剖到的构件断面画出其材料图例；当剖面图比例小于 1：50 时，则不画具体材料图例，而用简化的材料图例表示其构件断面的材料，如钢筋混凝土构件可在断面涂黑以区别砖墙和其他材料。

四、建筑剖面图的线型

　　建筑剖面图的线型按"国标"规定，凡是剖到的墙、板、梁等构件的轮廓线用粗实线表示，而没剖到的其他构件轮廓线的投影，则常用中粗实线、中实线或细实线表示。

五、建筑剖面图的标注

1. 轴线

常标注剖到的墙、柱及剖面图两端的轴线和轴线编号。

2. 尺寸

（1）竖直方向　标注三道尺寸，最外一道为总高尺寸，从室外地坪起标注建筑物的总高

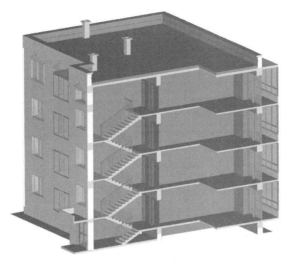

(a) 形成

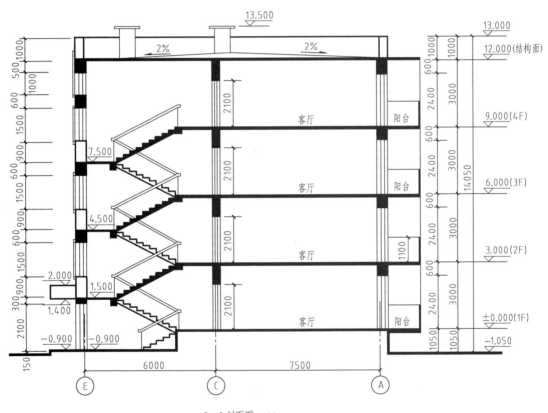

2—2 剖面图1:100

(b) 投影

图 7-32   2—2 剖面图

度；中间一道尺寸为层高尺寸，标注各层层高（从某层的楼地面到其上一层的楼面之间的尺寸称为层高，某层的楼地面到该层的顶棚面之间的尺寸称为净高）；最里边一道尺寸为细部尺寸，标注墙段及洞口尺寸。

（2）水平方向　常标注剖到的墙、柱及剖面图两端的轴线间距。

3. 标高

标注建筑物的室内地面、室外地坪、各层楼面、门顶、窗台、窗顶、墙顶、梁底等部位完成面标高。

4. 其他标注

由于剖面图比例较小，某些部位如墙脚、窗台、过梁、墙顶等节点，不能详细表达，可在剖面图上的该部位处画上详图索引标志，另用详图来表示其细部构造尺寸。此外，楼地面及墙体的内外装修，可用文字分层标注。

六、看图示例

如图 7-32（b）所示的 2—2 剖面图，其剖切位置和投影方向在如图 7-22（b）所示的建筑底层平面图上，2—2 为阶梯剖。共剖到 A、C、E 三条轴线。E 轴线所在墙为楼梯间的外墙，为单元进户门所在；标高为 −0.90m 处为门洞；门洞和窗洞顶部均有钢筋混凝土过梁；雨篷与门洞顶梁连成为整体。由于另有详图表示，所以在 2—2 剖面图中，只示意地用线条表示了地面、楼面和屋面位置及屋面架空层。从 2—2 剖面图中可以大致了解到楼梯的形式和构造：该楼梯为平行双跑式，每层有两个梯段，每个梯段 10 级踏步（9 个踏面），楼梯梯段为板式楼梯，其休息平台和楼梯均为现浇钢筋混凝土结构。图中还表达了每层大门、阳台的形状和位置，均用细实线绘制。

剖面图中的外部尺寸也分为三道：

（1）最里一道尺寸表示门窗洞的高度和定位尺寸　如图 7-32（b）所示，在图的右侧注明了 A 轴线所在外墙上阳台门洞的高度为 2400mm，一层阳台门下边与一层地面等高，其距外地面的定位尺寸为 1050mm，门上圈梁的高度为 600mm。

（2）中间一道尺寸表示该住宅楼的层高

所谓层高是指地（楼）面至上一层楼面的距离，在该住宅楼中，一层 3.000m − 0.000m=3.000m；二层 6.000m − 3.000m=3.000m；三层 9.000m − 6.000m=3.000m；四层 12.000m − 9.000m=3.000m，即各层的层高均为 3m。

（3）最外一道尺寸表示该住宅楼的总高　该住宅楼总高为 14.050（m）（13.000m 与 −1.050m 之差值）。

此外，在图的左侧还注明了楼梯间外墙上门洞的高度、它们至休息平台的定位尺寸及边梁的高度。在图内还标注了地面、各层楼面、休息平台的标高尺寸。

七、剖面图的画图步骤

（1）选择合适的绘图比例，根据比例确定图幅尺寸。

（2）画出纵向墙体轴线、室内外地面线、台阶和各层楼地面线。画出屋顶、天棚、楼梯平台等处标高控制线，如图 7-33（a）所示。

（3）画出墙体、楼板、屋面、阳台、窗、门、楼梯投影，如图 7-33（b）所示。

（4）再画楼梯栏杆及屋顶、烟道、通风道、窗套、雨篷等细部，如图 7-33（c）所示。

（5）画标高、定位轴线等，如图 7-33（d）所示。

（6）检查无误后，按图线层次加深构件的轮廓线，画材料图例，标注尺寸、标高数值，注写图名、比例及有关文字说明等，完成作图，如图 7-32（b）所示。

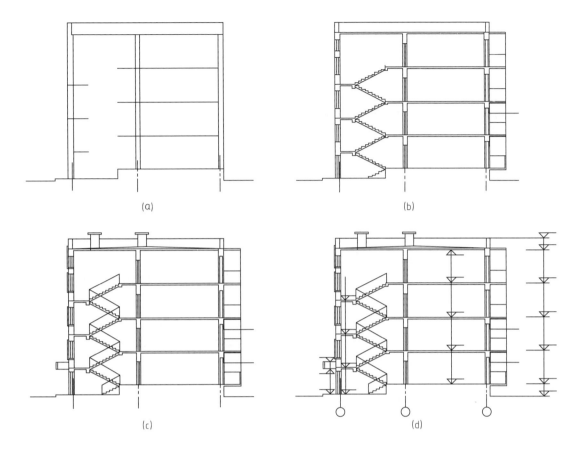

(a)　　　　　　　　　　　　　(b)

(c)　　　　　　　　　　　　　(d)

图 7-33　剖面图画图步骤

　　以上介绍了建筑的总平面图及平面图、立面图和剖面图,这些都是建筑物全局性的图纸。在这些图中,图示的准确性是很重要的,应力求贯彻国家制图标准,严格按制图标准规定绘制图样。此外,尺寸标注也是非常重要的,应力求准确、完整、清楚,并弄清各种尺寸的含义。

　　平、立、剖面图如画在同一张图纸上时,应符合投影关系,即平面图与立面图要长对正、立面图与剖面图要高平齐、平面图与剖面图要宽相等。

　　选用不同比例绘制的平面图和剖面图,其抹灰层、楼地面、材料图例的省略画法,应符合下列规定:

　　(1) 比例大于 1∶50 的平面图、剖面图,应画出抹灰层、保温隔热层等与楼地面、屋面的面层线,并宜画出材料图例;

　　(2) 比例等于 1∶50 的平面图、剖面图,宜画出楼地面、屋面的面层线,宜绘出保温隔热层,抹灰层的面层线应根据需要确定;

　　(3) 比例小于 1∶50 的平面图、剖面图,可不画出抹灰层,但剖面图宜画出楼地面、屋面的面层线;

　　(4) 比例为 1∶200～1∶100 的平面图、剖面图,可画简化的材料图例,但剖面图宜画出楼地面、屋面的面层线;

　　(5) 比例小于 1∶200 的平面图、剖面图,可不画材料图例,剖面图的楼地面、屋面的面层线可不画出。

第七节 建筑详图

　　房屋建筑平、立、剖面图都是用较小的比例绘制的，主要表达建筑全局性的内容，但对于房屋细部或构配件的形状、构造关系等无法表达清楚，因此，在实际工作中，为详细表达建筑节点及建筑构配件的形状、材料、尺寸及做法，而用较大的比例画出的图形，称为建筑详图或大样图。

　　建筑详图，包括建筑墙身剖面详图、楼梯详图、门窗等所有建筑装修和构造，以及特殊做法的详图。其详尽程度以能满足施工预算、施工准备和可作施工依据为准。

　　1. 建筑详图的特点

　　（1）大比例　详图的比例宜用 1:1、1:2、1:5、1:10、1:20、1:30、1:50 绘制，必要时，也可选用 1:3、1:4、1:25、1:40 等。在详图上应画出建筑材料图例符号及各层次构造。

　　（2）全尺寸　图中所画出的各构造，除用文字注写或索引外，都需详细标注尺寸。

　　（3）详说明　因详图是建筑施工的重要依据，不仅比例要大，图例和文字还必须详尽清楚，有时还会引用标准图。

　　2. 建筑详图的分类

　　常用的详图基本上可以分为三类，即节点详图、房间详图和构配件详图。

　　（1）节点详图　节点详图用索引和详图表达某一节点部位的构造、尺寸做法、材料、施工需要等。最常见的节点详图是外墙剖面详图，它是将外墙各构造节点等部位按其位置集中画在一起构成的局部剖面图。

　　（2）房间详图　房间详图是将某一房间用更大的比例绘制出来的图样，如楼梯详图、单元详图、厨厕详图。一般来说，这些房间的构造或固定设施都比较复杂。

　　（3）构配件详图　构配件详图是表达某一构配件的形式、构造、尺寸、材料、做法的图样，如门窗详图、雨篷详图、阳台详图，一般情况下采用国家和地区编制的建筑构造和构配件的标准图集。

一、楼梯详图

　　楼梯是楼层建筑垂直交通的必要设施。常见的楼梯平面形式有单跑楼梯、双跑楼梯、三跑楼梯等，它一般由梯段、平台和栏杆（或栏板）扶手组成。楼梯详图主要表示楼梯的结构形成、构造、各部分的详细尺寸、材料和做法。楼梯详图是楼梯施工放样的主要依据。

　　楼梯详图包括楼梯平面图，楼梯剖面图，踏步、栏杆等细部节点详图，主要表示楼梯的类型、结构形式、构造和装修等。楼梯详图应尽量安排在同一张图纸上，以便阅读。

　　1. 楼梯平面图

　　假想沿着建筑各层第一梯段的任一位置，将楼梯水平剖切后向下投影所得的图形，称为楼梯平面图。与建筑平面图同理，楼梯平面图一般也分三种：楼梯底层平面图，如图 7-34（a）所示；楼梯中间层平面图，如图 7-34（b）所示；楼梯顶层平面图，如图 7-34

(c) 所示；各层投影图如图 7-35 所示。但如果中间各层中某层的平面布置与其他层相差较多，则应专门绘制。

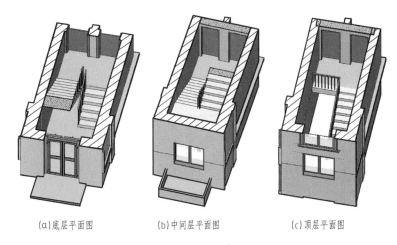

(a)底层平面图   (b)中间层平面图   (c)顶层平面图

图 7-34　楼梯平面图

各层被剖切到的上行第一跑梯段，在楼梯平面图中画一条与踢面线成 30°或 45°的折断线（构成梯段的踏步中与楼地面平行的面称为踏面，与楼地面垂直的面称为踢面）。各层下行梯段不予剖切。常用的楼梯平面图的比例为 1：50，如图 7-35 所示。

楼梯的底层平面图，它实际上是底层建筑平面图楼梯间的放大图，其定位轴线与相应的建筑平面图相同。在底层平面图中，剖切后的 30°或 45°折断线，应从休息平台的外边缘画起，使得第一梯段的踏面数全部表示出来。由图 7-35 可知，该楼底层至二层的第一梯段为 10 级踏步，其水平投影应为 9 个踏面，水平投影的踏面数＝踏步数－1。由休息平台的外边缘的距离取 9×300mm（300mm 为踏面宽）的长度后可确定楼梯的起步线。图中箭头指明了楼梯的上下走向，旁边的数字表示踏步数。"上 20"是指由此向上 20 级踏步可以到达二层楼面；"下 6"表示由底层地面到单元出口地面，需向下走 6 级踏步。

在楼梯底层平面图上，楼梯起步线至休息平台外边缘的距离，被标出"9×300＝2700"的形式，其目的就是标注该梯段水平投影的长度。

另外，在楼梯的底层平面图上，还标出了各地面的标高和楼梯剖面图的剖切符号等内容，如 3—3 剖面。

楼梯的中间层平面图，它是沿二、三层的休息平台以下将梯段剖开所得。从图 7-35 中可以看出，二层楼梯平面图中的 30°折断线，画在从二层至三层第一跑梯段的中部。折断线左侧表示从二层至三层第一跑梯段下半部分的水平投影；折断线右侧表示从底层至二层第一跑梯段上半部分和休息平台的水平投影；而在楼梯扶手的另一侧，则表示从底层至二层第二跑梯段的水平投影。在二层楼梯平面图中，楼梯扶手两侧的梯段均画有 9 个等分的踏面，说明每个梯段均有 10 级踏步（水平投影的 9 个踏面数＋1＝10 级踏步数）。

楼梯中间层平面图的尺寸标注与底层平面图基本相同。

楼梯的顶层平面图中，由于此时的剖切平面位于楼梯栏杆（栏板）以上，梯段未被切断，所以在楼梯顶层平面图上不画折断线。图 7-35 中表示的是从顶层至下一层的两个梯段和休息平台，箭头只指向下楼的方向。

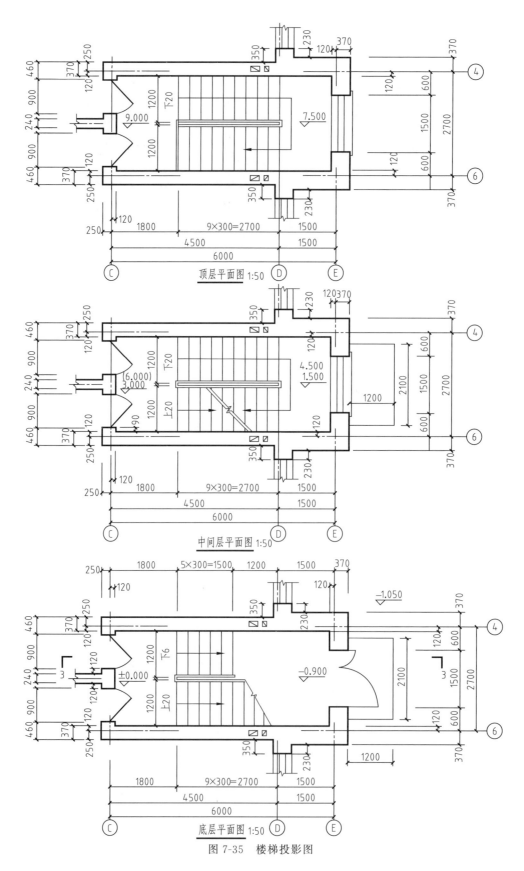

图 7-35　楼梯投影图

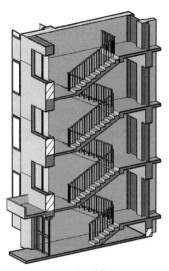

(a) 形成

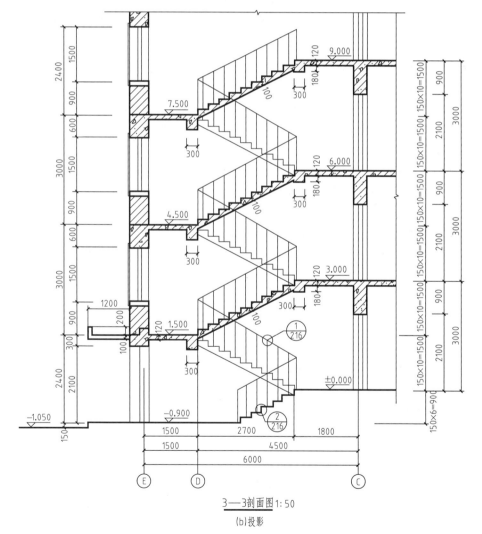

3—3剖面图1:50

(b) 投影

图 7-36　楼梯剖面图

2. 楼梯剖面图

按照图 7-35 楼梯底层平面图上标注的剖切位置 3—3，用一个剖切平面，沿各层的一个梯段和楼梯间的门窗洞口剖开，向另一个未剖切的梯段方向投影，所得的剖面图称为楼梯剖面图，如图 7-36 所示。

楼梯剖面图常用 1：50 的比例画出。如图 7-36 所示为按图 7-35 底层平面图所示 3—3 剖切位置绘制的剖面图。由图可知，楼梯剖面图可以看成是建筑剖面图的局部放大图。

楼梯剖面图主要表示各楼层及休息平台的标高，梯段踏步，构件连接方式，栏杆形式，楼梯间门窗洞的位置和尺寸等内容。

楼梯间剖面图的主要标注内容有：

（1）水平方向　标注被剖切墙的轴线编号、轴线尺寸及中间平台宽、梯段长等细部尺寸。

（2）竖直方向　标注剖到墙的墙段，门窗洞口尺寸及梯段高度、层高尺寸。梯段高度应标成：踢面高×踏步级数＝梯段高。

（3）标高及详图索引　楼梯间剖面图上应标出各层楼面、地面、休息平台面及平台梁下底面的标高。如需画出踏步、扶手等的详图，则应标出其详图索引符号和其他尺寸，如栏杆（或栏板）高度。

3. 踏步、栏杆和扶手详图

用 1：50 的比例画出的楼梯平面图和剖面图中，仍然难以表达清楚踏步、栏杆、扶手等的细部构造及尺寸做法，为此，在实际的工程表达中，往往需要使用更大的比例来表达更加详细的构造。如图 7-37（a）所示，此详图是一个剖面详图，它主要表示扶手的断面形状、尺寸、材料及它与栏杆柱的连接方式。如图 7-37（b）所示是栏杆柱与楼梯板的固定形式，也是楼梯梯段终端的节点详图。通常这样的详图还包括室外台阶节点剖面详图、阳台详图、壁橱详图等。这类详图的尺寸相对较小，所以可以采用更大的绘图比例。一般这类详图的绘图比例有 1：20、1：10；还有 1：5 和 1：2 等。如图 7-37（b）所示详图表示的楼梯梯段为现浇钢筋混凝土板式楼梯，梯段中踏步的踏面宽为 300mm，踢面高为 150mm。此外，该图中还表明了栏杆与楼梯板的连接是通过钢筋混凝土中预埋件"M-1"。如图 7-37（c）所示为预埋件详图。

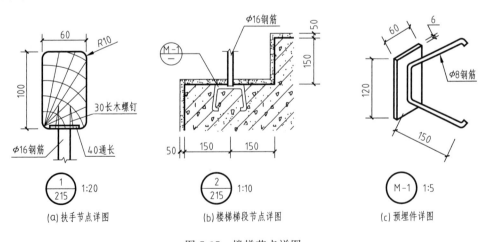

图 7-37　楼梯节点详图

4. 楼梯详图的画法

（1）楼梯平面图的画法

① 根据楼梯间的开间和进深画出定位轴线，然后画出墙的厚度及门窗洞口、台阶等，如图 7-38（a）所示。

② 画出楼梯平台宽度，梯段长度、宽度。再根据踏步级数 n 在梯段上用等分平行线间距的方法画出踏面数（等于 $n-1$），如图 7-38（b）所示。

③ 画门窗、烟道等其他细部，再画标高、轴线编号、楼梯上下方向指示线及箭头等，如图 7-38（c）所示。

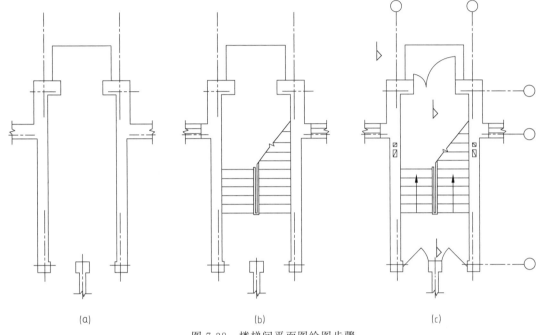

(a)	(b)	(c)

图 7-38　楼梯间平面图绘图步骤

④ 检查并根据图线层次进行加深，标注尺寸，注写数字，完成如图 7-35 所示作图。

（2）楼梯剖面图的画法

① 画出定位轴线及墙身、梁，再根据标高画出室内外地面线和各层楼面、楼梯休息平台、雨篷等所在位置，如图 7-39（a）所示。

② 根据楼梯段的长度、平台宽度、踏步级数 n，定出楼梯的位置，再用等分两平行线距离的方法画出楼梯踏步的位置，如图 7-39（b）所示。

③ 画出门、窗、窗套、栏杆等细部，如图 7-39（c）所示。

④ 绘制标高、轴线、图例等，如图 7-39（d）所示。

⑤ 检查、并根据图线层次进行加深，标注尺寸，书写数字，完成如图 7-36 所示作图。

二、外墙身详图

外墙身详图即房屋建筑的外墙身剖面详图，它是建筑剖面图中某处外墙的局部放大图，主要用以表达外墙的墙脚、窗台、窗顶，以及外墙与室内外地面、外墙与楼面、屋面的连接关系等内容，如图 7-40（a）所示。对一般建筑而言，其墙身构造节点详图应包括底层、中间层、顶层三部分，如图 7-40（b）所示。

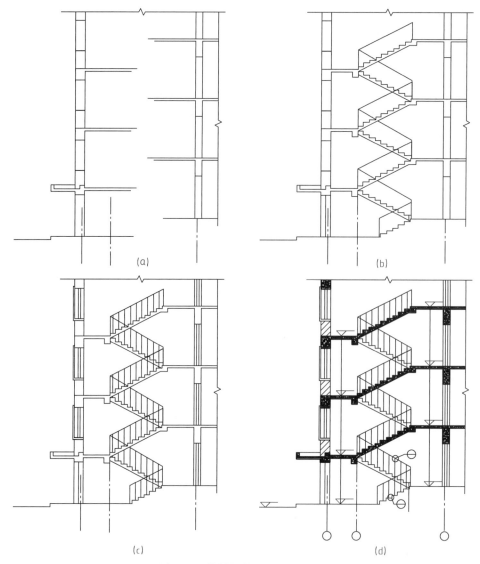

(a)   (b)

(c)   (d)

图 7-39　楼梯间剖面图绘图步骤

　　外墙身详图可根据底层平面图，外墙身剖切位置线的位置和投影方向来绘制，也可根据房屋剖面图中，外墙身上索引符号所指示需要画出详图的节点来绘制。

　　外墙身详图常用较大比例（如 1∶20）绘制，线型同剖面图，它详细地表明了外墙身从防潮层至屋顶间各主要节点的构造。为表达简洁、完整，常在门窗洞中间（如窗台与窗顶之间）断开，成为几个节点详图的组合。多层房屋中，若中间几层的情况相同，也可以只画底层、顶层和一个中间层来表示。

　　外墙身详图的主要标注内容有：

　　（1）墙的轴线编号、墙的厚度及其与轴线的关系。有时一个外墙身详图可适用于几个轴线。按"国标"规定：如一个详图适用于几个轴线时，应同时注明各有关轴线的编号。通用详图的定位轴线应只画圆，不注写轴线编号。

　　（2）各层楼板等构件的位置及其与墙身的关系。诸如进墙、靠墙、支承、拉结等情况。

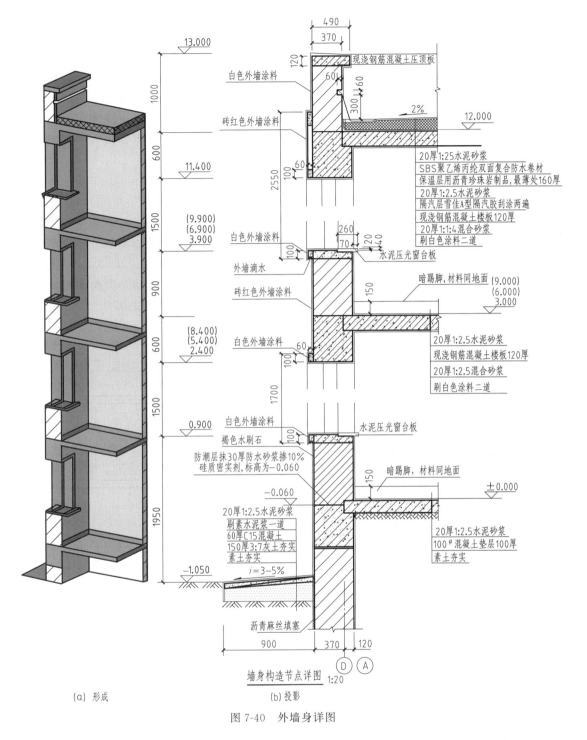

图 7-40 外墙身详图

（3）门窗洞口、底层窗下墙、窗间墙、檐口、女儿墙等的高度；室内外地坪，防潮层，门窗洞的上下口、檐口、墙顶及各层楼面、屋面的标高。

（4）屋面、楼面、地面等为多层次构造。多层次构造用分层说明的方法标注其构造做法。

（5）立面装修和墙身防水、防潮要求及墙体各部位的线脚、窗台、窗楣、檐口、勒脚、散水等的尺寸、材料和做法，用引出线说明或用索引符号引出另画详图表示。

如图 7-40 所示的外墙身详图，墙体轴线编号为 A 和 D，且轴线距室内墙面 120mm，防水砂浆掺 10%硅质密实剂做墙身防潮层，做在底层地面以下 60mm 处。室内地面和散水的构造做法以文字叙出，水泥砂浆踢脚高 150mm。沥青麻丝填塞在散水与外墙根处。在洞口位置有现浇钢筋混凝土过梁，过梁和楼板浇筑在一起，梁高 600mm。内窗台为水泥压光窗台板，外窗套下有滴水槽。女儿墙厚 370mm，高度为 1000mm，墙顶做现浇钢筋混凝土压顶板，厚度 120mm。屋面是由钢筋混凝土板、保温层和防水层构成。屋面横向排水坡度为 2%。为了做好防水卷材收头的固定和防水，墙体挑出一皮砖做泛水。

三、卫生间详图

一般与设备、电气专业有关的诸如厕浴、厨房、水泵房、冷冻机房、变配电室等应绘制 1:50～1:20 的放大平、剖面图和相关的地沟、水池、配电隔间、玻璃隔断、墙和顶棚吸声构造等详图。

如图 7-41 所示主卫详图是主卫生间部分的局部平面放大图样，注明相关的轴线和轴线编号以及细部尺寸、设施的布置和定位、相互的构造关系及具体技术要求等。

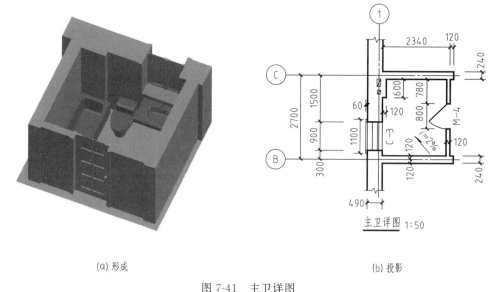

(a) 形成 　　　　　　　　　　　　　　　　　(b) 投影

图 7-41　主卫详图

如图 7-42 所示次卫详图是次卫生间部分的局部平面放大图样，表达方法同主卫相同。

四、门窗详图

门在建筑中的主要功能是交通、分隔、防盗，兼作通风、采光。窗的主要作用是通风、采光。门窗洞口的基本尺寸，1000 以下时按 100 为增值单位增加尺寸；1000 以上时，按 300 为增值单位增加尺寸。门窗详图，一般都有分别由各地区建筑主管部门批准发行的各种不同规格的标准图（通用图、利用图）供设计者选用。若采用标准详图，则在施工图中只需说明该详图所在标准图集中的编号即可。如果未采用标准图集时，则必须画出门窗详图。

门窗详图一般用立面图、节点详图、断面图和文字说明等来表示。如图 7-43 所示为门窗详图。

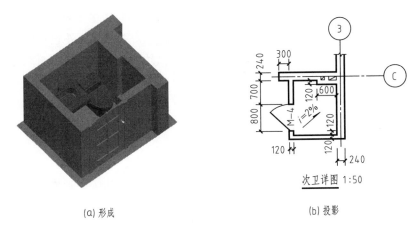

(a) 形成   (b) 投影

次卫详图 1:50

图 7-42　次卫详图

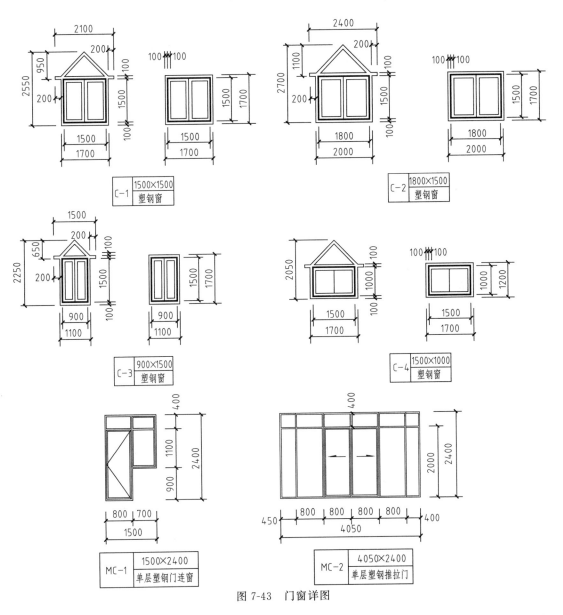

图 7-43　门窗详图

立面图所用比例较小，只表示窗的外形、开启方式及方向、主要尺寸、节点索引符号等内容，如图 7-43 所示。立面图上所标注的尺寸有窗洞口尺寸、窗框外包尺寸，窗扇、窗框尺寸等。窗洞口尺寸应与建筑平、剖面图的洞口尺寸一致。窗框和窗扇尺寸均为成品的净尺寸。立面图上的线型除窗洞外轮廓线用中粗线外，其余均为细实线。

节点详图一般有剖面图、断面图、安装图等。节点详图比例较大，能表示各窗料的断面形状、定位尺寸、安装位置和窗框、窗扇的连接关系等内容。

五、其他详图

在建筑设计中，对大量重复出现的构配件如台阶、面层做法等，通常采用标准设计，即由国家或地方编制的一般建筑常用的构配件详图，供设计人员选用，以减少不必要的重复劳动。在读图时要学会查阅这些标准图集。

第八章 结构施工图

第一节 概 述

无论建筑物的造型如何，都得靠承重的部件组成骨架体系将其支撑起来，这种承重的骨架体系称为建筑结构。组成承重骨架体系的各个部件称为结构构件，如基础、柱、板、梁、屋架等。在建筑设计的基础上，对建筑物各承重构件的设置、构造、形状、大小、材料以及相互关系等进行设计计算，画出来的用以指导施工的图样称为结构施工图或结构图，简称为"结施"。

一、结构施工图的分类和内容

结构施工图一般包括结构设计说明、结构平面布置图和构件详图等。

1. 结构设计说明

结构设计说明包括结构设计图纸目录和结构设计总说明。结构设计图纸目录可以使读者了解图纸的总张数和每张图纸的内容，核对图纸的完整性，查找所需要的图纸。结构设计总说明以文字叙述为主，主要说明设计的依据，主要内容包括以下方面：

（1）设计的主要依据（如设计规范、勘察报告等）。

（2）结构安全等级和设计使用年限、混凝土结构所处的环境类别。

（3）建筑抗震设防类别、建设场地抗震设防烈度、场地类别、设计基本地震加速度值、所属的设计地震分组以及混凝土结构的抗震等级。

（4）基本风压值和地面粗糙度类别。

（5）人防工程抗力等级。

（6）活荷载取值，尤其是荷载规范中没有明确规定或与规范取值不同的活荷载标准值及其作用范围。

（7）设计±0.000标高所对应的绝对标高值。

（8）所选用结构材料的品种、规格、型号、性能、强度等级，对水箱、地下室、屋面等有抗渗要求的混凝土的抗渗等级。

（9）结构构造做法（如混凝土保护层厚度、受力钢筋锚固搭接长度等）。

（10）地基基础的设计类型与设计等级，对地基基础施工、验收要求以及不良地基的处理措施与技术要求。

2. 结构平面布置图

结构平面布置图是建筑物承重结构的整体布置图，主要表示结构构件的位置、数量、型号和相互关系。与建筑平面图一样，属于全局性的图纸，通常包括基础平面图、楼层结构平面布置图、屋面结构平面布置图和柱网平面图等。

3. 构件详图

构件详图是表示单个构件形状、尺寸、材料、构造以及工艺的图样，属于局部性图纸。其内容主要有：基础详图，梁、板、柱等构件详图，楼梯结构详图，屋架和支撑结构详图等。

结构施工图是施工放线、挖基坑、做基础、支模板、绑扎钢筋、设置预埋件、预留孔洞、浇筑混凝土（或安装预制的梁、板、柱）等构件以及编制预算和进行施工组织设计等各项工作的依据。

建筑物承重构件所用的材料，有钢筋混凝土、钢、木、砖、石等。本章主要介绍钢筋混凝土结构图。

二、结构施工图的有关规定

绘制结构施工图，应遵守《房屋建筑制图统一标准》（GB/T 50001—2017）和《建筑结构制图标准》（GB/T 50105—2010）的相关规定。

1. 图线

结构施工图中各种图线的选用如表 8-1 所示。

表 8-1　结构施工图中各种图线

名称		线型	线宽	一般用途
实线	粗		b	螺栓、钢筋线、结构平面图中的单线结构构件线，钢、木支撑及系杆线，图名下横线、剖切线
	中粗		$0.7b$	结构平面图及详图中剖到或可见的墙身轮廓线，基础轮廓线，钢、木结构轮廓线，钢筋线
	中		$0.5b$	结构平面图及详图中剖到或可见的墙身轮廓线、基础轮廓线、可见的钢筋混凝土构件轮廓线、钢筋线
	细		$0.25b$	标注引出线、标高符号线、索引符号线、尺寸线
虚线	粗		b	不可见的钢筋线、螺栓线、结构平面图中不可见的单线结构构件线及钢、木支撑线
	中粗		$0.7b$	结构平面图中的不可见构件、墙身轮廓线及不可见钢、木结构构件线，不可见的钢筋线
	中		$0.5b$	结构平面图中的不可见构件、墙身轮廓线及不可见钢、木结构构件线，不可见的钢筋线
	细		$0.25b$	基础平面图中的管沟轮廓线、不可见的钢筋混凝土构件轮廓线
单点长画线	粗		b	柱间支撑、垂直支撑、设备基础轴线图中的中心线
	细		$0.25b$	定位轴线、对称线、中心线、重心线
双点长画线	粗		b	预应力钢筋线
	细		$0.25b$	原有结构轮廓线
折断线			$0.25b$	断开界线
波浪线			$0.25b$	断开界线

2. 比例

绘图时根据图样的用途、被绘物体的复杂程度，应选用如表 8-2 所示常用比例，特殊情况下也可选用可用比例。当构件的纵、横向断面尺寸相差悬殊时，可在同一详图中的纵横向选用不同的比例绘制。轴线尺寸与构件尺寸也可选用不同的比例绘制。

表 8-2　结构施工图的比例

图名	常用比例	可用比例
结构平面图 基础平面图	1：50,1：100,1：150	1：60,1：200
圈梁平面图、总图中 管沟、地下设施等	1：200,1：500	1：300
详图	1：10,1：20,1：50	1：5,1：30,1：25

3. 构件代号

《建筑结构制图标准》（GB/T 50105—2010）规定，对于梁、板、柱等钢筋混凝土构件可用代号表示，代号后面应用阿拉伯数字标注该构件的型号或编号，也可为构件的顺序号。构件代号采用汉语拼音音头，如 KB 代表空心板，GL 代表过梁等；构件的顺序号采用不带角标的阿拉伯数字连续编排，如表 8-3 所示。

表 8-3　常用构件代号

序号	名　称	代号	序号	名　称	代号	序号	名　称	代号
1	板	B	19	圈梁	QL	37	承台	CT
2	屋面板	WB	20	过梁	GL	38	设备基础	SJ
3	空心板	KB	21	连系梁	LL	39	桩	ZH
4	槽形板	CB	22	基础梁	JL	40	挡土墙	DQ
5	折板	ZB	23	楼梯梁	TL	41	地沟	DG
6	密肋板	MB	24	框架梁	KL	42	柱间支撑	ZC
7	楼梯板	TB	25	框支梁	KZL	43	垂直支撑	CC
8	盖板或沟盖板	GB	26	屋面框架梁	WKL	44	水平支撑	SC
9	挡雨板或檐口板	YB	27	檩条	LT	45	梯	T
10	吊车安全走道板	DB	28	屋架	WJ	46	雨篷	YP
11	墙板	QB	29	托架	TJ	47	阳台	YT
12	天沟板	TGB	30	天窗架	CJ	48	梁垫	LD
13	梁	L	31	框架	KJ	49	预埋件	M-
14	屋面梁	WL	32	刚架	GJ	50	天窗端壁	TD
15	吊车梁	DL	33	支架	ZJ	51	钢筋网	W
16	单轨吊车梁	DDL	34	柱	Z	52	钢筋骨架	G
17	轨道连接	DGL	35	框架柱	KZ	53	基础	J
18	车挡	CD	36	构造柱	GZ	54	暗柱	AZ

　　注：1. 预制钢筋混凝土构件、现浇钢筋混凝土构件、钢构件和木构件，一般可直接采用本表中的构件代号。在绘图中，当需要区别上述构件的材料种类时，可在构件代号前加注材料代号，并在图纸中加以说明。

　　2. 预应力钢筋混凝土构件的代号，应在构件代号前加注"Y-"，如 Y-DL 表示预应力钢筋混凝土吊车梁。

4. 定位轴线与标高

结构施工图上的定位轴线及编号应与建筑施工图一致，标注结构标高。

5. 尺寸标注

结构施工图上的尺寸一般应与建筑施工图相符合，但有时也不完全相同。结构施工图中所注尺寸是结构的实际尺寸，即一般不包括结构表面粉刷或面层的厚度。在桁架式结构的单线图中，其几何尺寸可直接注写在杆件的一侧，不需画尺寸线和尺寸界限，对称桁架可在左半边注尺寸、右半边注内力值和反力值。

6. 构件标准图集

为了使钢筋混凝土构件系列化、标准化，便于工业生产，国家及各省、市都编制了定型构件标准图集。绘制施工图时，凡选用定型构件，可直接引用标准图集，而不必绘制构件施工图。在生产构件时，可根据构件的编号查出标准图直接制作。

第二节　钢筋混凝土构件图

一、钢筋混凝土简介

（一）钢筋混凝土的一般概念

混凝土是由水泥、粗细骨料和水按一定的比例配合后，浇筑在模板内经振捣密实和养护而成的一种人工石材。与天然石材一样，它的抗压强度较高而抗拉强度很低。如图 8-1 所示的简支梁，在荷载作用下，中性层以上为受压区，中性层以下为受拉区，由于混凝土抗拉强度很低，当拉应力超过混凝土极限拉应力时，混凝土就会在受拉区开裂而破坏，而受压区混凝土的抗压强度却远远没有被充分利用，因此，混凝土的承载力取决于混凝土的抗拉强度。如果在梁的受拉区适量配置抗拉和抗压强度都很高的钢筋帮助混凝土承担拉力，则梁的承载力将取决于受拉区钢筋的抗拉强度和受压区混凝土的抗压强度，两种材料的强度都得到了充分利用，梁的承载力将大大提高。这种在混凝土中加入适量钢筋的结构称作钢筋混凝土结

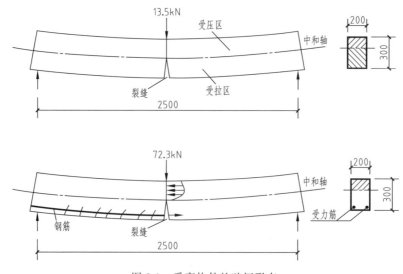

图 8-1　受弯构件的破坏形态

构，用钢筋混凝土制成的梁、板、柱等称为钢筋混凝土构件。钢筋混凝土构件在现场浇筑制作的称为现浇构件，在预制构件厂先期制成的则称为预制构件。此外，为了增强构件的抗拉和抗裂性能，在构件制作时，会先将钢筋张拉，预加一定的压力，这种构件称为预应力钢筋混凝土构件。

（二）钢筋与混凝土的种类及性能

1. 钢筋的种类与性能

建筑工程所用的钢筋，按其加工工艺不同分为热轧钢筋、冷拉钢筋、热处理钢筋、碳素钢丝、刻痕钢丝、冷拔低碳钢丝及钢绞线。对于热轧钢筋和冷拉钢筋，按其强度分为Ⅰ级、Ⅱ级、Ⅲ级和Ⅳ级四种。Ⅰ级钢筋外形轧成光面，Ⅱ级、Ⅲ级钢筋外形轧成人字纹或月牙形，Ⅳ级钢筋外形轧成螺旋纹。Ⅱ级、Ⅲ级和Ⅳ级钢筋，统称为变形钢筋。我国常用普通钢筋的种类、符号、直径和强度如表 8-4 所示。

表 8-4　普通钢筋参数

钢筋种类（热轧钢筋）	符号	直径 d/mm	强度标准值 f_{yk}/(N/mm^2)
HPB235（Q235）	Φ	8～20	235
HRB335（20MnSi）	Φ	6～50	235
HPB400（20MnSiV，20MnSiNb，20MnTi）	Φ	6～50	400
RRB400（K20MnSi）	Φ^R	8～40	400

HRB 为热轧带肋钢筋，HPB 为热轧光圆钢筋，RRB 为余热处理钢筋。常用的钢筋有热轧光圆钢筋（俗称圆钢），热轧带肋钢筋（俗称螺纹钢）。圆钢（HPB235）一般采用的直径为 6.5mm、8mm、10mm、12mm，再粗的就不常用了，且 6.5mm 和 8mm 最常用，一般用作箍筋。

2. 混凝土的种类与性能

我国《混凝土结构设计规范》规定，混凝土的强度等级分为 14 级：C15、C20、C25、C30、C35、C40、C45、C50、C55、C60、C65、C70、C75、C80。其中符号 C 表示混凝土，C 后面的数字表示立方体抗压强度标准值，单位为 N/mm^2。等级越高强度也越高。

建筑工程中，素混凝土结构的混凝土强度等级不应低于 C15；钢筋混凝土结构的混凝土强度等级不应低于 C20；采用强度等级 400MPa 及以上的钢筋时，混凝土强度等级不应低于 C25。预应力混凝土结构的混凝土强度等级不宜低于 C40，且不应低于 C30。承受重复荷载的钢筋混凝土构件，混凝土强度等级不应低于 C30。

（三）钢筋混凝土基本构件的配筋及作用

1. 梁的配筋及作用

梁内通常配置下列几种钢筋，如图 8-2 所示。

（1）纵向受力筋　纵向受力筋的作用主要是用来承受由弯矩在梁内产生的拉力，放在梁的受拉一侧（有时受压一侧也要放置）。它的直径通常采用 15～25mm。

（2）箍筋　箍筋的主要作用是用来承受由剪力和弯矩在梁内产生的主拉应力。同时，通过绑扎和焊接把其他钢筋联系在一起，形成一个空间的钢筋骨架。

（3）弯起钢筋　由纵向受力钢筋弯起而成，它的作用除在跨中承受正弯矩产生的拉力外，在靠近支座的弯起段还用来承受弯矩和剪力共同产生的主拉应力。

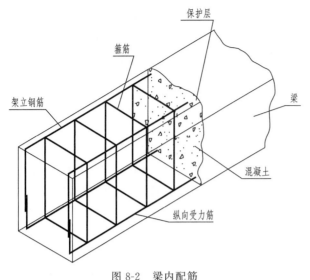

图 8-2　梁内配筋

（4）架立钢筋　它的作用是固定箍筋的正确位置和形成钢筋骨架（如有受压钢筋，则不再配置架立钢筋）。此外，架立钢筋还承受因温度变化和混凝土收缩而产生的应力，防止产生裂缝。

（5）其他钢筋　指因构件构造要求或施工安装需要而配置的构造钢筋，如预埋在构件中的锚固钢筋、吊环等。

2. 板的配筋及作用

梁式板中仅配有两种钢筋：受力筋和分布筋，如图 8-3 所示。

受力筋沿板的跨度方向在受拉区布置，承受弯矩产生的拉力；分布筋沿垂直受力筋方向布置，将板上的荷载更有效地传递到受力筋上去，防止由于温度变化或混凝土收缩等原因沿跨度方向引起裂缝。受力钢筋的位置应固定正确。

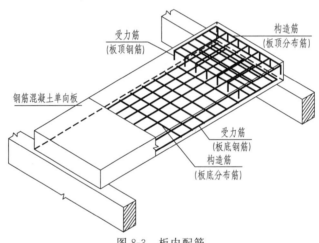

图 8-3　板内配筋

3. 柱的配筋及作用

柱中配有纵向受力筋和箍筋，如图 8-4 所示。

纵向受力筋承受纵向的拉力及压力。箍筋既可保证纵向钢筋的位置正确，又可防止纵向钢筋压曲（受压柱），从而提高柱的承载力。

（四）混凝土保护层及钢筋的弯钩

1. 混凝土保护层

为了防止钢筋锈蚀和保证钢筋与混凝土紧密黏结，梁、板、柱都应有足够厚的混凝土保护层，混凝土保护层厚度应从钢筋的外边缘算起。梁、板、柱的混凝土保护层最小厚度如表 8-5 所示。

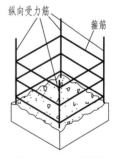

图 8-4　柱内配筋

2. 钢筋的弯钩

光圆钢筋与混凝土之间的黏结强度小，当受力筋采用光圆钢筋时，为了提高钢筋的锚固能力，要求在钢筋的端部做成弯钩，常见的几种弯钩形式及简化画法如图 8-5 所示。图中用细双点长画线表示弯钩伸直后的长度，这个长度在计算钢筋总长度时（备料）需要。变形钢筋与混凝土之间的黏结强度大，故变形钢筋的端部可不做弯钩，按《混凝土结构设计规范》规定采用锚固长度，就可保证钢筋的锚固效果。箍筋两端在交接处也要做出弯钩。

表 8-5　梁、板、柱的混凝土保护层最小厚度　　　　　　　　　　　　mm

项次	环境条件	构件名称	强度等级		
			≤C20	C25 及 C30	≥C35
1	室内正常环境	板、墙、壳	15		
		梁和柱	25		
2	露天或室内高湿度环境	板、墙、壳	35	25	15
		梁和柱	45	35	25

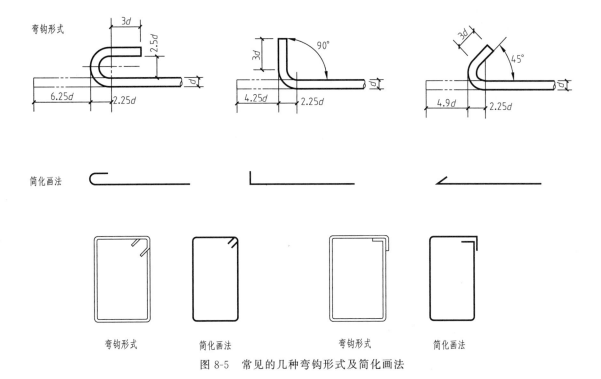

图 8-5　常见的几种弯钩形式及简化画法

二、钢筋混凝土构件图的图示方法

钢筋混凝土构件图由模板图、配筋图、预埋件详图及钢筋明细表组成。

（一）模板图

模板图多用于较复杂的构件，主要是注明构件的外形尺寸及预埋件、预留孔的大小和位置。它是模板制作与安装的重要依据，同时还可用它来计算混凝土方量。模板图一般比较简单，所以比例不要很大，但尺寸一定要全。对于简单的构件，模板图与配筋图合并。

（二）配筋图

配筋图除表达构件的外形、大小以外，主要是表明构件内部钢筋的分布情况。表示钢筋骨架的形状以及在模板中的位置，为绑扎骨架用。为避免混淆，凡规格、长度或形状不同的钢筋必须编以不同的编号，写在小圆圈内，并在编号引线旁注上这种钢筋的根数及直径。配筋图不一定都要画出三面视图，而是根据需要来决定。一般不画平面图，只用正立面图、断面图和钢筋详图来表示。

1. 立面图

立面图是把构件视为一透明体而画出的一个纵向正投影图，构件的轮廓线用细实线表示，钢筋用粗实线表示，以突出钢筋的表达。当钢筋的类型、直径、间距均相同时，可只画出其中的一部分，其余省略不画。

2. 断面图

配筋断面图是构件的横向剖切投影图。一般在构件断面形状或钢筋数量、位置有变化之处，均应画出断面图。在断面图中，构件断面轮廓线用细实线表示，钢筋的截面用直径为1mm的小黑圆点表示，一般不画混凝土图例，如图 8-8、图 8-11 所示。

3. 钢筋详图

钢筋详图是表明构件中每种钢筋加工成型后形状和尺寸的图。图上直接标注钢筋各部分的实际尺寸，可不画尺寸线和尺寸界线。详细注明钢筋的编号、根数、直径、级别、数量（或间距）以及单根钢筋断料长度，它是钢筋断料和加工的依据，如图 8-9 所示。

4. 钢筋的标注方法

在钢筋立面图和断面图中，为了区分各种类型和不同直径的钢筋，规定应对钢筋加以编号。每类（即型式、规格、长度相同）只编一个号。编号规定用阿拉伯数字，编号小圆圈和引出线均为细实线，小圆圈直径为 6mm，引出线应指向相应的钢筋。钢筋编号的顺序应有规律，一般为自下而上，从左向右，先主筋后分布筋。

钢筋的标注内容应有钢筋的编号、数量、代号、直径、间距及所在位置。钢筋的标注内容均注写在引出线的水平线上。具体标注方法如图 8-6 所示。

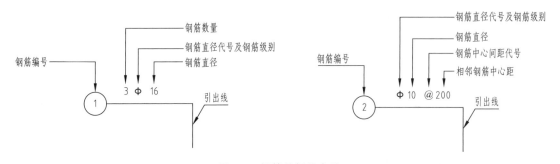

图 8-6　钢筋的标注方法

例如：3Φ18 表示 1 号钢筋是三根直径为 18mm 的Ⅱ级钢筋。又如Φ8@250 表示 3 号钢筋是Ⅰ级钢筋，直径为 8mm，每 250mm 放置一根（@为等间距符号）。钢筋的标注形式如图 8-7 所示。

配筋图上各类钢筋的交叉重叠很多，为了更方便地区分，对配筋图上钢筋画法与图例也有规定，常见的如表 8-6 所示。

（三）预埋件详图

有时在浇筑钢筋混凝土构件时，需要配置一些预埋件，如吊环、钢板等。预埋件详图可用正投影图或轴测图表示。

（四）钢筋明细表

在钢筋混凝土构件配筋图中，如果构件比较简单，可不画钢筋详图，而只列钢筋明细表，供施工备料和编制预算使用。在钢筋明细表中，要表明钢筋的编号、简图、直径、级别、长度、根数、总长度和总质量。

三、钢筋混凝土构件图示实例

（一）钢筋混凝土简支梁

1. 模板图

如图 8-8 所示的钢筋混凝土简支梁比较简单，可不单独绘制模板图，而是将模板图与配筋图合并表示，只画其配筋图。

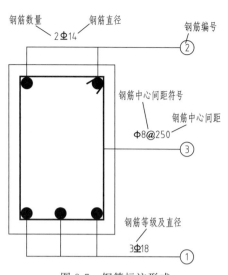

图 8-7　钢筋标注形式

表 8-6　钢筋画法图例

序号	名称	图例	说明
1	钢筋横断面	●	
2	无弯钩的钢筋端部		长短钢筋重叠时,45°短划线表示短钢筋的端部
3	带半圆形弯钩的钢筋端部		
4	带直钩的钢筋端部		
5	带丝扣的钢筋端部		
6	无弯钩的钢筋搭接		
7	带半圆形弯钩的钢筋搭接		
8	带直钩的钢筋搭接		
9	套管接头(花篮螺钉)		用文字说明机械连接的方式(或锥螺纹等)
10	在平面图中配置双层钢筋时,向上或向左的弯钩表示底层钢筋,向下或向右的钢筋表示顶层钢筋	底层　顶层　底层　顶层	
11	配双层钢筋的墙体,在配筋立面图中,向上或向左的弯钩表示远面的钢筋,向下或向右的弯钩表示近面钢筋	近面　近面　远面　远面　近面　远面　近面　远面	

序号	名称	图例	说明
12	若在断面图中不能表达清楚的钢筋布置,应在断面图外增加钢筋大样图		

2. 配筋图

配筋图主要表示构件内各种钢筋的形状、大小、数量、级别和配置情况。配筋图主要包括立面图,如图 8-8(a)所示;断面图,如图 8-8(b)所示的 1—1、2—2;钢筋详图,如图 8-9 所示。

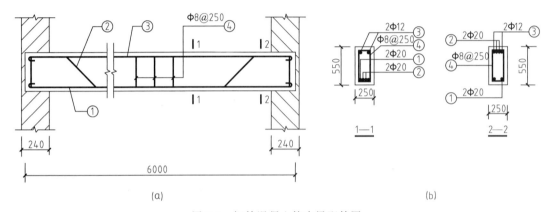

图 8-8　钢筋混凝土简支梁配筋图

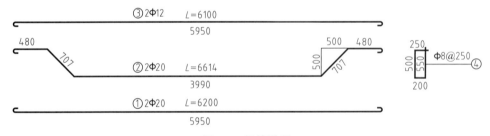

图 8-9　钢筋详图

(1) 直钢筋　如图 8-8 所示,钢筋①为一直钢筋,其尺寸是指钢筋两端弯钩外缘之间的距离,即为全梁长 6000mm 减去两端弯钩外保护层各 25mm。此长度再加上两端弯钩长即可得出钢筋全长。本图弯钩按 $6.25d$ 计算,则钢筋①的全长为 $5950+2\times6.25\times20=6200$(mm)。同样,架立钢筋③全长为 $5950+2\times6.25\times12=6100$(mm)。

(2) 弯起钢筋　图 8-8 中钢筋②为弯起钢筋。所注尺寸中弯起部分的高度以弯起钢筋的外皮计算,即从梁高 550mm 中减去上下混凝土保护层厚,$550-50=500$(mm)。由于弯折角 $=45°$,故弯起部分的底宽及斜边各为 500mm 及 707mm(图 8-9)。钢筋②弯起后的水平直段长度为 480mm(由结构计算确定),钢筋②中间水平直线段长度为 $6000-2\times25-480\times2-500\times2=3990$(mm)。则钢筋②全长为 $6.25\times20\times2+480\times2+707\times2+3990=6614$(mm)。

（3）箍筋　箍筋尺寸注法各地不完全统一，大致分为注箍筋外缘尺寸及注内口尺寸两种。前者的优点在于与其他钢筋一致，即所注尺寸均代表钢筋的外皮到外皮的距离；注内口尺寸的优点在于便于校核，箍筋内口尺寸即构件截面外形尺寸减去主筋混凝土保护层，箍筋内口高度也即弯筋的外皮高度。在注箍筋尺寸时，最好注明尺寸是内口还是外缘。图 8-9 中箍筋长度为 2（500＋200）＋100＝1500（mm）（内口）。

（4）钢筋详图　钢筋详图表明了钢筋的形状、编号、根数、等级、直径、各段长度和总长度等，如图 8-9 所示。例如：钢筋①两端带弯钩，其上标注的 5950 是指梁的长度 6000 减去两端弯钩外保护层各 25mm。两端弯钩长度共为 2×6.25×20＝250（mm），则①钢筋总长度为 5950＋2×6.25×20＝6200（mm）。钢筋②全长为 6.25×20×2（两端弯钩）＋480×2（弯起后直段长度）＋707×2（弯起钢筋斜段长度）＋3990（钢筋下部直段长度）＝6614（mm）。

必须注意，钢筋表内的钢筋长度还不是钢筋加工时的断料长度。由于钢筋在弯折及弯钩时，要伸长一些，因此断料长度等于钢筋计算长度扣除钢筋伸长值，伸长值与弯曲角度大小有关，各工地也不完全统一，具体可参阅有关施工手册。箍筋长度如注内口，则计算长度即为断料长度。

3. 钢筋明细表

在钢筋混凝土构件的施工中，还要附加一个钢筋明细表，图 8-8 所示简支梁的钢筋明细表如表 8-7 所示，供施工备料和编制预算时使用。

表 8-7　钢筋明细表

编号	形状	直径	长度	根数	总长/m
①		20	6200	2	12.400
②		20	6614	2	13.228
③		12	6100	2	12.200
④		8	1500	25	37.500

（二）钢筋混凝土板

1. 模板图

钢筋混凝土板大多为现场浇筑，即在施工现场绑扎钢筋、支模板、浇筑混凝土、振捣、养护。可不绘制模板图；如需绘制时，要求同前。

2. 配筋图

钢筋混凝土板按其受力不同，可分为单向板和双向板。单向板中的受力筋配置在分布筋的下侧，双向板中两个方向的钢筋都是受力筋，但与板短边平行的钢筋配置在下侧。如果现浇板中的钢筋是均匀配置的，那么同一形状的钢筋可只画其中一根。

在钢筋混凝土板详图中，用细实线画出钢筋混凝土板的平面形状，用中粗虚线画出钢筋混凝

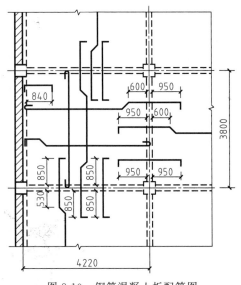

图 8-10　钢筋混凝土板配筋图

土板下方的墙、梁、柱。对于板厚或梁的断面形状，用重合断面的方法表示。钢筋在板中的位置，按结构受力情况确定。配筋绘在板的平面图上，并绘出板内受力筋的形状和配置情况，注明其编号、规格、直径、间距（或数量）等。对弯起钢筋要注明弯起点到端部（轴线）的距离以及伸入邻跨板中的长度，如图 8-10 所示。

3. 钢筋用量表

钢筋混凝土板的钢筋用量表与梁的主要内容相同，一般在简图中表明钢筋详图，不再单独画钢筋详图。本例省略。

（三）钢筋混凝土柱

如图 8-11 所示钢筋混凝土柱选自《单层工厂房钢筋混凝土柱（05G335）》。由于该钢筋混凝土柱的外形、配筋、预埋件比较复杂，所以，除了画出其配筋图外，还应画出其模板图、预埋件详图和钢筋表。

1. 模板图

如图 8-11 可以看出：该柱总高度为 9600mm，分为上柱和下柱两部分。上柱高为

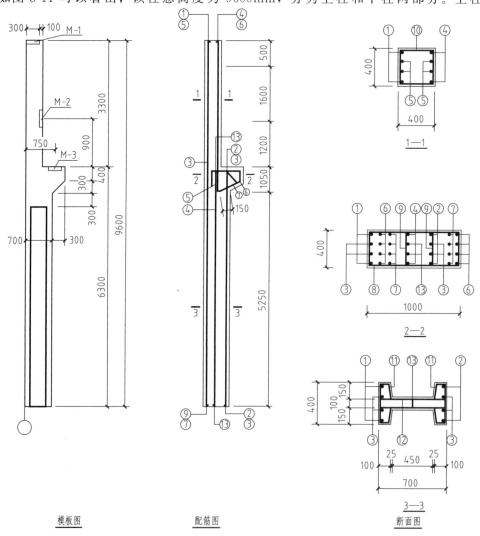

图 8-11　钢筋混凝土柱配筋图

3300mm，下柱高为6300mm。上柱断面为正方形，尺寸为400mm×400mm；下柱断面为工字型，尺寸为700mm×400mm。下柱的上端有一个突出的牛腿，用以支撑吊车梁。牛腿断面2—2为矩形，尺寸为1000mm×400mm。

2. 配筋图

配筋图以立面图为主，再配合三个断面图。从图8-11中可以看出上柱受力筋为①、④、⑤号钢筋，下柱的受力筋为①、②、③号钢筋，由1—1断面图可知，上柱的钢箍为⑩号钢筋。由2—2断面图可知，牛腿中的配筋为⑥、⑦号钢筋，其形状可由钢筋表中查得，其中⑧号钢筋为牛腿中的钢箍，其尺寸随断面变化而变化。⑨号钢筋是单肢钢箍，在牛腿中用以固定受力筋②、③、④和⑬的位置。由3—3断面图看出，在下柱腹板内又加配两根⑬号钢筋，⑪、⑫号钢筋为钢箍。

3. 钢筋用量表

钢筋用量表中列出了钢筋的编号、规格、简图、长度、根数、总长等，如表8-8所示。

表8-8 钢筋用量表

编号	规格	简图	长度/mm	根数	总长/m
①	Φ16	9550	9550	2	19.1
②	Φ16	6250	6250	2	12.50
③	Φ14	6250	6250	4	25.00
④	Φ16	4300	4300	2	8.60
⑤	Φ16	3900	3900	4	15.60
	Φ20	4050	4050	4	16.20
	Φ25	4250	4250	4	17.00
⑥	Φ14	880 200 570 360	2010	4	8.04
⑦	Φ14	250 330 460 520	1580	4	6.32
⑧	Φ8	350 750-1050 450 650-950	2200～2800	11	27.50
⑨	Φ8	350	450	18	8.10
⑩	Φ6	450 350 350 450	1600	29	46.40
⑪	Φ6	460 350 520	750	88	66.00
⑫	Φ6	680	680	88	59.84
⑬	Φ10	6250	6380	2	12.76

4. 预埋件详图

M-1为柱与屋架焊接的预埋件，M-2、M-3为柱与吊车梁焊接的预埋件，形状和尺寸如图8-12所示。

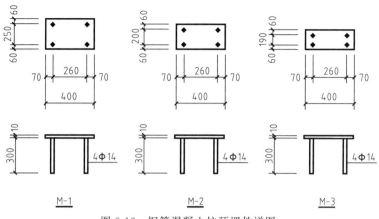

图 8-12　钢筋混凝土柱预埋件详图

第三节　结构平面布置图

　　结构平面布置图是表示建筑楼层中梁、板、柱等各承重构件平面布置的图样。它是承重构件在建筑施工中布置与安装的主要依据，也是计算构件数量、做施工预算的依据。

　　结构平面布置图包括楼层结构平面布置图和屋顶结构平面布置图。两者的图示内容和图示方法基本相同。

一、形成

　　结构平面布置图是假想用一个剖切平面沿着楼板上部水平剖开，移走上部建筑物后所得到的水平投影图样，主要表示了承重构件的位置、类型和数量或钢筋的配置。

二、图示方法

（一）选比例和布图

　　一般采用 1：100，较简单时可用 1：200。画出轴线，结构平面布置图上的轴线应与建筑平面图上的轴线编号和尺寸完全一致。

（二）定墙、柱、梁的大小及位置

　　剖到的梁、板、柱、墙身的可见轮廓线用中粗实线表示；楼板可见轮廓线用粗实线表示；楼板下的不可见墙身轮廓线用中粗虚线表示；可见的钢筋混凝土楼板的轮廓线用细实线表示。

（三）结构构件

1. 预制楼板的图示方法

　　预制楼板按实际布置情况用细实线绘制。布置方案相同时用同一名称表示，并将该房间楼板画上对角线，标注板的数量和构件代号；不同时要分别绘制。一般包含下列内容：数量、标志长度、板宽、板厚、荷载等级等内容。如图 8-13 所示，①～②轴线间的房间标注为 8Y-KB36-2A，含义是：8——数量；Y——预应力；KB——空心板；36——标志长度

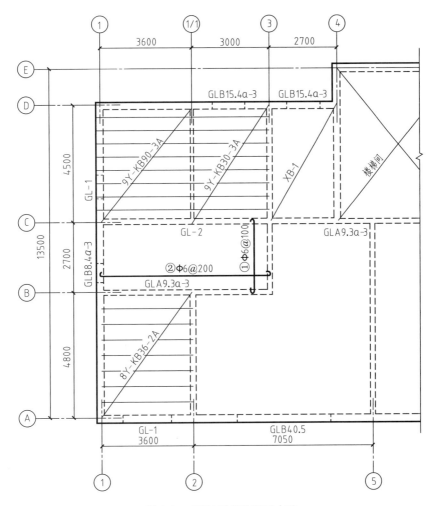

图 8-13　预制楼板的图示方法

3600mm；2——板宽；A——活荷载 1.5kPa。

2. 预制钢筋混凝土梁的图示方法

在结构平面图中，规定圈梁和其他过梁用粗虚线（单线）表示其位置，并将构件代号和编号标注在梁的旁侧。如图 8-13 所示的代号 GL-1 为窗上的过梁。

3. 现浇钢筋混凝土板的图示方法

对于现浇楼板应另绘详图，并在结构平面布置图上只画对角线，注明板的代号和编号，如图 8-13 所示的 XB-1，并在详图上注明钢筋编号、规格、直径、间距或数量等。也可在板上直接绘出配筋图，并注明钢筋编号、直径、种类、数量等。

4. 详图

为了便于施工通常还要画出节点剖面放大详图。在节点放大详图中，应说明楼板或梁的底面标高和墙或梁的宽度尺寸。楼层结构平面上的现浇构件可绘制详图，如图 8-14 所示的 QL-1 配筋图，注明了钢筋形状、尺寸、配筋和梁底标高等，以满足施工要求。

有时也用详图表明构件之间的构造组合关系，如图 8-15 所示板与圈梁搭接详图。图 8-16 为 GL-1 详图。

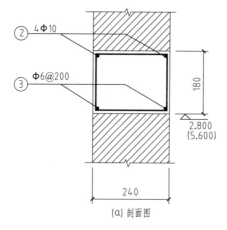
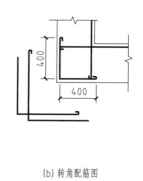

(a) 剖面图   (b) 转角配筋图

图 8-14   QL-1 配筋图

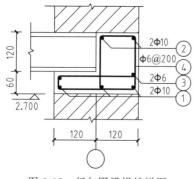

图 8-15   板与圈梁搭接详图

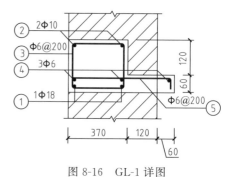

图 8-16   GL-1 详图

第四节   基础施工图

　　建筑物地面以下承受房屋全部荷载的构件称为基础。它不但承受上部墙、柱等构件传来的所有荷载，还将荷载传给位于基础下面的地基。施工放线、基槽开挖、砌筑、施工组织和预算都要以基础施工图为依据，其主要图纸有基础平面图和基础详图。基础的形式很多，且使用的材料也不相同。常见的有条形基础和独立基础，如图 8-17 所示。这里主要介绍这两种。

一、基础平面图

（一）形成

　　假想用一个水平剖切面沿着建筑物室内地面（±0.000）与防潮层之间将房屋建筑剖开，移走上面建筑物，向水平投影面作正投影所得到的投影图称为基础平面图。

（二）条形基础平面图的图示方法

　　条形基础平面图如图 8-18 所示。

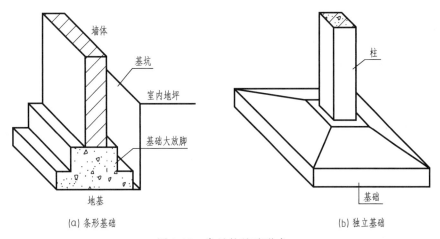

图 8-17　常见的基础形式

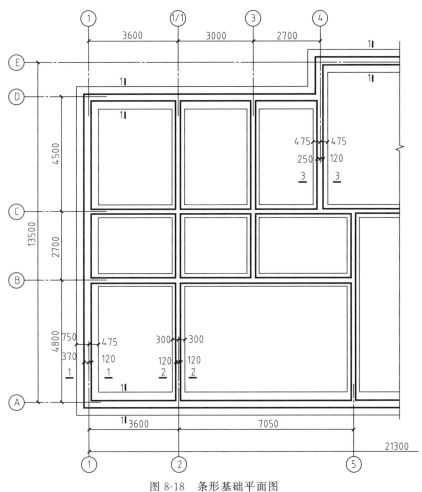

图 8-18　条形基础平面图

1. 定位轴线

画出与建筑平面图中定位轴线完全一致的轴线和编号。

2. 墙身轮廓线

被剖到的墙身轮廓线用粗实线表示，一般情况下可以不画材料图例。

3. 基础外轮廓线

基础外轮廓线用细实线绘制，大放脚的水平投影省略不画。因此，对一般墙体的条形基础而言，基础平面图中只画四条线，即两条粗实线（墙身线）、两条细实线（基础底部宽度）。

4. 基础平面图的尺寸

在基础平面图中，应注出基础定位轴线间的尺寸和横向与纵向的两端轴线间的尺寸。此外，还应注出内、外墙宽度尺寸，基础底部宽度尺寸及定位尺寸，预留空洞（用虚线表示）尺寸和标高，地沟宽度尺寸和标高等。

5. 其他构造图示方法

可见的基础梁用粗实线（单线）表示，不可见的梁用粗虚线表示。剖到的钢筋混凝土柱涂黑表示。穿过基础的管道洞口用细虚线表示、地沟用细虚线表示。

6. 断面详图位置符号

基础平面图上不同断面处绘制断面位置符号，并用不同的编号表示。相同的断面用同一断面编号表示。

（三）独立基础平面图的图示方法

独立基础平面图如图 8-19 所示。

1. 轴线

用与建筑平面图一致的轴线及编号画出轴线。

2. 基础轮廓线

按基础的位置和形状用细实线画出平面投影图。

3. 基础梁

若有基础梁，用粗实线绘制。

4. 编号

独立基础平面图不但要表示出基础的平面形状，还要标明独立基础的相对位置。对不同类型的独立基础要分别编号。

5. 尺寸标注

平面图上只标注轴线间尺寸和总尺寸。基础的尺寸，可在详图中标注。

二、基础详图

（一）形成

基础平面图只确定了基础最外轮廓线宽度尺寸，对于断面形状、尺寸和构成材料需用详图画出。假想用剖切平面垂直地将基础剖开，用较大比例画出剖切断面图，此图称为基础详图。对独立基础，有时还附有单个基础的平面详图。

（二）条形基础详图的图示方法

1. 定位轴线

按断面垂直方向画出定位轴线。

2. 线型

室内外地面用粗实线绘制。剖到的不同材料，用各自材料图例分隔，材料图例用细实线

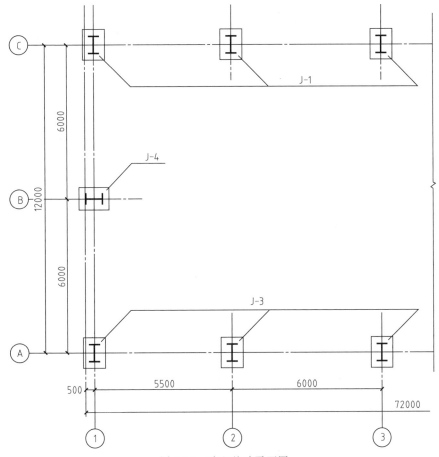

图 8-19　独立基础平面图

绘制。

3. 尺寸标注

因为是详图，所以尺寸标注要详细，以便于满足施工、预算等要求。尺寸标注分为标高尺寸和构造尺寸。标高尺寸表明室内地面、室外地坪及基础地面标高；构造尺寸是以轴线为基准，标明墙宽、基础地面宽度及放脚处宽度，各台阶宽度及整体深度尺寸。

4. 材料符号

用材料图例表明基础所用材料，或用文字注明。

5. 其他构造设施

如有管沟、洞口等构造，除在平面图上标明外，在详图上也要详细画出并标明尺寸、材料。如图 8-20 所示为图 8-18 中断面 1—1、2—2 的基础详图。

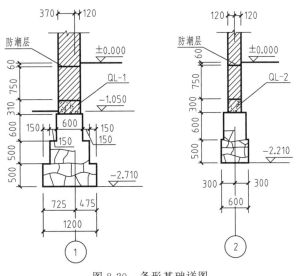

图 8-20　条形基础详图

（三）独立基础详图的图示方法

钢筋混凝土独立基础详图一般应画出平面图和剖面图，用以表达每一基础的形状、尺寸和配筋情况。

1. 独立基础平面详图

① 轴线。画出对应的定位轴线，并画出基础的外部形状和杯口形状。垫层可以不画。

② 钢筋。按局部剖视的方法画出钢筋并标注编号、直径、种类、根数（或间距）等。

③ 尺寸标注。以轴线为基准标注基础底面宽度、台阶宽度、杯口宽度等尺寸。

2. 独立基础剖面详图

独立基础剖面详图一般在对称平面处剖开，且画在对应投影位置，所以不加标注。

独立基础剖面详图和独立基础平面详图，如图 8-21 所示。图示为一锥形的独立基础。它除了画出垂直剖视图外还画出了平面图。垂直剖视图清晰地反映了基础柱、基础及垫层三部分。基础底部为 2000mm×2200mm 的矩形。基础为高 600mm 的四棱台，基础底部配置了Φ8@150、Φ8@100 的双向钢筋。基础下面是 C10 素混凝土垫层，高 100mm。基础柱尺寸为 400mm×350mm，预留插筋 8Φ16，钢筋下端直接插入基础内部，上端与柱中的钢筋搭接。

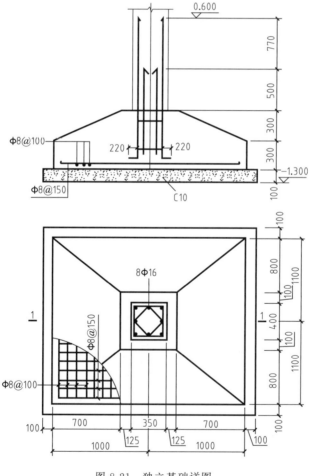

图 8-21　独立基础详图

第九章　设备施工图

现代房屋建筑设备主要是指保障一幢房屋能够正常使用的必备设施，它也是房屋的重要组成部分。整套的建筑设备一般包括：给排水设备；供暖、通风设备；电气设备；煤气设备等。设备施工图主要就是表示各种建筑设备、管道和线路的布置、走向以及安装施工要求等。根据表达内容的不同，设备施工图又分为给水排水施工图、采暖施工图、通风与空调施工图、电气施工图等。根据表达形式的不同，设备施工图也可分成平面布置图、系统图和详图三类。其中平面布置图和系统图有室内和室外之分，本书主要介绍室内设备施工图。

第一节　室内给水排水施工图

给水排水设备系统就是为了给建筑物供应生活、生产、消防用水以及排出生活或生产废水而建设的一整套工程设施的总称。给水排水设备工程主要可以分为室外给水排水（也称城市给水排水）工程和室内给水排水（也称建筑给水排水）工程，同时两者又都包括给水工程和排水工程两个方面。给水排水施工图就是表达给水排水设备系统施工的图样，其中室内给水排水施工图主要包括给水排水平面图、给水排水系统图、安装详图和施工说明；室外给水排水施工图主要包括：系统平面图，系统纵断面图、详图和施工说明。

一、室内给水排水系统的组成

如图 9-1 所示，室内给水排水系统主要包括：室内给水系统和室内排水系统。

1. 室内给水系统

一般民用建筑物室内给水系统由下列各部分组成：

（1）房屋引入管　主要是指由室外给水系统（一般是指市政管网系统）将自来水（净水）引入建筑物与室内给水系统相连接的一段水平管。

（2）水表节点　是指在房屋引入管上安装的总水表以及安装水表前后的阀门和其他装置

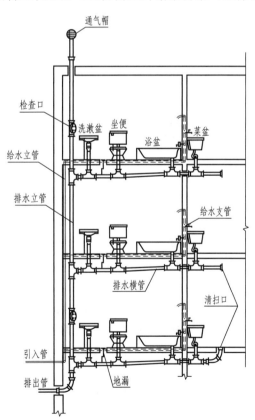

图 9-1　建筑室内给水排水系统的组成

的总称，一般情况下水表节点应该位于建筑物室外专门修建的水表井中。

（3）室内给水管网　由水平干管、立管、水平支管和配水支管等各种管道组成的系统。

（4）配水附件　包括各种配水用的水龙头、阀门、消防栓等设备。

（5）用水设备　就是指建筑物内的各种卫生设备。

（6）附属设备　是指当室外给水系统水压不足以为整栋建筑物供水时所需要的各种升压设备和储水设备，主要包括水泵、水箱等设备。

通常意义上讲，室内给水系统可以分成两大类：下行上给式和上行下给式。

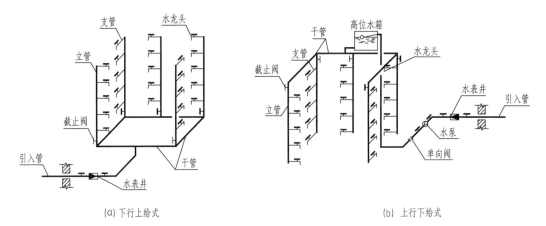

(a) 下行上给式　　　　　　　　　　　　　　　　(b) 上行下给式

图 9-2　室内给水系统

（1）下行上给式。当市政管网系统水压充足或者是在底层设有增压设备时可以采用这种给水方式，给水水平干管设置在建筑物底部，自来水通过立管自下而上为各个用水设备供水，这种给水方式的优势是结构简单，造价低，维护方便，缺点是在水压不足时不能很好地满足上层用户的用水需求，如图 9-2（a）所示。

（2）上行下给式。当市政管网系统给水压力不足或者在用水高峰期不能提供足够压力时可以在房屋顶部设置水箱，将给水水平干管放置于房屋屋面之上或者顶楼天棚之下，由市政管网供给的自来水首先进入水箱，再由顶部的水平给水干管自上向下为整栋建筑供水，一旦市政管网水压不足时，可以先将水箱中的存水供给居民使用，当水压能够满足使用条件时水箱又开始充水，以确保下次水压不足时使用，这种给水系统优势是能够在各种情况下，较好地保证上层用户的用水，但由于增加了储水箱使系统结构复杂，造价增加，最大的缺点是自来水容易被二次污染，如图 9-2（b）所示。

2. 室内排水系统

一般民用建筑物室内排水系统由下列各部分组成：

（1）污水收集器　用来收集污水的设备，污水通过存水弯进入排水横管，常见的污水收集器包括：各种卫生设备、地漏等。

（2）排水横管　连接污水收集器的存水弯和排水立管之间的一段水平管道就是排水横管，污水在排水横管中依靠横管本身存在的坡度自然由收集器流向排水立管。如果同一个排水横管上连接有多个污水收集器时，该排水横管需要配备清扫口。

（3）排水立管　与排水横管和排出管连接，将排水横管中的污水排入排出管，排水立管应该在每隔一层（包括首层和顶层）、距室内楼面 1m 高的位置处设置检查口。

（4）排出管　是排水立管与室外排水管网（市政排水管网）之间的一段连接水平管道，

一般是指在室内排水立管和污水检查井之间的那段横管。

（5）通气管　排水系统不可避免地会产生有害气体，同时由于排水系统利用的是污水的自然流动实现排水，为了保证有害气体的顺利排出和管道网的内外气压平衡，在顶层检查口以上，排水立管上加设一段通气管。通气管高出屋面的距离应大于或等于0.3m，且高度应大于建筑物所在地的最大积雪厚度，以避免被积雪覆盖。同时为防止异物掉入，通气管顶端应安装通气帽或者网罩。

二、室内给水排水施工图的内容

室内给水排水施工图主要包括给水排水平面图、给水排水系统图和安装详图。

1. 室内给水排水平面图

给排水平面图主要表达给水、排水管道在室内的平面布置和走向。当室内给水排水系统相对简单时，可以将给水排水系统绘制在同一张图纸中，否则应该分开绘制。如图9-3所示就是将室内给水排水系统绘制在同一张图纸上的给水排水平面图。对多层建筑，原则上应分层绘制，若楼层平面的卫生设备和管道布置完全相同时，可绘制一个管道平面图（即标准层管道平面图），但底层管道平面图应单独绘制。屋顶设有水箱时，应绘制屋顶水箱管道平面图。

由于底层管道平面图中的室内管道与户外管道相连，必须单独绘制一张比较完整的平面图，把它与户外的管道连接情况表达清楚。而各楼层的管道平面图只需绘制有卫生设备和管道布置的房间，表达清楚即可。

（1）建筑结构主体部分，与用水设备无关的建筑配件和标注可以省略，如门窗编号等，这部分应该都使用细实线绘制，不用标注细部尺寸。

（2）给水排水系统管网，包括各种干管、立管和支管在水平方向上的布置方式、位置、编号和管道管径等信息。因为给水排水施工图是安装示意图，所以管网系统中各种直径的管道均采用相同线宽的直线绘制，管径按管道类型标准，不用准确地表达出管道与墙体的细微距离，即使是暗装管道也可以画在墙体外面，但需要说明暗装部分。各种管道不论在楼面（地面）之上或者之下，均不考虑其可见性，按管道类别用规定的线型绘制。在平面图中给水干管、支管用粗实线绘制，排水干管、支管用粗虚线绘制，立管不区分管道直径均采用小圆圈代替。当几根在不同高度的水平管道重叠在一起时，可以不区分高度，在平面图中平行绘制。

（3）各种用水设备和附属设备的平面位置。各种用水设备不区分给水系统和排水系统可见部分均采用中实线绘制，不可见部分均采用中虚线绘制。

2. 室内给水排水系统图

给水排水平面图只能表示给水排水系统平面布置情况，给水排水系统中关于管网空间布置以及管道间相对位置也是十分重要的内容。为了能够准确表达这些内容，就需要绘制室内给水排水系统轴测图，简称室内给水排水系统图，如图9-4（a）～（c）所示。

按照《建筑给水排水制图标准》（GB/T 50106—2010）规定，给水排水系统图应采用45°正面斜等轴测图，将房间的开间、进深作为 X、Y 方向；楼层高度作为 Z 方向，三个轴向伸缩系数均为1，一般按实际情况将 OX 轴设成与建筑物长度方向一致，OY 轴画成45°斜线与建筑物宽度方向一致。在系统图中要把给水排水系统管网的空间走向，管道直径、坡度、标高以及各种用水设备、连接件的位置表达清楚。各种管道均用单根粗实线表示，管道上的各种附件均用图例绘制。若有多层布置相同时，可绘制其中一层，其他层用折断线断开。

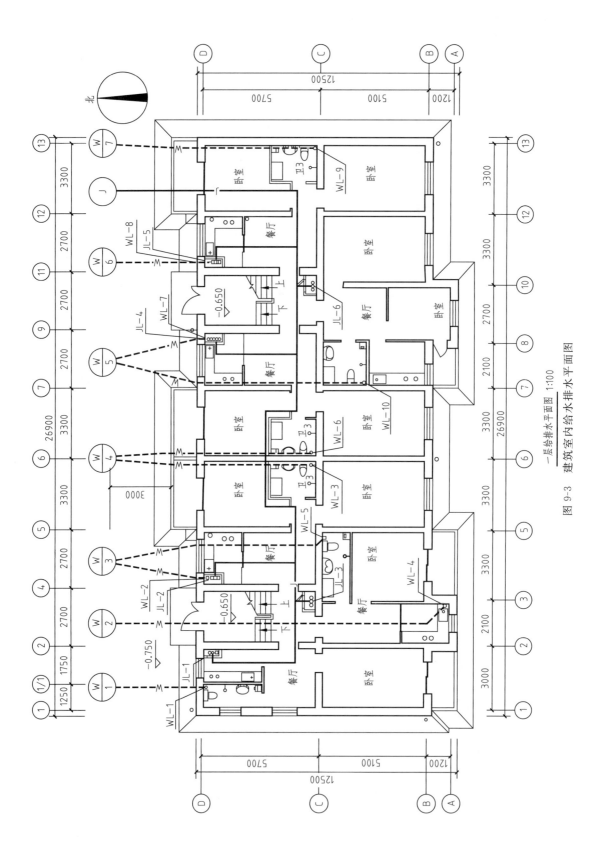

一层给排水平面图 1:100

图 9-3 建筑室内给水排水平面图

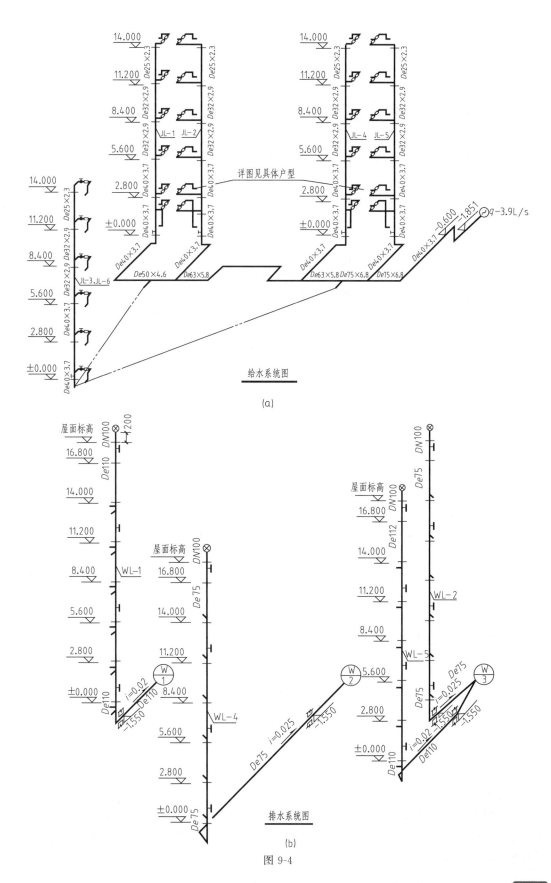

给水系统图

(a)

排水系统图

(b)

图 9-4

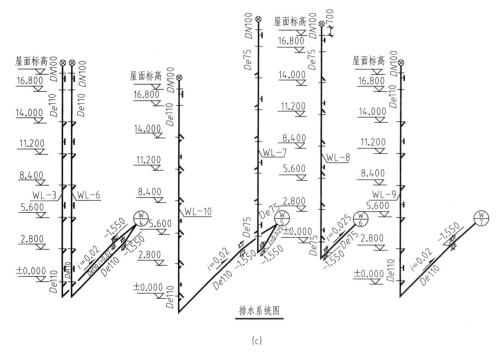

(c)

图 9-4 建筑室内给水排水系统图

（1）给水排水系统图应与平面图采用相同的比例绘制，各管道系统编号应与底层管道平面图中的系统索引编号相同，当管网结构比较复杂时也可以适当放大比例。

（2）管道系统不需要准确绘制，只需将管道标高、坡度和管径标注清晰准确即可。

（3）当空间交叉的管道在系统图中相交时，应该按如下规定绘制：在后面的管道于相交处断开绘制，以确保在前面的管道正常绘制。

（4）当多个管道在系统图中重叠时，允许将一部分管网断开引出绘制，相应的断开处可以用双点画线连接，如果断开处较多时，需要用相同的英文字母注明对应关系，如图 9-4（a）所示。

（5）当管道穿越楼面和地面时，在系统图中需要用一段细实线表示被穿越的楼面、地面，如图 9-4（a）～（c）所示。

三、室内给水排水施工图的制图规定

为了能够将上述内容表达得清晰准确，给水排水施工图除了要符合《房屋建筑制图统一标准》（GB/T 50001—2017）和《建筑给水排水制图标准》（GB/T 50106—2010）的规定外，还要符合相关的行业标准。

1. 图例

给水排水施工图常用一些标准图例来表示给水排水系统中常见的结构、设备、管线，常用的图例如表 9-1 所示。

2. 图线

给水排水施工图主要是用来表达给水排水系统的内容和施工方法，因此相对而言给水排水施工图中图线比较简单，一般就是用粗实线表示给水系统，用粗虚线表示排水系统。其常用的图线如表 9-2 所示。

表 9-1　给水排水施工图中常用的图例

名称	图例	名称	图例
给水管	 ——J——	阀门井检查井	
排水管	 ———P———	水表井	
污水管	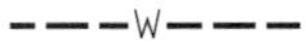 ———W———	水表	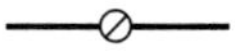
坡向		管道固定支架	
闸阀		自动冲洗水箱	
截止阀	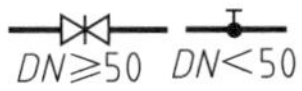 DN≥50　DN<50	淋浴喷头	
旋塞阀	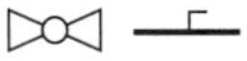	管道立管	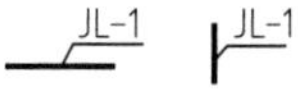 JL-1　JL-1
止回阀		立管检查口	
蝶阀		洗脸盆	
浮球阀	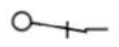	立式洗脸盆	
水龙头		拖布池	
多孔管		立式小便器	
清扫口	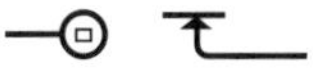	蹲式大便器	
圆形地漏		坐式大便器	
存水管		小便槽	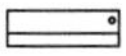
通气帽	 成品　铅丝球	雨水斗	 YD　YD　平面

表 9-2　给水排水施工图中常用的图线

名称	线型	备注
粗实线		新设计的各种给水和其他压力流管线
粗虚线		新设计的各种排水和其他重力流管线 流管线的不可见轮廓线
中实线		给水排水设备、零(附)件的不可见轮廓线;总图中新建的建筑物和构筑物的不可见轮廓线;原有的各种给水和其他压力流管线
中虚线		给水排水设备、零(附)件的可见轮廓线;总图中新建的建筑物和构筑物的可见轮廓线;原有的各种给水和其他压力流管线的不可见轮廓线
细实线		建筑的可见轮廓线;总图中原有的建筑物和构筑物的可见轮廓线;制图中的各种标注线

名称	线型	备注
细虚线	-----	建筑的不可见轮廓线;总图中原有的建筑物和构筑物的不可见轮廓线
单点长画线	—·—·—	中心线、定位轴线
折断线	——〜——	断开界线
波浪线	〜〜〜	平面图中水面线;局部构造层次范围线;保温范围示意线等

3. 比例

根据给水排水施工图中各种图样表达的内容不同,通常采用不同的比例绘制,如表 9-3 所示。

表 9-3　给水排水施工图常用比例

名称	比例	备注
区域规划图 区域位置图	1：50000、1：25000、1：10000 1：5000、1：2000	宜与总图专业一致
总平面图	1：1000、1：500、1：300	宜与总图专业一致
管道总平面图	横向 1：200、1：100、1：50 纵向 1：1000、1：500、1：300	
水处理厂(站)平面图	1：500、1：200、1：100	
水处理构筑物、设备间、卫生间、泵房平、剖面图	1：100、1：50、1：40、1：30	
建筑给排水平面图	1：200、1：150、1：100	宜与建筑专业一致
建筑给排水轴测图	1：150、1：100、1：50	宜与相应图纸一致
详图	1：50、1：30、1：20、1：10、 1：2、1：1、2：1	

4. 标高

给水排水施工图中标高同建筑施工图中一样,均以米(m)为默认单位,一般精确到毫米(mm)位,即小数点后三位,在总平面图上可以精确到厘米(cm)位,即小数点后两位。另外标高种类也应与建筑施工图一致,室内采用相对标高方式,室外采用绝对标高方式进行标注。

在给水排水施工图中,应在管道起止点,转角点,变坡度、尺寸,以及交叉点处标注标高;压力管道一般标注管中心标高,室内重力管道宜标注管内底标高。具体的标注如图 9-5～图 9-8 所示。

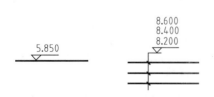

图 9-5　平面图中管道标高标注方式

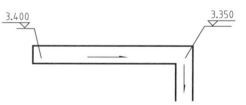

图 9-6　平面图中沟渠标高标注方式

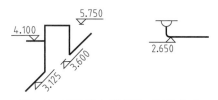

图 9-7　剖面图中管道及水位标高标注方式　　　　图 9-8　系统图中管道标高标注方式

5. 管径

管径均采用毫米（mm）为默认单位。根据具体管道类型按如下方式标注：

（1）水煤气输送钢管（镀锌或非镀锌）铸铁管等管材，管径宜以公称直径 DN 表示，如 $DN15$、$DN50$。

（2）无缝钢管、焊接钢管（直缝或螺旋缝）铜管、不锈钢管等管材，管径宜以外径$D×$壁厚表示，如 $D108×4$、$D159×4.5$ 等。

（3）钢筋混凝土（或混凝土）管、陶土管、耐酸陶瓷管、缸瓦管等管材，管径宜以内径 d 表示，如 $d230$、$d380$ 等。

（4）塑料管材，管径宜按产品标准的方法表示，一般采用 $De×e$ 表示（公称外径×壁厚），也有省略壁厚 e 的，如 $De50$、$De32$ 等。

（5）当设计均用公称直径 DN 表示管径时，应有公称直径 DN 与相应产品规格对照表。

具体的标注方式如图 9-9、图 9-10 所示。

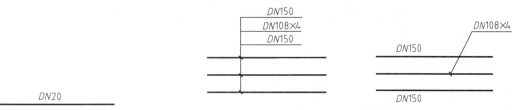

图 9-9　单管道标注方式　　　　　　　　图 9-10　多管道标注方式

6. 编号

当建筑物的给水引入管或者排水排出管数量超过 1 根时，需要采用阿拉伯数字进行编号，编号方法如图 9-11 所示，圆圈用细实线，直径 $\phi12$。当建筑物中给水排水立管数量超过 1 根时，也需要对立管进行编号，采用如图 9-12 所示的编号方法。

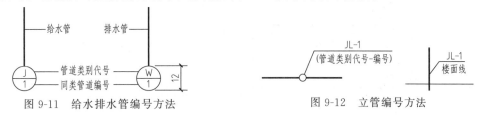

图 9-11　给水排水管编号方法　　　　　　图 9-12　立管编号方法

四、室内给水排水施工图的绘制和阅读

给水排水平面图和给水排水系统图是建筑给水排水施工图中最基本的图样，两者必须互为对照和相互补充，进而将室内卫生器具和管道系统组合成完整的工程体系，明确各种设备的具体位置和管路在空间的布置情况，最终搞清楚图样所表达的内容。为了能够更准确地掌握给水排水施工图的内容、绘制方法，现结合六层住宅的给水排水施工图，如图 9-3、图 9-4、图 9-13、图 9-14 所示，来介绍给水排水施工图的绘制方法和阅读。注意：给水排水施工图中管道的位置和连接都是示意性的，安装时应按标准图或者习惯做法施工。

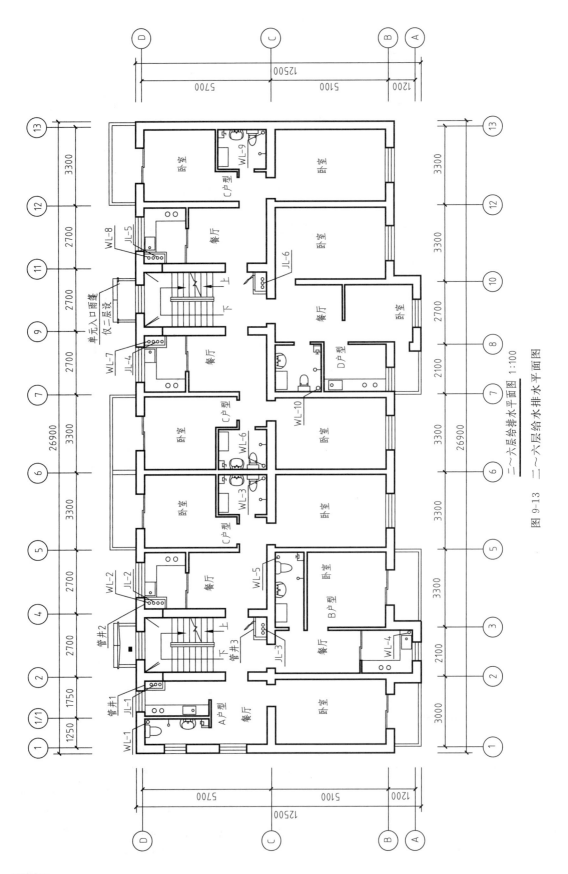

图 9-13 二~六层给水排水平面图

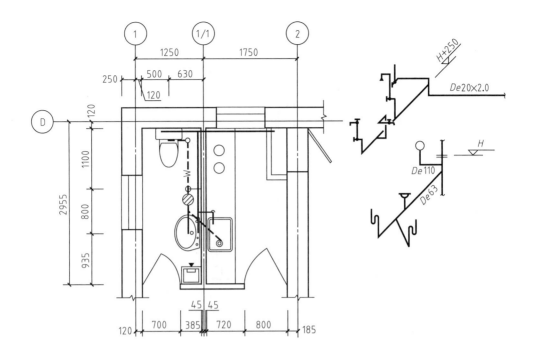

A户型厨卫详图 1:50

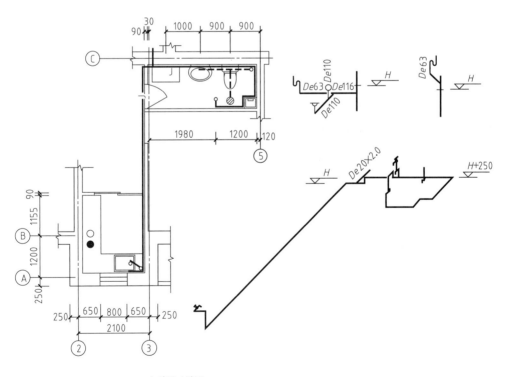

B户型厨卫详图 1:50

图 9-14

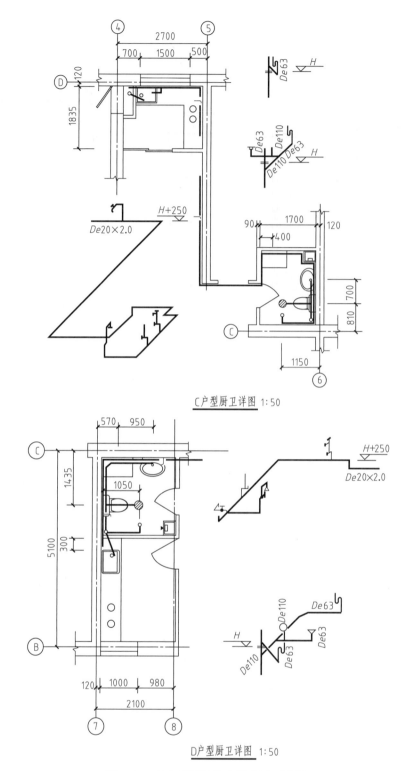

C户型厨卫详图 1:50

D户型厨卫详图 1:50

图 9-14　各户型厨卫给水排水平面详图

1. 室内给水排水平面图

室内给水排水平面图的绘制过程如下：

（1）绘建筑平面图　根据用水设备所在房间情况，需用细实线抄绘建筑平面图中主要部分内容，如墙身、柱、门窗、楼梯等主要构件以及标注定位轴线和必要的尺寸，与用水设备无关的建筑配件和标注可以省略，如门窗编号等，不用标注细部尺寸。一般来说，底层平面图应绘制整个建筑平面图，以表明室内给水引入管、污水排出管与室外管网的相互关系；而楼层平面图仅需绘制用水设备所在房间的建筑平面图。给水排水管道平面图的绘图比例为1：50、1：100、1：200，一般应与建筑平面图的绘图比例相一致。如卫生设备或管线布置较复杂的房间，用1：100不能表达清楚时，可用1：50来绘制。

（2）绘制各种用水设备的图例　在设有给水和排水设备的房间内绘制用水设备的平面图。各种用水设备均按国标所规定的图例要求，用中实线绘制。

（3）绘制给水排水管线　给水管道用单根粗实线绘制；排水管道用单根粗虚线绘制；给水、排水立管用小圆圈（直径 $3b$）表示，并标注立管的类别和编号。在底层管道平面图中，各种管道应按系统予以编号。一般给水管按每一室外引入管为一系统，污、废水管道按每一室外排出管为一系统。绘制管道布置图，先绘制立管，再绘制引入管和排出管，最后按水流方向，依次绘制横支管和附件；底层平面图中，应绘制引入管和排出管；给水管一般画至各设备的放水龙头或冲洗水箱的支管接口。排水管一般画至各设备的废、污水排出口。

（4）在各层管道平面图中标注立管类别和编号　在底层管道平面图中，标明管道系统索引符号。

（5）管道上的各种附件或配件　管道上的各种附件或配件，如阀门、水龙头、地漏、检查口等均按国标规定的图例绘制，并对所使用到的图例进行文字说明。

（6）尺寸和标高　标注给水引入管的定位尺寸和污水、废水排出管连接的检查井定位尺寸。管道的长度在备料时，只需用比例尺从图中近似量出，在安装时是以实测尺寸为依据，故不必标注管道长度。

2. 室内给水排水系统图

给水排水系统图中，管道的长度和宽度由给水排水平面图中量取，高度则应根据房屋的层高、门窗的高度、梁的位置和卫生器具的安装高度等进行综合确定。

（1）首先绘制管道系统的立管，定出各层的楼面线、地面线、屋面线，再绘制给水引入管及屋面水箱的管路或排水管系中接画排出横管、窨井和立管上的检查口和通气帽等，所有管道不区分给水管道和排水管道，一律采用粗实线绘制，楼面线、地面线、屋面线等均采用细实线绘制。

（2）从立管上引出各横向的连接管段，并绘出给水管系中的截止阀、放水龙头、连接支管、冲洗水箱等，或排水管系中的承接支管、存水弯等，这部分支管管道和用水设备均采用中实线绘制。

应注意，当空间交叉的管道在系统图中相交时，为确保在前面的管道正常绘制，在后面的管道于相交处需要断开绘制。

（3）注写各管段的公称直径、坡度、标高、冲洗水箱的容积等数据。

掌握了给水排水平面图绘制方法，相应的给水排水施工图的阅读就可以很好地完成。阅读给水排水平面图首先要搞清楚两个问题：

① 各层平面图中，哪些房间有卫生器具和管道？卫生器具是如何布置的？楼地面标高是多少？

② 有哪几个管道系统？

而阅读给水排水系统图，则需要弄清楚各管段的管径、坡度和标高。基本上系统应该按照水的流动方向来阅读。

① 给水管道系统图　从给水引入管开始，按水流方向依次阅读：引入管→水平干管→立管→支管→卫生器具。

② 排水管道系统图　按排水方向依次阅读：卫生器具→连接短管→排水横管→立管→排出管→检查井。

具体的，按已经给定的一层给水排水平面图，如图 9-3、图 9-4、图 9-13 所示，该六层住宅楼引入管（$De90 \times 8.2$，标高 -1.850）通过外墙 D 进入建筑物，再通过水平干管，与位于管道井的立管 JL-1～JL-6，与各个户型的给水支管相连为各个房间的用水设备供水。而通过厨卫详图，就可以准确地了解给水支管入户后的具体放置位置和用水设备的安置方式。同时通过排水系统图可知，这套住宅拥有 10 个排水立管 WL-1～WL-10，并且在户外有 7 条排出管。

3. 安装详图

给水排水施工图除了要绘制表示整体布局的平面图和系统图外，同样还需要绘制用水设备的具体安装详图。图 9-15 就是坐便器安装详图。从图中就可以看出安装坐便器所需要的各种管件和安装的详细尺寸。

《国家建筑标准技术给水排水标准图集——卫生设备安装》（99S304）已经将一般常用

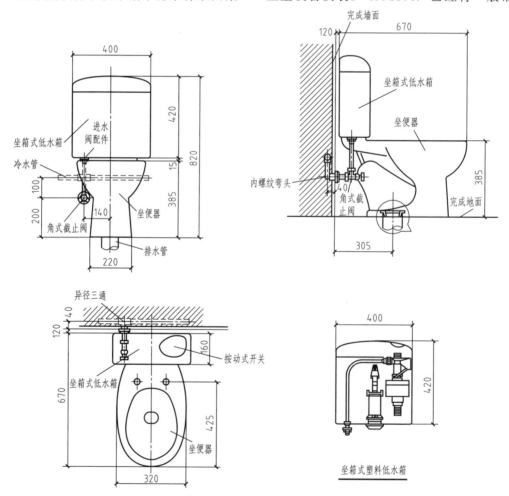

图 9-15　坐便器安装详图

的用水设备标准化、定型化，如果选用其中给定的卫生设备安装图，则不需要另行绘制安装详图，但如选用标准图集中没有的卫生设备，则必须绘制卫生设备安装详图。

第二节　采暖施工图

　　采暖工程是为了保证人们在建筑物内进行生产和生活条件，以及为了满足某些特殊科学实验、生产工艺等环境要求而设置保持或提高室内温度的一系列设备施工工程。因此在寒冷地区，或对室内温度有一定要求的地区，都必须在室内安装采暖设施。按照换热介质的不同，普通民用采暖工程可以简单地分为热水采暖、蒸汽采暖和电采暖。从目前的实际使用情况看，由于蒸汽采暖能耗大、系统稳定性差，除了特殊环境必需外，基本很少使用；热水采暖是现在采暖工程中使用最多的一种，其主要特点是：低温供热、能耗小、节能；而电采暖是新兴的采暖方式，主要是符合目前流行的环保理念，而且相对的能耗小、绿色环保是其主要的特点。

　　本节主要介绍的是采用热水采暖方式的采暖工程，具体地讲就是介绍热水采暖工程图的内容、基本规定以及采暖施工图的绘制和阅读。

一、采暖系统的组成

　　采暖系统由三个部分组成，即热源、输热管道和散热设备。

　　（1）热源　热源就是为整个采暖工程提供热能的设备，常见的如火力发电厂、锅炉房、天然温泉热水、地源热泵等。

　　（2）输热管道　输热管道就是将某种传热介质（这里主要是指热水），从热源输送到建筑物内的散热设备上，进而实现将热能输送到建筑物内的管道网。

　　（3）散热设备　散热设备就是将由输热管网输送到建筑物内的传热介质所带来的热能通过对流方式或者辐射方式来加热建筑物内空气温度的各种设备，一般是布置在各个房间的窗台下面，没有窗户的房间也可以沿内墙布置，以明装居多。

　　根据热源与散热设备之间的物理位置关系，采暖系统可分为集中采暖系统和局部采暖系统两种。

　　① 集中采暖系统是指热源远离需要采暖的房间，通过输热管道将热源输送到多个需采暖的房间。这种方式是目前大规模使用的采暖方式，它的特点主要是：系统相对复杂、造价高、热效率高、安全方便清洁，集中采暖系统的简化示意图如图 9-16 所示。

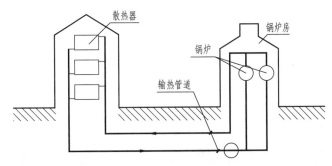

图 9-16　集中采暖系统简化示意图

　　② 局部采暖系统是指热源与散热设备处于同一个房间。为了使某一房间或者室内局部

空气温度上升而采用的采暖系统。

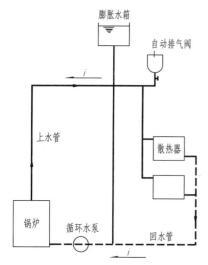

图 9-17 机械循环热水采暖系统
工作原理示意图

相对集中采暖系统，局部采暖系统具有构造简单、成本低、热效率低等特点。因为这些特点，只有在一些有特殊要求的场所才会使用这种采暖系统，否则，只有不具备集中采暖条件或者集中采暖不能满足需求时才会采用这种方式。

根据热水采暖系统热水循环的原动力不同，采暖系统又可以分为自然循环系统和机械循环系统，机械循环热水采暖系统工作原理示意图如图 9-17 所示。

根据输送立管与散热器连接形式，热水采暖系统又可分为：单管单侧顺流式、单管双侧顺流式、双管单侧顺流式、双管双侧顺流式、单管单侧跨越式、单管双侧跨越式等，如图 9-18 所示。

二、采暖施工图的内容

采暖施工图分为室内采暖施工图和室外采暖施工图两部分。室内采暖施工图部分主要包括：采暖平面图、采暖系统图、详图以及施工说明。室外采暖施工图部分主要包括：采暖总平面图、管道横剖面图、管道纵剖面图、详图以及施工说明。如图 9-19～图 9-22 就是一栋六层普通民宅的采暖平面图和采暖系统图。

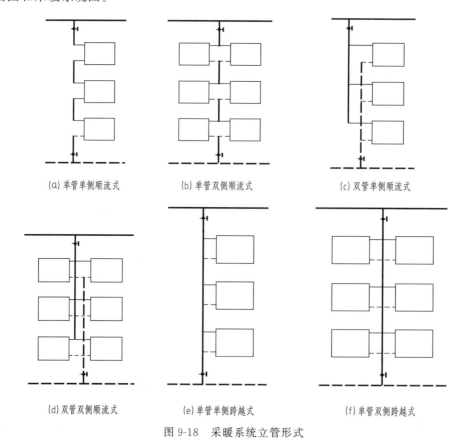

(a) 单管单侧顺流式   (b) 单管双侧顺流式   (c) 双管单侧顺流式

(d) 双管双侧顺流式   (e) 单管单侧跨越式   (f) 单管双侧跨越式

图 9-18 采暖系统立管形式

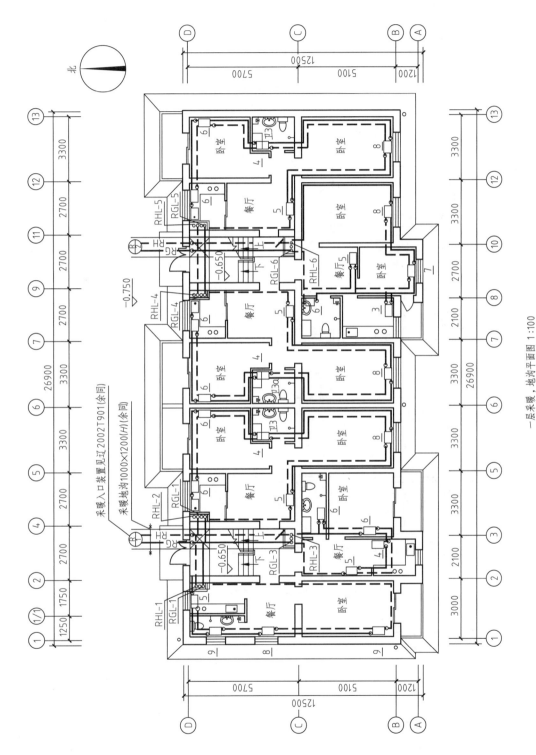

一层采暖，地沟平面图 1:100

图 9-19　一层采暖平面图

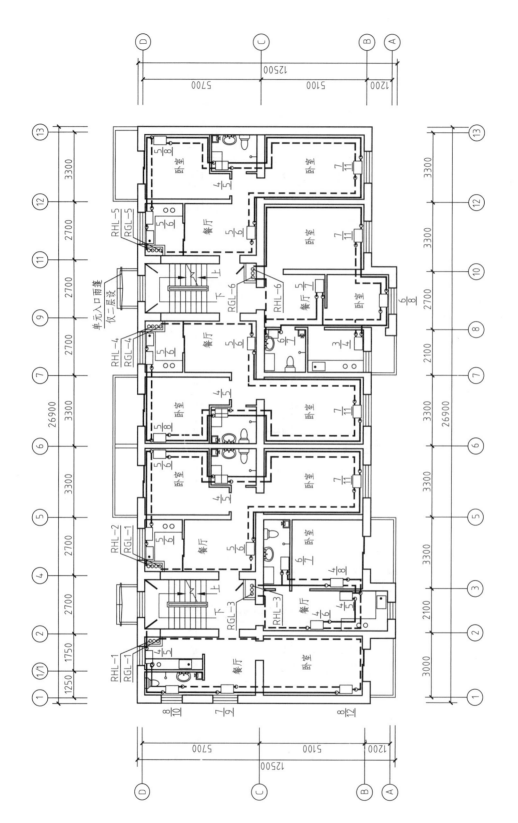

注:二～五层A
　　六层B

1:100

图 9-20　二～六层采暖平面图

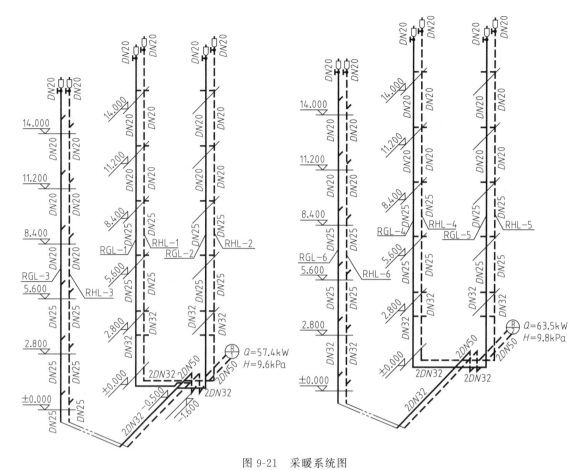

图 9-21 采暖系统图

1. 室内采暖平面图

采暖平面图主要表达采暖系统的平面布置，其内容包括供热干管、采暖立管、回水管道和散热器在室内的平面布置。

对多层建筑，原则上应分层绘制，若楼层平面散热器布置相同，可绘制一个楼层采暖平面图（即标准层采暖平面图），以表明散热器和采暖立管的平面布置，但底层和顶层采暖平面图应单独绘制。底层采暖平面图还需表达供热干管的入口位置，回水干管在底层的平面布置及其出口

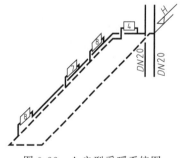

图 9-22 A 户型采暖系统图

位置。顶层采暖平面图还需表达供热横干管在顶棚的平面布置情况。

在采暖平面图中，管线与墙身的距离不反映管道与墙身的实际距离，仅表示管道沿墙的走向，即使是明装管道也可绘制在墙身内，但应在施工说明中注明。供热、回水管道不论管径大小，均用单线条表示。供热管用粗实线绘制，回水管用粗虚线绘制。管径用公称直径 DN 表示。

具体地讲，采暖平面图基本内容包括：

① 建筑平面图（含定位轴线），与采暖设备无关的细部省略不画；

② 散热器的位置、规格、数量及安装方式；

③ 采暖管道系统的干管、立管、支管的平面位置，立管编号和管道安装方式；

④ 采暖干管上的阀门、固定支架等其他设备的平面位置；

⑤ 管道及设备安装的预留洞、管沟等。

2. 室内采暖系统图

采暖系统图是用正面斜等轴测投影绘制的供暖系统立体图，将房屋的长度、宽度方向作为 X、Y 方向；楼层高度作为 Z 方向，三个轴向伸缩系数均为 1。供热干管、立管用单根粗实线表示，回水干管、立管用单根粗虚线表示。管道上的各种附件均用图例绘制。

采暖系统图主要表达管道系统从入口到出口的室内采暖管网系统、散热设备及主要附件的空间位置和相互关系。主要内容包括：

① 管道系统及入口系统编号；

② 房屋构件位置；

③ 标注管径、坡度、管中心标高、散热器规格及数量、立管编号等。

3. 剖（立）面图

采暖系统剖（立）面图要表达房屋和采暖系统在高度方向的构造和布置情况。房屋方面，如地面、墙、柱子、门、窗、楼层、楼盖、楼梯等，凡是剖切平面剖切后按投影方向能看到的设备及管道布置情况都要表达。还要标出地面、楼板面、屋顶等位置的标高。管道系统方面，凡是能看到的设备及管道布置情况都要表达。在注释及尺寸标注方面，如设备的名称及型号、散热器的规格和数量、立管编号、管道的截面尺寸、标高及坡度等，均需按规定注出。

4. 详图

供暖详图用以详细体现各零部件的尺寸、构造和安装要求，以便施工安装时使用。如图9-23 所示为几种不同散热器的安装详图。当采用悬挂式安装时，铁钩要在砌墙时埋入，待墙面处理完毕后再进行安装，同时要保证安装尺寸。

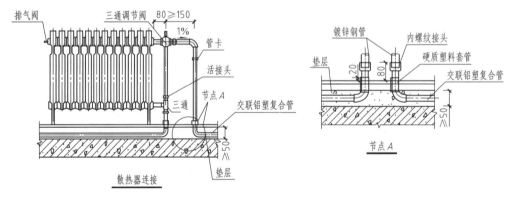

图 9-23 散热器安装详图

三、采暖施工图的制图标准

为了能够将上述内容表达得清晰准确，采暖施工图除了要符合《房屋建筑制图统一标准》（GB/T 50001—2017）和《暖通空调制图标准》（GB/T 50114—2010）的规定外，还要符合相关的行业标准。

1. 线型

采暖施工图中所使用的各种图线应符合表9-4所示的规定。

表 9-4　采暖施工图中常用的线型

名称	线型	备注
粗实线	 ———————	采暖供水、供汽干管、立管,系统图中的管线
粗虚线	 — — — — —	采暖回水管
中实线	 ———————	散热器及散热器连接支管线,采暖设备的轮廓线
中虚线	 — — — — —	设备及管道被遮挡的轮廓线
细实线	 ———————	建筑的可见轮廓线;制图中的各种标注线
细虚线	 — — — — —	采暖地沟、工艺设备被挡住的轮廓线
单点长画线	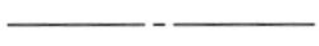 —— · ——	设备中心线、轴心线、部位中心线、定位轴线
折断线	 ——∿——	断开界线
波浪线	 ∿∿∿	断开界线

2. 比例

表 9-5 所示为采暖施工图中常用的比例。

表 9-5　采暖施工图中常用的比例

名称	比例	可用比例
剖面图	1∶50、1∶100、1∶150、1∶200	1∶300
局部放大图、管沟断面图	1∶20、1∶50、1∶100	1∶30、1∶40、1∶200
索引图、详图	1∶1、1∶2、1∶5、1∶10、1∶20	1∶3、1∶4、1∶15

3. 图例

采暖施工图中将常见的设备以图例的方式画出,常用图例如表 9-6 所示。

表 9-6　采暖施工图中常用的图例

名称	图例	名称	图例
供水(汽)管	 ———————	散热器	 ▭ ▭
回(凝结)水管	 — — — — —	集气阀	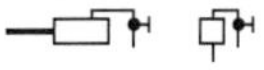 ⊏▭ ⊏▭
保温管	 ⬚⬚⬚	闸阀	▷◁
蝶阀	⬦ ▭	手动调节阀	▷◁
球阀	▷◁	波纹管补偿器	⬚
止回阀	 →◣	固定支架	 ※⊣⊢※
自动排气阀	 ◡	水管转向上	—○
减压阀	 ◁→	水管转向下	—●
波形伸缩器	 —▷◁—	保温层	 ⬚
弧形伸缩器	 ⌒	角阀	▷
动态流量平衡阀	⬗	三通阀	◁▷
管帽螺纹	——|	四通阀	✳
丝堵	 ——◣	方形伸缩器	 ⊓
活接头	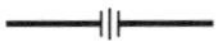 ——‖——	套管伸缩器	 ——⊏▭——

第九章　设备施工图　263

名　称	图　　例	名　称	图　　例
软管	〰〰〰	固定支架	─×─
球形伸缩器	─◎─	管架（通用）	─✕─
平衡阀（可设定流量）	▷◁	同心异径管	▷
法兰盖	──┤┠	偏心异径管	◁
法兰	──╫──	截止阀	▷◁
滑动支架	═══	闸阀	▷◁

4. 标高和坡度

在采暖施工图中，标高与建筑施工图一样，采用米（m）为默认单位，管道应标注管中心标高，并标注在管段的始端或末端。散热器宜标注底标高，同一层、同标高的散热器只标右端的一组。

图 9-24　坡度、坡向的表示方法

由于在采暖施工图中某些管道是要按照一定坡度安装，因此施工图中要标注管道的坡度和坡向，管道的坡度用单面箭头表示，数字表示坡度，箭头表示坡向下方，如图 9-24 所示。

5. 采暖立管与采暖入口编号

采暖施工图需要对系统中的采暖立管和采暖入口进行编号，如图 9-25 所示。编号用 ϕ12 的细实线圆绘制。

6. 管径标注

管径应标注公称直径，如：$DN15$ 等；当需要注明外径和壁厚时，用"D（或 ϕ）外径×壁厚"表示，如 $D110×4$、$\phi110×4$。一般标注在管道变径处，水平管道注在管道线上方，斜管道注在管道斜上方，竖直管道注在管道左侧，当管道无法按上述位置标注时，可用引出线引出标注。具体的标注方式如图 9-26 所示。

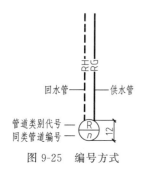

图 9-25　编号方式

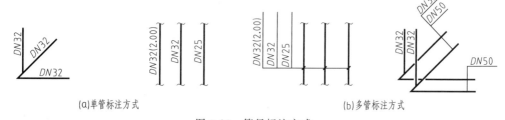

(a)单管标注方式　　　　　　　　(b)多管标注方式

图 9-26　管径标注方式

7. 散热器的规格及数量的标注

根据在采暖系统中使用的散热器的种类，按不同方式标注散热器的规格和数量：

（1）柱式散热器只标注数量，如 14；

（2）圆翼形散热器应注根数、排数，如 $2×2$；

（3）光管散热器应注管径、长度和排数，如 $D76×3000×3$；

（4）串片式散热器应注长度和排数，如 $1.0×2$，具体标注方式如图 9-27 所示。

另外，在平面图中，应标注在散热器所靠窗户外侧附近；在系统图中，应标注在散热器图例内或上方。

| (a)柱式散热器 | (b)圆翼形散热器 | (c)光管散热器 | (d)串片式散热器 |

图 9-27　散热器标注方式

四、采暖施工图的绘制和阅读

采暖平面图和采暖系统图是采暖施工图中最基本的图样,两者必须互为对照和相互补充,才能明确各种散热设备的具体位置和管路在空间的布置情况,最终明确图样所表达的内容。为了能够更准确地掌握采暖施工图的内容、绘制方法,现结合六层住宅的采暖施工图(如图 9-19～图 9-22 所示),来介绍采暖施工图的绘制方法和阅读。注意:采暖施工图中管道的位置和连接都是示意性的,安装时应按标准图或者习惯做法施工。

1. 采暖平面图

采暖平面图主要表达供热干管、采暖立管、回水管道和散热器在室内的平面布置。通过绘制和阅读采暖平面图,能够掌握建筑物内散热器的平面位置、种类、数量以及安装方式,了解输送管道的布置方式以及膨胀水箱、集气罐、疏水器、阀门等各种附件的型号和安装位置。一般情况下,采暖平面图与建筑施工图采用相同的比例绘制,为了突出采暖系统,建筑物部分均用细实线绘制,只绘制建筑物的主体部分,省略门窗编号之类的细节;采暖供热、供汽干管、立管用单根粗实线绘制;采暖回水、凝结水管用单根粗虚线绘制;散热器及连接支管用中实线绘制。

根据实际情况,采暖平面图需要绘制底层平面图、中间层(标准层)平面图和顶层平面图,在底层平面图中应绘制供热引入管、回水管,并注明管径、立管编号、散热器类型和数量等;而顶层平面图则需要表达供水干管和集气罐等附属设备的位置。

采暖平面图的绘制过程如下:

(1) 绘建筑平面图　用细实线抄绘建筑平面图中主要部分内容,如墙身、柱、门窗、楼梯等主要构件以及标注定位轴线和必要的尺寸,与采暖工程无关的建筑配件和标注可以省略,如门窗编号等,不用标注细部尺寸。

(2) 绘制散热器的图例　按国标所规定的图例要求,用中实线绘制各种散热器。

(3) 绘制输送管道　采暖供热、供汽干管、立管用单根粗实线绘制;采暖回水、凝结水管用单根粗虚线绘制。立管用小圆圈(直径 $3b$)表示,并标注立管的类别和编号。在平面图中,各种管道应按系统予以编号。

(4) 管道上的各种附件或配件　管道上的各种附件或配件,如膨胀水箱、集气罐、疏水器、阀门等均按国标规定的图例绘制,并对所使用到的图例进行文字说明。

(5) 尺寸和标高　标注供热引入管和回水排出管定位尺寸。管道的长度在备料时,只需用比例尺从图中近似量出,在安装时是以实测尺寸为依据,故不必标注管道长度。

2. 采暖系统图

采暖系统图中,管道的长度和宽度由采暖平面图中量取,高度则应根据房屋的层高、门窗的高度、梁的位置和附件的安装高度等进行综合确定。

(1) 首先绘制管道系统的立管,定出各层的楼面线、地面线、屋面线,再绘制供热引入管、回水管和供热干管等,供热干管、立管用单根粗实线表示,回水干管、立管用单根粗虚线表示，楼面线、地面线、屋面线等均采用细实线绘制。

（2）从立管上引出各横向的连接管段，并绘出散热器，这部分支管管道和散热均采用中实线或者中虚线绘制。

应注意，当空间交叉的管道在系统图中相交时，为确保在前面的管道正常绘制，在后面的管道在相交处需要断开绘制。

（3）绘制各种附件和配件。管道上的各种附件均用图例绘制。

（4）注写各管段的公称直径、坡度、标高、散热器的规格数量等数据。

综上所述，在掌握了采暖施工图绘制的基础上，识读采暖施工图时，首先应分清热水给水管和热水回水管，并判断出管线的排布方法是单管单侧顺流式、单管双侧顺流式、双管单侧顺流式、双管双侧顺流式、单管单侧跨越式、单管双侧跨越式中的哪种形式；然后查清各散热器的位置、数量以及其他附件和配件（如阀门等）的位置、型号；最后再按供热管网的走向顺次读图。具体地阅读采暖施工图首先要搞清楚两个问题：

（1）各层采暖平面图中，哪些房间有散热器和管道？采暖管道上附属设备有哪些？其位置在何处？

（2）采暖管道系统的入口与出口位置在何处？管沟位置在何处？

再阅读采暖管道系统图，弄清楚散热器与采暖立管的连接形式以及各管段管径、坡度和标高。从采暖管道系统入口处开始，按水流方向依次阅读：系统入口→采暖干管→采暖立管→支管→散热器。

最后弄清散热器与采暖立管的连接形式。

如图 9-19～图 9-22 所示，这栋建筑物拥有两个入口，分别从两个单元门的地下进入建筑物，进入后分成三个方向进入三个管道井，连接成三组立管 RGL1-3 和 RHL1-3，三个立管分别为每层的三户供暖，如 RGL1 和 RHL1 为 A 户型供暖，整个供暖采用的是双管单侧顺流式供暖，在套内输热管道形成大循环。

第十章　路、桥、涵、隧工程图

第一节　道路工程图

道路是一种供车辆和行人等通行的带状构造物，是一个三维的空间实体。它的中心线（简称中线）是一条空间曲线，我们平时所说的路线指的就是道路中线的位置。

道路根据它们不同的组成和功能特点，可分为公路和城市道路两种。位于城市郊区和城市以外的道路称为公路，如图 10-1 （a）所示，公路具有狭长、高差大、弯曲多等特点；位于城市范围以内的道路称为城市道路，如图 10-1 （b）所示。道路路线是以平面图、纵断面图和横断面图来表达的。

(a) 公路　　　　　　　　(b) 城市道路

图 10-1　道路实景图

一、公路路线工程图

人们通常把联结城市、乡村，主要供汽车行驶的具备一定技术条件和设施的道路称为公路。公路是一种主要承受汽车载荷反复作用的带状工程结构物。公路的中心线由于受自然条件的限制，在平面上有转折，纵面上有起伏，为了满足车辆行驶的要求，必须用一定半径的曲线连接起来，因此路线在平面和纵断面上都是由直线和曲线组合而成的。平面上的曲线称为平曲线，纵断面上的曲线称为竖曲线。

公路路线工程图的表达方法与一般工程图不完全相同，有自己的一些画法和规定。它是用公路路线平面图作为平面图，路线纵断面图和路基横断面图分别代替立面图和侧面图。也就是说，公路路线工程图主要包括路线平面图、路线纵断面图和路基横断面图。通常，路线平面图、路线纵断面图和路基横断面图大都画在单独的图纸上，读图时注意相互对照。

（一）路线平面图

路线平面图是为概括地反映工程全貌而绘制的图。路线平面图的作用是表达路线的地形、地物、坐标网、路中心线、路基边线、公里桩、百米桩及平曲线主要桩位，大型构造物的位置以及县以上界线等。路线平面图是将道路的路线画在用等高线表示的地形图上。如图 10-2 所示为某公路 K2+100～K2+800 段的路线平面图，其内容包括地形、路线两部分。

图 10-2 路线平面图

1. 地形部分

（1）比例　路线平面图的比例一般为（1：2000）～（1：5000），本图的比例为 1：2000。一般来讲，地形复杂处可用大比例，如山区用 1：5000。平原、丘陵处用小比例，如 1：2000。

（2）坐标位置　为了确定方位和路线的走向，地形图上必须画出指北针或坐标网。坐标网格应采用细实线绘制，南北方向轴线代号应为 X（X 表示北），东西方向轴线代号应为 Y（Y 表示东），坐标值的标注应靠近被标注点，书写方向应平行于网格或在网格延长线上，数值前应标注坐标轴线代号，当无坐标轴线代号时，图纸上应绘制指北针标志，本图采用指北针标志。

（3）地形和地物　路线所在地带的地形图是用等高线的标高和图例表示的，常用的地物平面图图例见表 10-1。在地形图中，等高线的疏密不同，表示地势的陡缓变化程度不同。此外，图上还标注了水库（路的北侧）、房屋、地震台、工厂、养殖场等信息。

表 10-1　常用地物平面图图例

名称	符号	名称	符号	名称	符号
房屋	 独立 成片	涵洞		水稻田	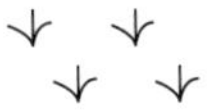
学校	 文	桥梁	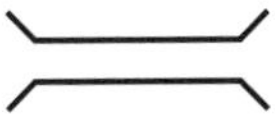	草地	
医院	 +	菜地	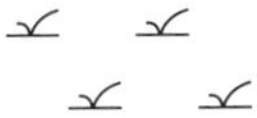	河流	
大车路		旱田	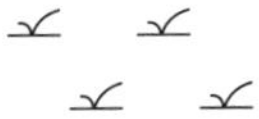	高压线 低压线	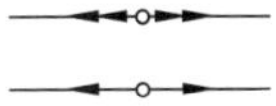
小路		水田		水准点	
铁路		果树	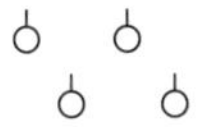	变压器	
公路		坟地	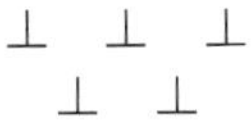	通信线	

2. 路线部分

（1）公路的里程及公里桩　在《道路工程制图标准》GB 50162—92 中规定，道路中线应采用细单点长画线表示，路基边缘线应该采用粗实线表示。路线的长度是用里程表示的。里程桩号应标注在道路中线上，从路线起点至终点，按从小到大、从左到右的顺序排列。

（2）曲线段的参数　路线的平面线形有直线和曲线。对于公路转弯处的曲线形路线，在平面图中采用交角点（公路转弯点）编号来表示。如图 10-3 所示，由左向右为路线的前进方向，ZY（直圆）表示圆曲线的起点即由直线段进入圆曲线段，QZ（曲中）表示圆曲线的中点，YZ（圆直）表示圆曲线的终点即由圆曲线段转入直线段。图中，T 为切线长，E 为外距，R 为曲

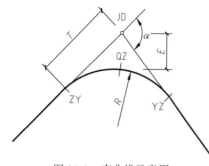

图 10-3　直曲线示意图

线半径，α 为偏角（Z 为左偏角，Y 为右偏角），JD 为交点，详见图 10-2 下面的曲线元素表。

本图路段圆曲线半径分别为 450m 和 880m，缓和曲线长度均为 150m，路线长是 700m。

（3）其他　如地形图采用 1∶2000 或较大比例，也可以画出路基宽度以及填方、坡脚线和开挖的边界线。在平面图上路线前进方向规定从左至右，以便和纵断面图对应。

3. 路线平面图的画法

① 先画地形图，后画路线中心线。

② 等高线按先粗后细的步骤徒手画出，要求线条光顺。路中心用绘图仪器按先曲线后直线的顺序画出，为了与等高线有明显区别，一般以两倍于计曲线宽度绘制。

③ 路线平面图从左向右绘制，桩号左小右大，由于路线具有狭长的特点，需将整条路线分段绘制在若干张图纸上，使用时拼接起来，如图 10-4 所示。分段的断开处尽量设在路线的直线段上的整数桩号处，断开的两端应画出垂直于路线的接图线。

④ 路线平面图的植物图例、水准点符号等，应朝上或向北绘制。最后，

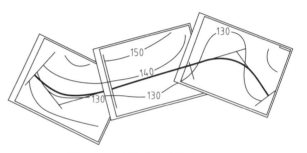

图 10-4　路线平面图拼接示意图

在每张图纸的右上角画出角标，标明这张图纸的序号和图纸的总张数。

4. 路线平面图的读图

读图可按下列顺序进行：

① 先看清路线平面图中的控制点、坐标网（或指北针方向）以及画图所采用的比例；

② 看地形图，了解路线所处区域的地形、地物分布情况；

③ 看路线设计图，了解路线在平面的走向；

④ 了解平曲线的设置情况及平曲线要素；

⑤ 注意路线与公路、铁路、河流的交叉情况；

⑥ 与前后路线平面图拼接起来后，了解路线在平面图中的总体布置情况。

（二）路线纵断面图

路线纵断面图是假想用铅垂面沿路中心线进行剖切展平后形成的。由于路是由直线和曲线组成的，因此，剖切平面由平面和柱面组成。为了能够清晰地表达路线纵断面情况，特采用展开的方法将断面展成一平面，然后作正投影，形成了路线纵断面图。因此，路线纵断面图的作用是表达路中线地面高低起伏的情况，设计路线的坡度情况，以及土壤、地质、水准点、人工构造物和平曲线的示意情况。

如图 10-5 所示为图 10-2 所示某公路 K2＋100～K2＋800 段的路线纵断面，其内容包括图样和资料表两大部分，图样应布置在图幅上部，资料表应采用表格形式布置在图幅下部，高程应布置在资料表的上方左侧，图样与资料表的内容要对应。

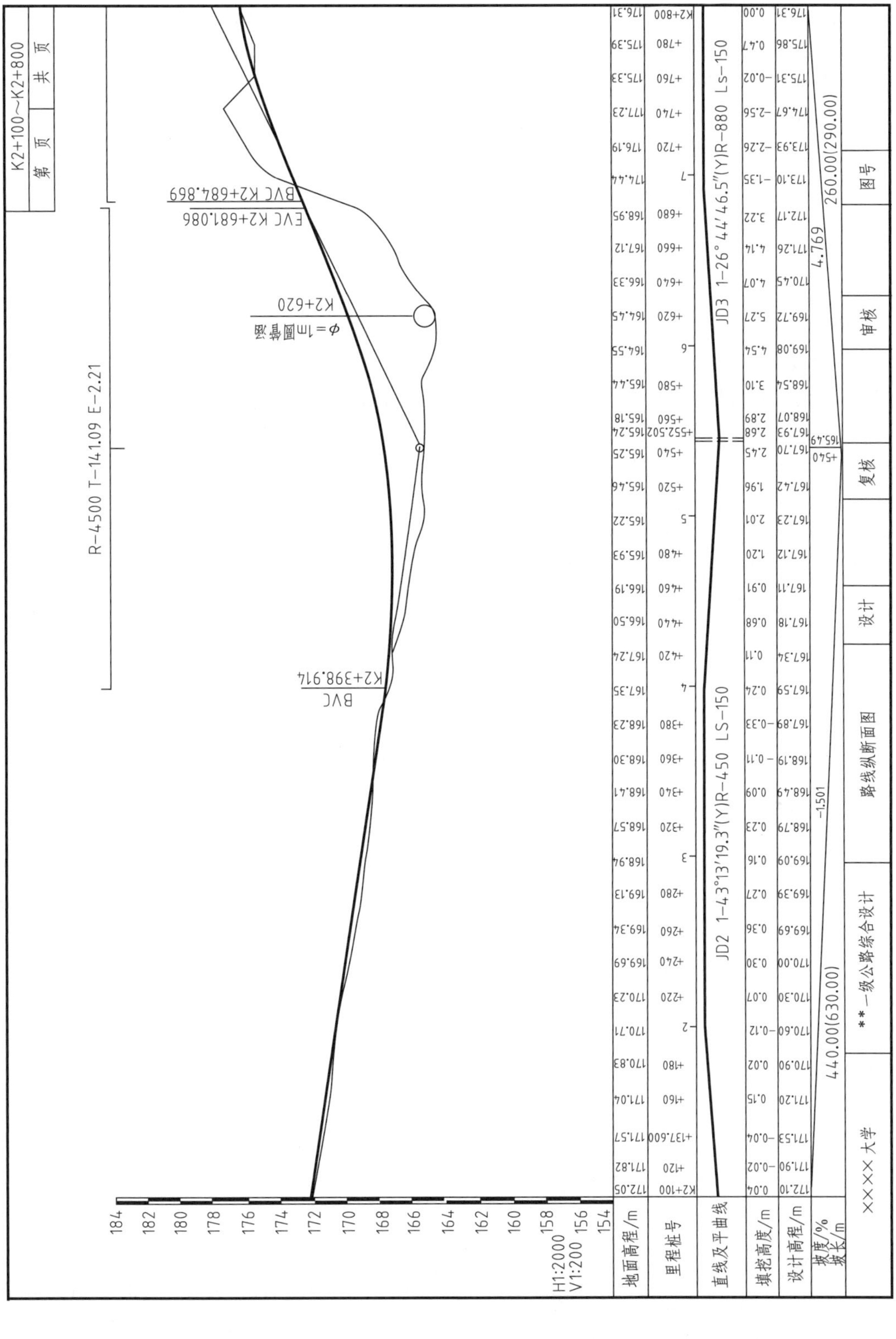

图号

260.00(290.00)

审核

R=4500 T=141.09 E=-2.21

EVC K2+684.869
BVC K2+681.086

K2+620
φ=1m圆管涵

K2+398.914
BVC

复核

4.769

JD3 1-26°44′46.5″(Y)R=880 LS=150

JD2 1-43°13′19.3″(Y)R=450 LS=150

设计

-1.501

路线纵断面图

** 一级公路综合设计

440.00(630.00)

×××× 大学

地面高程/m	里程桩号	直线及平曲线	填挖高度/m	设计高程/m	坡度/% 坡长/m
176.31	K2+800		0.00	176.31	
175.39	+780		0.47	175.86	
175.33	+760		-0.02	175.31	
171.23	+740		2.56	174.67	
176.19	+720		-2.26	173.93	
174.44	+7		-1.35	173.10	
168.95	+680		3.22	172.17	
167.12	+660		4.14	171.26	
166.33	+640		4.07	170.45	
164.45	+620		5.27	169.72	
164.55	6		4.54	169.08	
165.44	+580		3.10	168.54	
165.18	+560		2.89 / 2.68	168.07 / 167.93	165.49
165.25	+540		2.45	167.70	+540
165.46	+520		1.96	167.42	
165.22	5		2.01	167.23	
165.93	+480		1.20	167.12	
166.19	+460		0.91	167.11	
166.50	+440		0.68	167.18	
167.24	+420		-0.11	167.34	
167.35	4		0.24	167.59	
168.23	+380		-0.33	167.89	
168.30	+360		-0.11	168.19	
168.41	+340		0.09	168.49	
168.57	+320		0.23	168.79	
168.94	3		0.16	169.09	
169.13	+280		0.27	169.39	
169.34	+260		0.36	169.69	
169.69	+240		0.30	170.00	
170.23	+220		0.07	170.30	
170.71	2		-0.12	170.60	
170.83	+180		0.02	170.90	
171.04	+160		0.15	171.20	
171.57	+137.600		-0.04	171.53	
171.82	+120		-0.02	171.90	
172.05	K2+100		0.04	172.10	

H1:2000
V1:200

184 182 180 178 176 174 172 170 168 166 164 162 160 158 156 154

图 10-5　路线纵断面图

1. 图样部分

图中水平方向由左至右表示路线的前进方向，垂直方向表示高程。由于路线的高差与其长度相比小很多，为了表示清楚路线高度的变化，GB 50162—92 规定，断面图中的距离与高程宜按不同的比例绘制，水平比例尺与平面图一致，垂直比例尺相应地用（1∶200）～（1∶500）。本例垂直比例尺采用 1∶200。

图中不规则的细折线表示地面线，它是沿路基中线的原地面各点的连线。粗实线表示路线设计线，它是路基中线各点的连线。

当路线坡度发生变化时，为保证车辆顺利行驶，应设置竖向曲线。竖曲线分为凸曲线和凹曲线两种，分别用"┌─┐"和"└─┘"符号表示，并应标注竖曲线的半径（R）切线长（T）和外距（E）。竖曲线符号一般画在图样的上方，GB 50162—92 规定也可布置在测设数据内。如图 10-5 所示，在 K2+398.914 和 K2+681.086 之间设置了一段凹曲线；如图 10-6 所示，在 K2+684.869 和 K2+975.131 之间设置了一段凸曲线。

2. 资料表部分

测设数据应列有坡度/距离、竖曲线、填高（高）挖深（低）设计高程、地面高程、里程桩号和平曲线，设计高程、地面高程、填高、挖深的数据应对准其桩号，单位以米计。桩号数值的字底应与所表示桩号位置对齐，整数公里桩处应标注"K"，其余桩号的公里数可省略。表中"平曲线"一栏表示路线的平面线形，"┌─┐"表示为左偏角的圆曲线，"└─┘"表示为右偏角的圆曲线。这样，结合纵断面情况，即可想象出该路线的空间情况。

值得注意的是：为了减少机动车在弯道上行驶的横向作用力，在必要条件下公路在平曲线处需要设计成外侧高内侧低的形式，路基边缘与设计线之间形成高差，此高差称为超高，如图 10-6 所示。

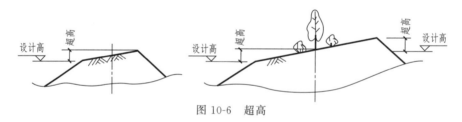

图 10-6　超高

路线纵断面图和路线平面图一般安排在两张图纸上，由于高等级公路的平曲线半径较大，路线平面图与纵断面图长度相差不大，就可以放在一张图纸上，阅读时便于互相对照。

3. 路线纵断面图的画法

① 路线纵断面图常画在透明的方格纸上，方格规格为纵横都是 1mm 长，每 5mm 处印成粗线，可以加快绘图速度，而且还便于检查。绘图时一般画在方格纸的反面，为了在擦改图时能够保留住方格线。

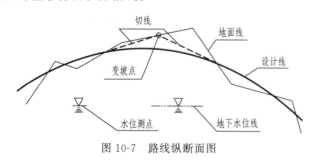

图 10-7　路线纵断面图

② 路线纵断面图应由左向右按路线前进方向顺序绘制。先画资料表，填注里程、地面标高、设计标高、平曲线、纵断面图、桥梁、隧道、涵洞等构造物。当路线坡度发生变化时，变坡点应用直径为 2mm 的中粗线圆圈表示，切线应用细虚线表示，如图 10-7 所示。

③ 每张图的右上角，应注明该图纸的序号及纵断面图的总张数，如图 10-5 右上角所示。

4. 路线纵断面图的读图

读图可按下列顺序进行：

① 先看清水平、垂直向所采用的比例与水准点的位置；

② 看地面线，了解沿路线纵向的地势起伏情况、土质分布情况；

③ 看设计线，了解路线沿纵向的分布情况，弄清楚哪里有坡度以及坡长；

④ 比较地面线与设计线，了解路线填方、挖方情况；

⑤ 看清楚设置竖曲线的位置以及竖曲线要素的各项指标数据；

⑥ 了解沿路线纵向其他工程构造物的分布情况及主要内容；

⑦ 了解竖曲线与平曲线之间的对应关系。

总之，在读图过程中，应该紧密结合数据表与图样，把纵断面图中体现出来的内容读懂读通。

（三）路基横断面图

路基横断面图是在垂直于道路中线的方向上作的断面图。路基横断面图的作用是表达各中心桩处地面横向起伏状况以及设计路基的形状和尺寸。工程上要求在每一中心桩处，根据测量资料和设计要求顺次画出每一个路基横断面，用来计算公路的土石方量和作为路基施工的依据。

路基横断面图的比例尺用 （1∶100）～（1∶200）。

1. 路基横断面图的基本形式及内容

路基按其横断面的挖填情况分为路堤、路堑、半路堤半路堑以及不填不挖断面等。在进行路基设计时，先要进行横断面设计。横断面确定以后，再全面综合考虑路基工程在纵断面上的配合以及路基本体工程与其他各项工程的配合。一般情况下，路基横断面的基本形式有三种：填方路基（路堤）、挖方路基（路堑）、半填半挖路基，如图 10-8 所示 。

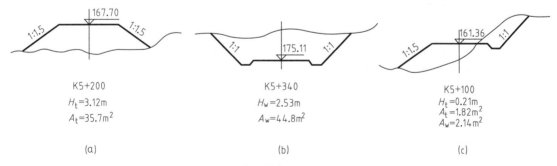

图 10-8 路基横断面图的基本形式

（1）填方路基（路堤） 填方路基即路堤是指全部用岩土填筑而成的路基。路堤的几种常用横断面形式有矮路堤（填土高度低于 1.0m 者）高路堤［填土高度大于 18m（土质）或 20m（石质）］、一般路堤（填土高度介于两者之间）、浸水路堤、护脚路堤和挖沟填筑路堤。

如图 10-8 （a）所示为填方路基（路堤），在图样的下方应注明该断面图的里程桩号，中心线处的填方高度 H_t （m）以及该断面处的填方面积 A_t （m²）。

（2）挖方路基（路堑） 挖方路基即路堑是指全部在原地面开挖而成的路基。路堑横断面的几种基本形式有全挖式路基、台口式路基、半山洞式路基。

如图 10-8（b）所示为挖方路基（路堑），在图样的下方应注明该断面图的里程桩号，中心线处的挖方高度 H_w（m）以及该断面处的挖方面积 A_w（m^2）。

（3）半填半挖路基　当原地面横坡大，且路基较宽，需一侧开挖另一侧填筑时，为挖填结合路基，也称半填半挖路基。在丘陵或山区公路上，挖填结合是路基横断面的主要形式。

如图 10-8（c）所示为半填半挖路基，在图样的下方应注明该断面图的路程桩号，中心线处的填（挖）方高度 H_t（m）以及该断面处的填方面积 A_t（m^2）和挖方面积 A_w（m^2）。

2. 路基横断面图的画法

① 路基横断面图常画在透明的方格纸上，应沿中心线桩号的顺序排列，并由图纸的左下方开始画，先由下向上，再由左向右排列绘出，如图 10-9 所示。

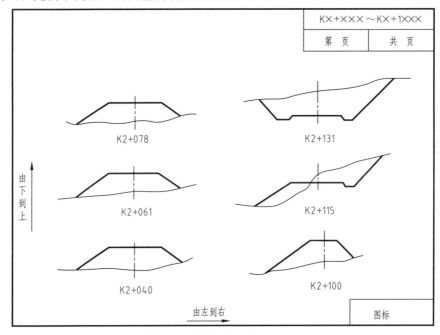

图 10-9　路基横断面图的画法

② 路面线（包括路肩线）边坡线、护坡线等采用粗实线表示；原有地面线采用细实线表示，设计或原有道路中线采用细单点长画线表示，如图 10-9 所示。

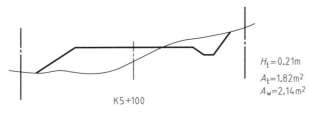

图 10-10　路基横断面图的征地界限

③ 每张路基横断面图的右上角，注明该张图纸的编号及横断面图的总张数，如图 10-9 所示。

④ 必要时用中粗单点长画线表示出征地界限，如图 10-10 所示。

3. 路基横断面图的读图

路基横断面图的读图一般沿着桩号由下往上、从左至右，了解每一桩号处的路基标高、路基边坡、填方或挖方高度以及填方或挖方面积等信息。

二、城市道路路线工程图

在城市里，沿街两侧建筑红线之间的空间范围定义为城市道路用地。城市道路主要包括机动车道、非机动车道、人行道、分隔带、绿化带、交叉口和交通广场以及各种设施等。

城市道路的线型设计结果也是通过横断面图、平面图和纵断面图来表达的。它们的图示方法与公路路线工程图完全相同，只是城市道路一般所处的地形比较平坦，而且城市道路的设计是在城市规划与交通规划的基础上实施的，交通性质和组成部分比公路复杂得多，因此城市道路的横断面图比公路复杂得多。

横断面图设计是矛盾的主要方面，所以城市道路先做横断面图，再做平面图和纵断面图。

（一）城市道路横断面图

城市道路的横断面图在直线段是垂直于道路中心线方向的断面图，而在平曲线上则是法线方向的断面图。道路的横断面是由车行道、人行道、绿化带和分车带等几部分组成。

1. 横断面的基本形式

根据机动车道和非机动车道不同的布置形式，城市道路横断面的布置有四种基本形式：

① 一板块断面　把所有车辆都组织在同一个车行道上混合行驶，车行道布置在道路中央，如图 10-11 （a）所示。

② 两板块断面　利用分隔带把一块板形式的车行道一分为二，分向行驶，如图 10-11 （b）所示。

③ 三板块断面　利用分隔带把车行道分隔为三块，中间的为双向行驶的机动车车行道，两侧的为单向行驶的非机动车车行道，如图 10-11 （c）所示。

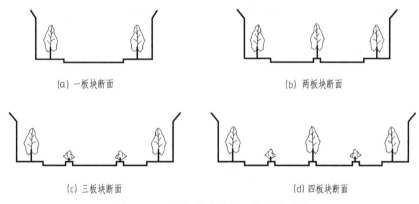

（a）一板块断面　　　　　　　　　　（b）两板块断面

（c）三板块断面　　　　　　　　　　（d）四板块断面

图 10-11　城市道路横断面的基本形式

④ 四板块断面　在三块板断面形式的基础上，再用分隔带把中间的机动车车行道分隔为二，分向行驶，如图 10-11 （d）所示。

2. 横断面图的内容

当道路分期修建、改建时，应在同一张图纸中表示出规划、设计和原有道路横断面，并注明各道路中线之间的位置关系。规划道路中线应采用细双点长画线表示，在图中还应绘出车行道、人行道、绿化带、照明、新建或改建的地下管道等各组成部分的位置和宽度，以及排水方向、横坡等。

如图 10-12 所示为某路段的横断面形式，道路宽 30m，其中车行道宽 18m，两侧人行道各宽 6m。路面排水坡度为 1.5%，箭头表示流水方向。

（二）城市道路平面图

城市道路平面图与公路路线平面图相似，用来表示城市道路的方向、平面线型和车行道

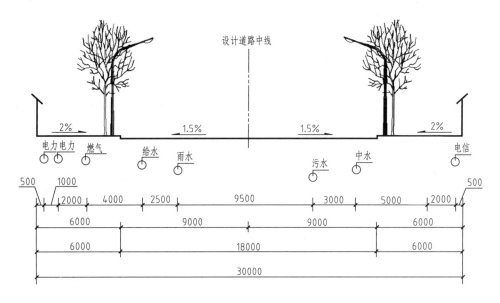

图 10-12　某路段的横断面形式

布置以及沿路两侧一定范围内的地形和地物情况。

在道路中心线位置已确定、横断面各组成部分宽度设计已近完成时，再来绘制城市道路平面图。在图上要将各组成部分及各种地上地下管线的走向和位置、里程桩号等标出，比例为 1：500 或 1：1000。

如图 10-13 所示为带有平面交叉口的城市道路平面设计图，图中粗实线表示为该段道路的设计线，粗折线为建筑规划红线；"＋"表示坐标网，作用是确定道路的走向，指北针用来表示道路的方向。十字路口中的虚线是两路的分界线；南北走向的路宽 12m，西走向的路宽 24m，东偏北走向的路宽 21m。

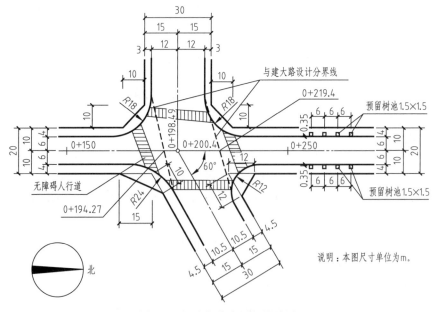

图 10-13　城市道路平面设计图

（三）城市道路纵断面图

沿城市道路中心线所作的断面图为纵断面图，其作用与公路纵断面图相同。城市道路纵断面图的内容和公路纵断面图一样，也是由图样部分和资料表部分组成。

第二节　桥梁工程图

桥梁指的是为道路跨越天然或人工障碍物而修建的建筑物，用以保证路线畅通、车辆行驶正常，如图 10-14 所示。

(a) 南京长江大桥

(b) 珠港澳大桥

(c) 泸定桥

(d) 赵州桥

图 10-14　桥梁实景图

桥梁按照主要承重构件的受力情况分为：梁桥、钢架桥、吊桥、拱桥及组合体系桥等；按照上部结构所使用的材料可分为：钢桥、木桥、钢筋混凝土桥、圬工（砖、石、混凝土）桥等。

桥梁主要是由上部结构和下部结构组成，如图 10-15 所示。

1. 上部结构（也称桥跨结构）

上部结构是指桥梁结构中直接承受车辆和其他荷载，并跨越各种障碍物的结构部分。一

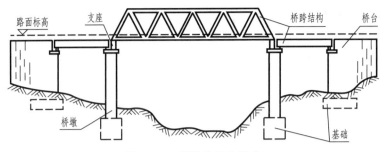

图 10-15　桥梁的基本组成

般包括桥面构造（行车道、人行道、栏杆等）、桥梁跨越部分的承载结构和桥梁支座。

  2. 下部结构

  下部结构是指桥梁结构中设置在地基上用以支承桥跨结构，将其荷载传递至地基的结构部分。一般包括桥墩、桥台及墩台基础。

  （1）桥墩　桥墩是多跨桥梁中处于相邻桥跨之间并支承上部结构的构造物。

  （2）桥台　桥台是位于桥梁两端与路基相连并支承上部结构的构造物。

  （3）墩台基础　墩台基础是桥梁墩台底部与地基相接触的结构部分。

  一座桥梁的图纸，应将桥梁的位置、整体形状、大小及各部分的结构、构造、施工方法和所用材料等详细、准确地表示出来。一般需要以下几方面的图纸：①桥位地形、地物、地质、水文等资料平面图；②桥型布置图；③桥的上部、下部构造和配筋图等设计图。

  桥梁工程图主要特点如下：

  （1）桥梁的下部结构大部分埋于土或水中，画图时常把土和水视为透明的或揭去不画，而只画构件的投影。

  （2）桥梁位于路线的一段之中，标注尺寸时，除需要表示桥本身的大小尺寸外，还要标注出桥的主要部分相对于整个路线的里程和标高（以米为单位，精确到厘米），便于施工和校核尺寸。

  （3）桥梁是大体量的条形构筑物，画图时均采用缩小的比例，但不同种类的图比例各不相同，常用的比例如表 10-2 所示。

表 10-2　桥梁图常用比例

图　　名	常 用 比 例	说　明
桥位平面图	1∶500、1∶1000、1∶2000	小比例
桥位地质断面图 桥头引道纵断面图	纵向 1∶500、1∶1000、1∶2000 竖向 1∶100、1∶200、1∶500	小比例 普通比例
桥型布置图	1∶50、1∶100、1∶200、1∶500	普通比例
构件结构图	1∶10、1∶20、1∶50、1∶100	大比例
详图	1∶2、1∶3、1∶4、1∶5、1∶10	大比例

  桥梁的结构形式很多，采用的建筑材料也有多种。但无论其形式和建筑材料如何不同，在图示方面均大同小异。

一、桥位平面图

  桥位平面图，主要用来表示桥梁在整个线路中的地理位置。桥位平面图与路线工程图中的"路线平面图"基本相同。图上应画出道路、河流、水准点、钻孔及附近的地形和地物（如房屋、桥梁等），在此基础上画出桥梁在图中的平面位置及其与路线的关系以便作为设计桥梁、施工定位的依据。桥位平面图一般采用较小的比例，如1:500、1:1000、1:2000、1:5000等。在每张图纸的右上角或标题栏内应注明图纸序号和总张数。

如图10-16所示为某桥桥位平面图，在一定比例尺（图中为1:2000）的地形图上，设计的路线用粗实线表示，桥用符号示意。从图10-16中可以看出，路线为东西走向，桥梁中心里程为DK73+068，跨越清水河，桥长55.29m。图上除了画出路线平面形状、地形和地物外，还画出了四个桥墩的位置：两个在河道内，两个在河床内。桥位平面图中植被、水准点标注符号等均应朝北，而图中文字方向则可按照路线工程图有关技术要求来决定。

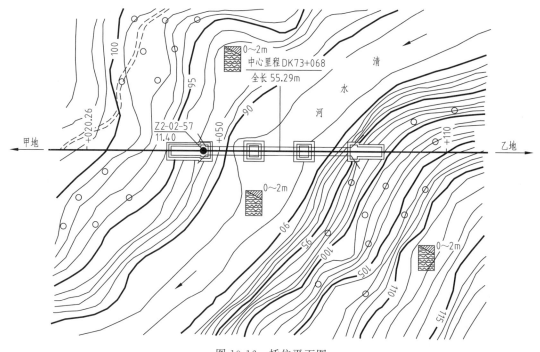

图10-16　桥位平面图

二、桥型总体布置图

桥型总体布置图，主要表明该桥的桥型、孔数、跨径、总体尺寸、各主要部分的相互位置及其里程与标高、材料数量以及总的技术说明等。此外，河床断面形状、常水位、设计水位以及地质断面情况等也都要在图中示出。

如图10-17所示为某桥的桥型总体布置图，其比例为1:400。它由立面图、平面图、剖面图、资料表组成。

1. 立面图（纵剖面图）

立面图是用于表明桥的整体立面形状的投影图。从图10-17（a）中的立面图中可以看出，桥的孔径布置主要受河床宽度及流量的控制，全桥共三孔，跨径组合为3×30m，桥梁起点桩号为K3621+837.94，终点桩号为K3621+940.06，中心桩号为K3621+889.00，桥梁全长102.12m，该桥平面位于直线段内。桥的上部结构采用预应力混凝土简支箱梁，桥面连续；下部结构桥墩采用柱式墩、桩基础；桥台用编号0和3标示，采用重力式桥台、扩

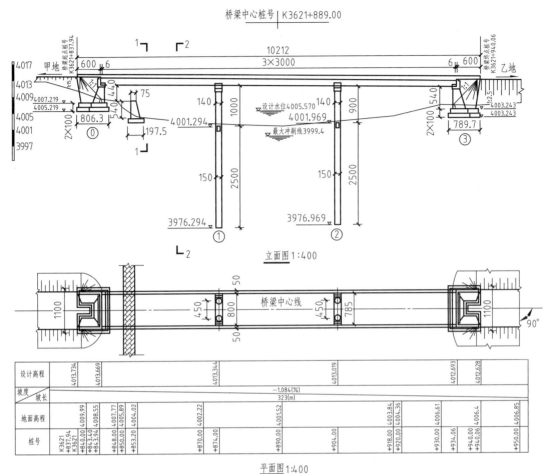

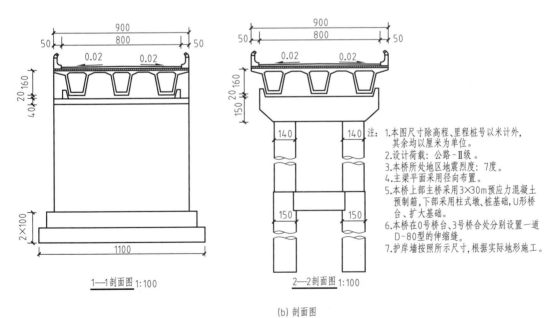

注:
1.本图尺寸除高程、里程桩号以米计外,
  其余均以厘米为单位。
2.设计荷载: 公路-Ⅱ级。
3.本桥所处地区地震烈度: 7度。
4.主梁平面采用径向布置。
5.本桥上部主桥采用3×30m预应力混凝土
  预制箱,下部采用柱式墩、桩基础,U形桥
  台、扩大基础。
6.本桥在0号桥台、3号桥合处分别设置一道
  D-80型的伸缩缝。
7.护岸墙按照所示尺寸,根据实际地形施工。

(b) 剖面图

图 10-17 某桥桥型总体布置图

大基础。桥台周围的锥体护坡纵向坡度为 1：1。桥的竖向，除标明桥的墩、台、梁等主要尺寸外，还标明了墩、台的桩底和桩顶标高，墩、台顶面及梁底标高，桥面中心、路肩标高、设计水位以及最大冲刷水位等。这些主要部位的标高是施工时控制有关位置的重要依据。

为了查核桥的主要部位的纵向里程、河床标高、桥面的设计标高和各段的纵向坡度、坡长等资料，在平面图下方列有资料表，和立面图对应。在立面图的左方，设有一个标尺，可以帮助对应读出某点的里程和标高，也起到校核尺寸的作用。

此外，立面图上还标注出了剖面图的剖切位置和投影方向。

2. 平面图

桥的平面图习惯上采用从左至右分层揭去上面构件（或其他覆盖物）使下面被遮构件逐渐露出来的办法表示，因此也无需标明剖切位置。

在图 10-17（a）中的平、立面图中可以看出，桥面净宽 8.0m，桥梁全宽 9.0m，桥梁交角为 90°。从左面路堤到第一个桥墩轴线处，表示了路堤的宽度为 11m、路堤边坡、桥台处锥形护坡、行车道的布置情况。从第一桥墩轴线到第二桥墩轴线处（揭去行车道板）表示了桥墩和桥台（揭去台背填土）的平面尺寸及柱身与钻孔的位置。

3. 剖面图

桥的两端和路堤相连，不能直接画出侧面图，为了表示桥在横向上的形状和尺寸，应在桥的适当位置（如在桥跨中间或接近桥台处）对桥横向剖切画出桥的横剖面图。应在立面图上标明横剖面图的剖切位置和投影方向，并在横剖面图的下方标明相应的横剖面图名称。为了减少画图，可把不同位置的两个横剖面各取对称图形的一半，组成一个图形，中间仍以对称线为界，画在侧面图的位置上。

图 10-17（b）所示的 1—1、2—2 剖面图就是两个不同位置的剖面。1—1 剖面图是在台背耳墙右端部将桥剖开（揭去填土），并向左投影得到的。图中表示了桥台背面的形状、路肩标高和路堤边坡等。2—2 剖面图是在桥的左孔靠近右面桥墩，将桥剖开并向右投影得到的。从图中可以看到桥墩和钻孔桩及其梁系在横向上的相互位置、主要尺寸和标高。上部结构由三片 T 梁组成，桥面行车道宽为 8m，桥面横坡为 0.2%，由路中对称分布，人行道宽为 0.5m。

为使剖面图清楚，绘图时采用了较大比例，本例为 1：100，为了节省图幅，将桩折断表示。

4. 资料表

在图的下方对应有资料表，包括设计高程、坡度/坡长、里程桩号各栏。由资料表可查到各墩、台的里程以及它们的地面和设计高程。

桥型布置图的技术说明，包括本图的尺寸单位、设计标准和结构形式等内容，从图 10-17（b）看出，本桥采用 D-80 型毛勒缝桥梁伸缩缝，桥头搭板的长度均采用 5.0m。

只凭一张桥型布置图，并不能把桥的所有构件的形状、尺寸和所用材料都表达清楚，还必须分别画出桥的上部、下部各构件的构造图，才能满足施工的要求。

三、构件结构图

在桥梁总体布置图中，桥梁的各部分构件是无法详细完整地表达出来的，因此只凭总体布置图是不能进行构件制作和施工的。为此，还必须根据总体布置图采用较大的比例把构件的形状大小、材料的选用完整地表达出来，作为施工依据，这种图样称为构件结构图，简称构件图。由于采用较大的比例，故又称为详图，如桥台图、桥墩图、主梁图（上部构件图）和栏杆图等。构件图的常用比例为（1∶10）～（1∶100），当某一局部在构件中不能完整清晰地表达时，可采用更大的比例如（1∶2）～（1∶10）等来画局部详图。

如图 10-18 所示为当前我国公路上用得较多的 U 形桥台。

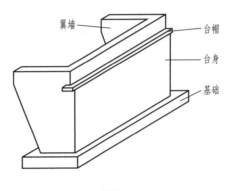

(a) U形桥台

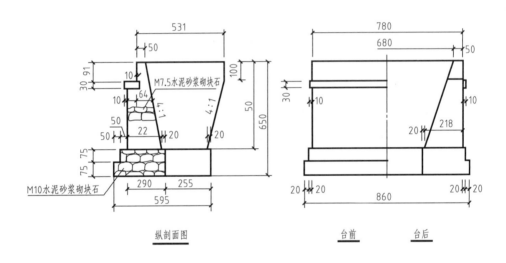

纵剖面图　　　　　　　　台前　　台后

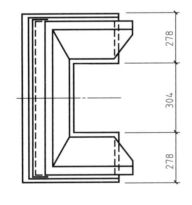

说明：
图中尺寸单位为cm。

平面图

(b) U形桥台施工图

图 10-18　U 形桥台总图

第三节　涵洞工程图

涵洞是公路或铁路与沟渠相交的地方，使水从路下流过的通道，作用与桥相同，形状有管形、箱形及拱形等。此外，涵洞还是一种洞穴式水利设施，有闸门以调节水量。涵洞在公路工程中占较大比例，是公路工程的重要组成部分。

涵洞与桥梁的区别在于跨径的大小及结构形式的不同。根据《公路工程技术标准》（JTG B01—2014）规定，凡单孔跨径小于 5m（实际使用中有突破规范界限做到 6m 的情况）多孔跨径总长小于 8m，以及圆管涵、箱涵，不论其管径和跨径大小、孔径多少，统称为涵洞，如图 10-19 所示。

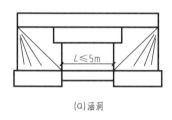
(a) 涵洞

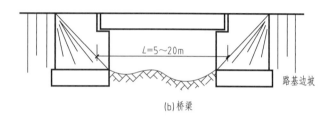
(b) 桥梁

图 10-19　涵洞与桥梁的区别

一、涵洞的组成

涵洞一般由基础、洞身和洞口组成。

洞身是涵洞的主要部分，洞身形成过水孔道的主体，它应具有保证设计流量通过的必要孔径，同时又要求本身坚固而稳定。洞身的作用是一方面保证水流通过，另一方面也直接承受荷载压力和填土压力，并将其传递给地基。洞身通常由承重结构（如拱圈、盖板等）、涵台、基础以及防水层、伸缩缝等部分组成。钢筋混凝土箱涵及圆管涵为封闭结构，涵台、盖板、基础联成整体，其涵身断面由箱节或管节组成，为了便于排水，涵洞涵身还应有适当的纵坡，其最小坡度为 0.3%。常见的洞身形式有管涵、拱涵、盖板涵和箱涵，如图 10-20 所示。

(a) 管涵

(b) 拱涵

图 10-20

(c) 盖板涵

(d) 箱涵

图 10-20　不同洞身形式的涵洞

　　洞口是洞身、路基、河道三者的连接构造物。洞口建筑由进水口、出水口和沟床加固三部分组成。洞口的作用是：一方面使涵洞与河道顺接，使水流进出顺畅；另一方面确保路基边坡稳定，使之免受水流冲刷。沟床加固包括进出口调治构造物、减冲防冲设施等。洞口常见的建筑类型有八字式、端墙式、平头式和走廊式等，如图 10-21 所示。

(a) 八字式洞口

(b) 端墙式洞口

(c) 平头式洞口

(d) 走廊式洞口

图 10-21　涵洞洞口常见的建筑类型

二、涵洞的表达

　　涵洞主要用一张总图来表示，总图上主要有立面图、平面图和剖面图。由于涵洞是狭长的工程构筑物，因此常以水流方向为纵向，并以纵剖面图代替立面图。涵洞的平面图与立面图对应布置，为了使平面图表达清楚，画图时不考虑洞顶的覆土，但应画出路基边缘线位置及对应的示坡线。一般洞口正面布置在侧面图位置，当进、出水口形状不一样时，则需要分别画出其进、出水口的布置图。有时平面图和立面图以半剖形式表达，水平剖面图一般沿基础顶面剖切，横剖面图则垂直于纵向剖切。涵洞工程图除包括上述三种投影图外，还需要画出必要的构造详图，如钢筋布置图、翼墙断面图等。涵洞图上亦大量出现重复尺寸。

涵洞体积较桥梁小，故画图所选用的比例较桥梁图稍大，一般采用 1：50、1：100、1：200 等。

(一) 圆管涵

圆管涵是洞身以圆形管节修建的涵洞。圆管涵主要由管身、基础、接缝及防水层构成。如图 10-22 所示钢筋混凝土圆管涵洞，洞口为端墙式。由于其构造对称，故采用半纵剖面图、半平面图和侧立面图来表示，如图 10-23 所示。

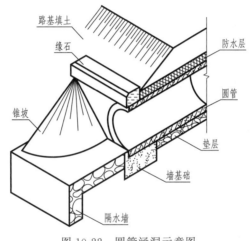

图 10-22　圆管涵洞示意图

1. 立面图

立面图采用半纵剖面图。由于涵洞进出洞口一样，左右基本对称，所以只画半纵剖面图，以对称中心线为分界线。纵剖面图中表示出涵洞各部分的相对位置和构造形状以及各部分所用的材料。涵洞上的缘石材料为钢筋混凝土，截水墙材料为浆砌块石，墙基材料为干砌条石，排水坡度为 1%，圆管上有 15cm 厚的防水层，路基宽 8m，洞身上路基填土大于50cm，护坡的坡度为 1：1.5。

2. 平面图

平面图采用半平面图。半平面图也只画一半，不考虑填土。图中表示出管径尺寸与管壁厚度，以及洞口基础、端墙、缘石和护坡的平面形状和尺寸，涵顶覆土作透明体处理，并以示坡线表示路基边缘。

3. 侧面图

侧面图用洞口立面图表示，主要表示管涵孔径和壁厚、洞口缘石和端墙的侧面形状及尺寸、锥形护坡的坡度等。为使图形清晰可见，把土壤作为透明体处理。图示管涵的管径75cm，护坡的坡度为 1：1，缘石三面各有 5cm 的抹角。图示管涵的侧面图按投射方向的特点又称为洞口正面图。

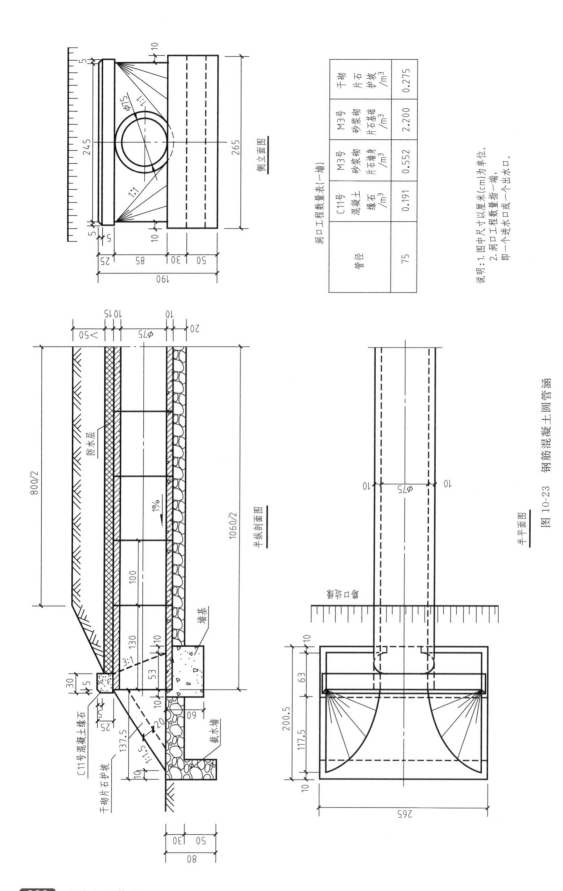

图 10-23 钢筋混凝土圆管涵

(二) 盖板涵

盖板涵主要由盖板、涵台、洞身铺底、伸缩缝、防水层等构成。如图 10-24 所示是盖板涵洞的轴测图，图中标出了涵洞各部分的名称。

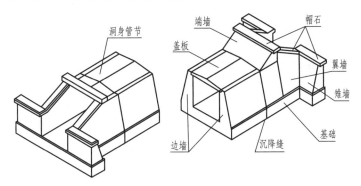

图 10-24　盖板涵洞轴测图

如图 10-25 所示为常用的钢筋混凝土盖板涵洞构造图。

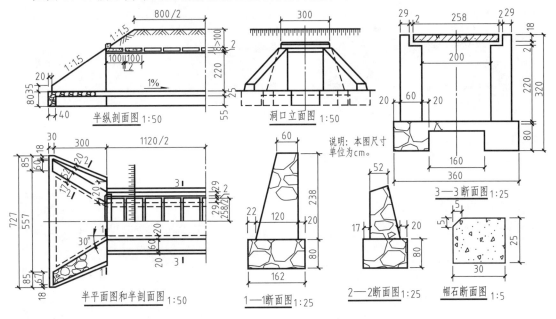

图 10-25　盖板涵洞构造图

1. 立面图

如图 10-25 所示，立面图采用半纵剖面。从左至右以水流方向为纵向，用纵剖面图表达，表示了洞身、洞口、基础、路基的纵断面形状以及它们之间的连接关系。洞顶以上路基填土厚度的具体尺寸应该根据土质、涵洞承载力、盖板尺寸等条件而定，要求不小于100cm。进口采用端墙式，八字翼墙的纵坡与路基边坡相同，均按 1∶1.5 放坡；涵洞净高220cm，盖板厚度 18cm，设计流水坡度 1%，截水墙高 80cm。盖板涵及基础所用材料也在图中表示出来。图中还标示出盖板之间缝隙的尺寸：涵身每块间隔 2cm。

2. 平面图

采用半平面图和半剖面图来表达进出水口的形式和平面形状、大小，帽石的位置，翼墙角度，墙身及翼墙的材料等。如图 10-25 中半平面图所示，涵洞轴线与路中心线正交。涵顶覆土虽未考虑，但路基边缘线应予画出，并以示坡线表示路基边坡。为了便于施工，分别在端墙、翼墙和洞身用 1—1、2—2、3—3 断面图表示了墙身和基础的详细尺寸、墙背坡度以及材料等，洞身用 3—3 断面图表明了涵洞洞身的细部构造及其盖板尺寸及各尺寸间的关系。

3. 侧面图

侧面图按习惯称为洞口立面图，它是涵洞洞口的正面投影图，主要反映了帽石、盖板、洞口、护坡、截水墙、基础等的侧面形状和相互位置关系。

由于图的比例较小，因此用 1：5 比例画出了帽石的断面。

第四节　隧道工程图

隧道通常指为火车、汽车以及行人等穿越山岭或水下而修建的地下建筑物，如图 10-26 所示。隧道由主体构造物和附属构造物组成。主体构造物是为了保持岩体稳定和行车安全而

(a) 铁路隧道

(b) 公路隧道

(c) 水底隧道

(d) 地下隧道

图 10-26　隧道

修建的人工永久建筑物，一般指洞身和洞门构造物。附属构造物是为了运营管理、维修养护、给水排水、供电、通风、照明、通信、安全等而修建的构造物，附属结构一般包括避车洞、防水设施、排水设施、通风设施等。

隧道虽然很长，但由于隧道洞身断面形状变化较少，因此隧道工程图除了用平面图表示它的地理位置外，表示构造的图样主要有进、出口隧道洞门图、横断面图（表示断面形状和

衬砌），以及隧道中交通工程设施等图样。隧道工程图主要有洞身衬砌断面图、隧道洞门图以及大小避车洞的构造图等。

一、洞身衬砌断面图

沿开挖的隧道壁面建造的，用以防止围岩变形和地层塌方，以及阻挡地下水渗漏的构筑物称为衬砌。衬砌简单说来就是内衬，常见的就是用砌块衬砌，也可以是预应力高压灌浆素混凝土衬砌。对于围岩坚硬完整而又无渗漏水的隧道，也可不作衬砌，但一般需在壁面上喷浆或喷混凝土，以防止岩石风化剥落。表达衬砌结构的图叫做隧道衬砌断面图。

衬砌断面图表达的内容有边墙的形状、尺寸、拱圈各段圆拱的中心及半径大小、厚度，洞内排水沟及电缆沟的位置及尺寸，混凝土垫层的厚度及坡度等，如图 10-27 所示为某隧道衬砌标准断面图。

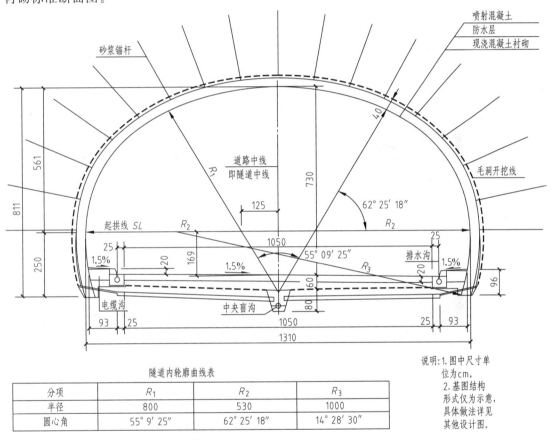

说明:1.图中尺寸单位为cm。
2.基图结构形式仅为示意，具体做法详见其他设计图。

隧道内轮廓曲线表

分项	R_1	R_2	R_3
半径	800	530	1000
圆心角	55° 9′ 25″	62° 25′ 18″	14° 28′ 30″

图 10-27　某隧道衬砌标准断面图

从图中可以看出此隧道为曲墙式现浇混凝土衬砌，厚为 40cm。其拱圈三段圆弧半径分别为 8m、5.3m 和 10m；拱圈三段圆弧的圆心角分别为 55°9′25″、62°25′18″和 14°28′30″。路面宽 10.5m，朝向东（图的右侧）有 1.5‰ 的排水坡，为一侧排水。排水沟分布在路的两侧。电缆沟紧邻排水沟靠近边墙。路中央设有盲沟。

二、隧道洞门图

隧道洞门位于隧道的两端，是隧道的外露部分，俗称出入口。其作用从结构方面讲，具有支撑山体、稳定边坡并承受覆盖地层上的压力的作用；从建筑装饰方面讲，它具有美化隧道以及整条道路的作用。前者是受力需要，后者是审美和艺术的需要。

因隧道洞口地段的地形、地质条件不同，隧道洞门有许多结构形式，如环框式、端墙式（一字式）、翼墙式（八字墙）、柱式、台阶式、削竹式等，如图 10-28 所示。

(a) 环框式洞门

(b) 端墙式洞门

(c) 翼墙式洞门

(d) 柱式洞门

(e) 台阶式洞门

(f) 削竹式洞门

图 10-28　隧道洞门形式

隧道洞门图一般包括隧道洞口平面图、立面图、剖面图、断面图和工程数量表。

1. 洞口平面图

从图 10-29 可知此隧道洞门为端墙式洞门，曲墙式衬砌。隧道洞口桩号为右线端 RK93＋970。隧道与道路路堑相连，路堑路面宽 12.75m，两侧有 0.8m 宽的洞外排水边沟。两侧山体的水沿是 1∶1 的边坡经 2m 宽平台再沿 1∶0.5 边坡流到洞外排水沟排走。

平面图中表达了洞顶仰坡度为 1∶1，墙后排水沟的排水坡度两边为 5％、中部为 3％。图中还表示了洞门墙和拱圈的水平投影以及墙后排水沟内的排水路线。

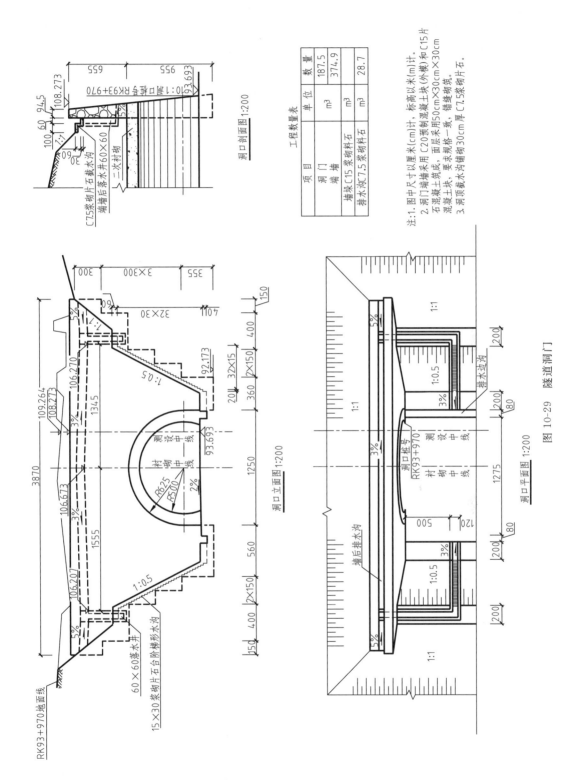

工程数量表

项 目	单 位	数 量
洞 门	m³	187.5
端 墙	m³	374.9
墙垫C15浆砌料石	m³	28.7
排水沟C7.5浆砌料石		

注:1. 图中尺寸以厘米(cm)计,标高以米(m)计。
2. 洞门端墙采用C20预制混凝土块(外横)和C15片石混凝土块成,面层采用50cm×30cm×30cm混凝土块,要求砌格一致,错缝砌筑。
3. 洞顶截水沟铺砌30cm厚C7.5浆砌片石。

洞口剖面图 1:200

洞口立面图 1:200

洞口平面图 1:200

图 10-29　隧道洞门

2. 洞口立面图

隧道洞口立面图实质上是在路堑段所作的一个横剖面图。从图 10-29 中可看到路堑的断面以及端墙、拱圈和边墙的立面形状和尺寸。可以看出，隧道的拱圈和边墙是用两个不同圆心、不同半径的圆弧组成。路堑边坡上设有 2m 宽的平台，平台尺寸标注在平面图中。

图 10-29 中表示了墙后的排水情况，结合平面图可以看出山体的水流入墙后的排水沟后，沿箭头方向分别以 3‰ 和 5‰ 的坡度流入落水井，穿越端墙后通过位于路堑边坡上平台的纵向水沟，再沿阶梯形水沟流入洞外排水边沟排走。

图 10-29 中标示了墙后排水沟的沟底坡度，落水井和阶梯形水沟的规格和位置，以及各控制点的标高。此外，还绘出了洞门桩号处的地面线，供设计时使用以便施工。

3. 洞口剖面图

隧道洞口剖面图是沿着衬砌中线剖切所得的纵剖面图。图 10-29 中表示了洞口端墙、墙后排水沟和落水井的侧面形状和尺寸以及隧道拱圈的衬砌断面。可以看出，端墙面的倾斜坡度为 10:1，端墙分两层砌筑。洞顶仰坡坡度为 1:1，穿越端墙的纵向排水坡度为 5‰。

4. 工程数量表

图 10-29 中的工程数量表中列出了隧道洞门各组成部分的建筑材料和数量，以便施工备料。

第十一章　计算机绘图

一、AutoCAD 简介

计算机绘图是应用计算机软、硬件来处理图形信息，从而实现图形的生成、显示、输出的计算机应用技术。计算机绘图是绘制工程图的重要手段，也是计算机辅助设计的重要组成部分。美国 Autodesk 公司研制开发的 AutoCAD 绘图软件，自 1982 年 11 月推出至今已经历了多个版本。近十几年来，AutoCAD 几乎每年都在更新版本，每次版本的更新除了在使用功能上有所加强外，使用界面也持续升级。高版本的 AutoCAD 软件命令不断增多，且会修正低版本中的一些 BUG，增加一些图库，在三维设计功能上逐步完善，但高低版本在二维绘图命令的差异并不十分明显。AutoCAD 与其他软件一样，高版本可以兼容低版本，即高版本 AutoCAD 可以打开低版本的文件，反之则不能。高版本 AutoCAD 的操作更为方便、运行速度更快，但对计算机配置的要求较高、占用的空间也较大。目前最高的版本为 AutoCAD 2020。

二、绘图工具与绘图命令对照

传统制图方法中，使用的是绘图纸、丁字尺、三角板、圆规、建筑模板、铅笔、针管笔等。而计算机绘图是利用计算机软件中的各种命令调用相对应的功能进行制图。计算机本身就是"绘图工具"的集合。表 11-1 是传统绘图工具与计算机辅助绘图命令作用的简要对照。

表 11-1　传统绘图工具与计算机辅助绘图命令作用对照

传统绘图工具	作用	计算机辅助绘图命令	工具钮
丁字尺、三角板	画直线	LINE、XLINE、PLINE 等	
丁字尺、三角板	画垂直线、平行线、与水平成一定角度的直线	ORTHO、OFFSET、ROTATE 等	
丁字尺、三角板	画平行线	OFFSET、PAR PARAMETERS	
圆规	画圆弧、圆	ARC、CIRCLE、FILLET	
分规	等分线段	DIVIDE	
方格纸	方便绘图	GRID	
建筑模板	绘制各种图例、画椭圆、写字	BLOCK、ELLIPSE、TEXT、DTEXT	
曲线板	绘制不规则曲线、云线	SPLINE、REVCLOUD	

传统绘图工具	作用	计算机辅助绘图命令	工具钮
铅笔、针管笔	绘制各种线型、线宽线段	LINETYPE、LWEIGHT	
橡皮	擦除图线、图形	ERASE	
绘图纸	图样的载体	LAYER	

三、作图原则

为了提高作图速度，用户最好遵循如下的作图原则：

① 始终用 1∶1 比例绘图，如要改变图样的大小，可以在打印时在图纸空间设置出图比例。

② 为不同类型的图元对象设置不同的图层、颜色、线型和线宽，并由图层控制。

③ 作图时，应随时注意命令窗口的提示，根据提示决定下一步应如何操作，这样可以有效地提高作图效率及减少误操作。

④ 使用栅格捕捉功能，并将栅格捕捉间距设为适当的数值，可以提高绘图精度。

⑤ 不要将图框和图绘制在一幅图中，可在布局中将图框以块的形式插入，然后再打印输出。

⑥ 自定义样板图文件、经常使用设计中心可以提高作图效率。

第一节 基础知识

一、界面组成

AutoCAD 2020 的工作界面如图 11-1 所示，主要由图标按钮、应用程序窗口、功能区、视口控件、绘图区、十字光标、坐标系、命令窗口、状态栏、导航栏以及视图方位显示等部分组成。

1. 图标按钮

图标按钮位于屏幕的左上角，单击图标按钮可以搜索命令以及访问用于创建、打开、保存、发布文件的工具以及最近打开的文档等。单击图标按钮，系统将弹出屏幕菜单。

2. 应用程序窗口

应用程序窗口位于屏幕顶部，如图 11-2 所示，依次为快速访问工具栏、标题栏、信息中心和窗口控制按钮。快速访问工具栏可提供对定义的命令集的直接访问。标题栏将文件名称显示在图形窗口中。信息中心可以在"帮助"系统中搜索主题、登录到 Autodesk ID、打开 Autodesk App Store，并显示"帮助"菜单的选项等。最右端是三个标准 Windows 窗口控制按钮：最小化按钮—、最大化/还原按钮 □、关闭应用程序按钮×。

3. 功能区

功能区由多个选项卡和面板组成。选项卡包括默认、插入、注释、参数化等，每个选项卡包含多个面板，面板为同类命令按钮的集合，每一个命令按钮代表 AutoCAD 的一条命

令

294 土木制图技术

令，只要移动鼠标到某一按钮上单击，就执行该按钮代表的命令。一个按钮是一条命令的形象的图形代号。移动鼠标到某一按钮稍停片刻，就会显示与该按钮对应的命令名称及功能简要介绍，如图 11-3 所示。

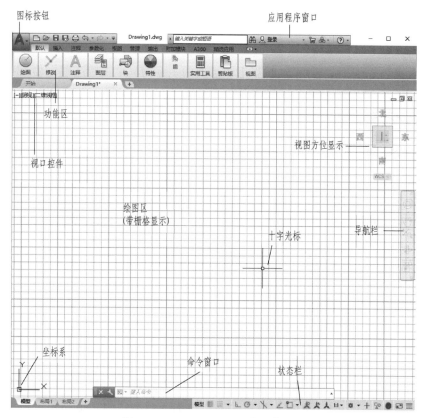

图 11-1　AutoCAD 2020 的工作界面

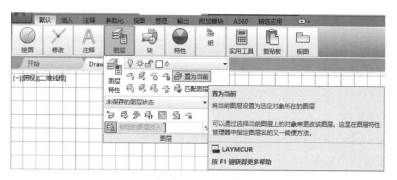

图 11-2　应用程序窗口

图 11-3　功能区

默认情况下，功能区显示在绘图窗口左上角。单击选项卡右侧的 ◤ 按钮，可以最大化、最小化面板；单击 ▼ 按钮，通过下拉菜单可以控制功能区最小化形式。另外，右键单击任一选项卡，可以通过下拉菜单调整功能区的显示范围和功能。

4. 视口控件

位于绘图区左上角，标签显示当前视口的设置，提供更改视图方位、视觉样式和其他设置的便捷方式。

5. 绘图区

屏幕上的空白区域是绘图区，是 AutoCAD 画图和显示图形的地方。创建一幅新图后，绘图区中会有网格，俗称"栅格"，相当于图纸上的坐标网。单击状态栏中的 ▦，可关闭栅格显示。

6. 十字光标

绘图区内的两条正交十字线叫十字光标，移动鼠标可改变十字光标的位置。十字光标的交点代表当前点的位置。十字光标的大小可以设置。

7. 坐标系

坐标系图标通常位于绘图区的左下角，表示当前绘图所使用的坐标系的形式以及坐标方向等。AutoCAD 提供有世界坐标系（World Coordinate System，WCS）和用户坐标系（User Coordinate System，UCS）两种坐标系。默认坐标系为世界坐标系。

8. 命令窗口

也称命令对话区，是 AutoCAD 与用户对话的区域，显示用户输入的命令；执行命令后，显示该命令的提示，提示用户下一步该做什么。其包含的行数可以设定。通过 F2 键可在命令提示窗口和命令对话区之间切换。

9. 状态栏

状态栏在屏幕的右下角，如图 11-4 所示。状态栏包括模型/布局、绘图辅助工具、注释缩放、工作空间、全屏显示等。模型/布局可以预览打开的图形和图形中的布局，并在其间进行切换。单击辅助绘图工具按钮，可以打开或关闭常用的绘图辅助功能，如正交、捕捉、极轴、对象捕捉和对象追踪等。注释缩放可以显示用于缩放的比例、参数设置。在工作空间中用户可以切换工作空间并显示当前工作空间的名称。全屏显示等可以控制要展开图形显示的区域。状态栏中的功能按钮，用鼠标单击使其变成浅蓝色就调用了该按钮对应的功能。

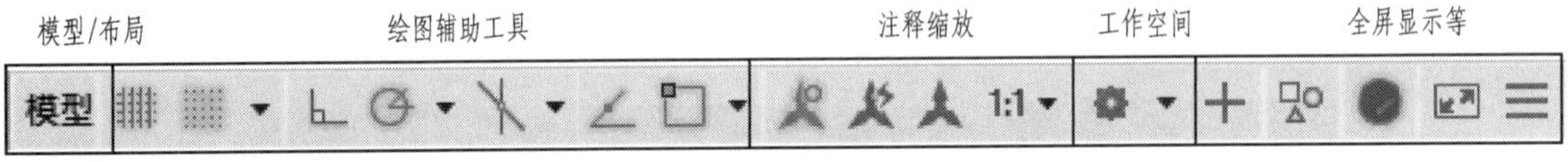

图 11-4　状态栏

10. 导航栏

导航栏可以控制视图的方向或访问基本导航工具。

11. 视图方位显示

视图方位显示就是视图控制器，是在二维模型空间或三维视觉样式中处理图形时显示的导航工具。使用视图方位显示，可以在基本视图之间切换。

二、基本操作方法

1. 鼠标的操作

通常，鼠标有两键式、三键式和 3D 鼠标等。鼠标左键为拾取键，用于选择菜单项和实体等。点击鼠标右键弹出快捷菜单，若按住 Shift 键，再点击鼠标右键，则弹出屏幕菜单，用户也可将右键设置为回车键等功能。鼠标滚轮可以进行视图缩放和平移操作。

2. 键盘的操作

所有的命令均可以通过键盘输入，且不分大小写。另外，坐标的输入、文字的输入等也可以通过键盘来完成。利用键盘上的功能键，可以提高作图的效率。重要的键盘功能键如下：

Esc：Cancel ＜取消命令执行＞。

F1：帮助说明。

F2：图形/文字窗口切换。

F3：对象捕捉开关。

F4：数字化仪作用开关。

F5：等轴测切换。

F6：坐标显示开关。

F7：栅格显示开关。

F8：正交模式开关。

F9：捕捉模式开关。

F10：极坐标追踪开关。

F11：对象捕捉追踪开关。

以上部分功能也可点击状态栏的相应按钮来实现。

3. 命令输入方法

当命令窗口出现"键入命令"提示时，表明 AutoCAD 处于接受命令状态，此时可输入命令。常见的命令输入方式有以下五种。

（1）通过点击功能区面板上的工具钮输入命令，如图 11-5 所示。拾取哪个命令，哪个工具钮就会亮显（背景由白变为浅蓝色）。

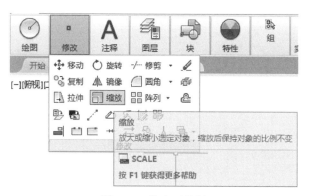

图 11-5　单击工具钮

（2）通过命令行直接输入命令，如图 11-6 所示。

默认情况下，系统在用户键入时自动完成命令名或系统变量。此外，还会显示一个有效选择列表，用户可以从中选择。使用 autocomplete 命令还可以控制使用自动功能。

如果禁用自动完成功能，可以在命令行中输入一个字母并按 Tab 键来循环显示以该字母开头的所有命令和系统变量。按"Enter"键或空格键来启动命令或系统变量。

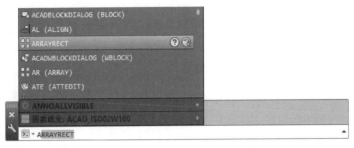

图 11-6　命令行和有效选择列表

（3）通过按"Enter"（回车键）或空格键输入前一次刚刚执行过的命令。

（4）通过下拉菜单输入命令，如图 11-7 所示。

值得注意的是，AutoCAD 2020 的默认界面并不显示菜单栏。如需显示菜单栏，可以单击应用程序窗口中快速访问工具栏右侧的按钮 ![button] ，在弹出的随位菜单中单击"显示菜单栏"，如图 11-8 所示。如已显示菜单栏需要关闭，则单击随位菜单中"隐藏菜单栏"。

菜单中命令后面有" ![arrow] "符号的说明其含有子菜单，如图 11-7 所示的"圆弧"命令。有" ![dots] "符号的，单击此命令后会弹出对话框，如图 11-8 所示的"另存为..."命令。

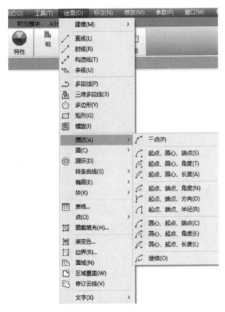

图 11-7　下拉菜单

图 11-8　显示菜单栏

（5）通过单击鼠标右键输入命令。在不同的区域单击鼠标右键会弹出不同内容的随位菜单，可以从菜单中选择需要的命令。

4. 数据的输入

（1）十字光标拾取输入　移动鼠标时，十字光标和状态行的坐标值随着变化。可以通过鼠标拾取光标中心作为一个点的数据输入。按 F6 键可在状态行上实时跟踪光标中心的坐标。

（2）键盘输入

① 绝对直角坐标：即输入点的 X 值和 Y 值，坐标之间用逗号（半角）隔开。如点 $X=$

2，$Y=3$，从键盘键入"2,3"后按回车，如图 11-9 所示。

② 相对直角坐标：指相对前一点的直角坐标值，如相对于前一点 $\Delta X=2$，$\Delta Y=2$，则从键盘键入"@2,2"。也可以结合鼠标所指方向，直接在位移方向上输入相对位移数值，如图 11-10 所示。相对坐标是比较常用的坐标输入方式。

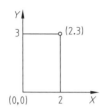

图 11-9　绝对直角坐标输入

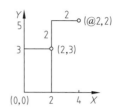

图 11-10　相对直角坐标输入

三、视图的显示控制

用 AutoCAD 绘图时，用显示控制命令可完成图形的整体布局和局部操作。显示控制命令改变的仅仅是观察者的视觉效果，而图形的尺寸、空间几何要素并没有改变。

1. 实时平移

实时平移（PAN）可以在不改变图形缩放比例的情况下，在屏幕上观察图形的不同内容，相当于移动图纸。实时平移命令有以下几种方式输入：

（1）鼠标：在命令状态下按住鼠标的中间滚轮拖动。

（2）工具钮：🖐。

（3）键盘：PAN（或 P）（回车）。

执行该命令后，光标变成一只手的形状，按住鼠标左键并移动，则图形也一起移动。按 Esc 键可结束操作。

2. 图形缩放

图形缩放（ZOOM）只改变对象在屏幕中显示的大小，相当于照相机推拉镜头的效果，不会影响对象的真实大小，即对象各点的坐标值不会改变。

（1）鼠标：在命令状态下转动鼠标的中间滚轮。

（2）工具钮：🔍。

（3）键盘：ZOOM（或 Z）（回车）。

命令窗口的提示如下：

指定窗口的角点，输入比例因子（nX 或 nXP），或者

［全部（A）/中心（C）/动态（D）/范围（E）/上一个（P）/比例（S）/窗口（W）/对象（O）］＜实时＞：a（回车）（全部对象显示在绘图窗口内。）

按 Esc 或 Enter 键则退出缩放命令。利用此命令可以进行窗口、比例、全部、动态显示图形、最大限度显示、显示上一个图形等操作。

四、绘图环境设置

绘图环境设置是为了一些特定的需要而进行的，其中包括图形界限、单位、对象捕捉、图层、颜色、线宽、线型、草图设置、选项设置等。设置了合适的绘图环境，不仅可以简化大量的调整、修改工作，提高绘图效率，而且有利于统一格式，便于图形的管理和使用。

1. 图形界限

图形界限（LIMITS）是绘图的范围，相当于手工绘图时图纸的大小。设定合适的绘图界限，有利于确定图形绘制的大小、比例、图形之间的距离，以便检查图形是否超出"图框"。

(1) 菜单：［格式］▶［图形界限］。

(2) 键盘：LIMITS（回车）。

命令窗口提示如下：

重新设置模型空间界限：

指定左下角点或［开（ON）/关（OFF）］＜0.0000，0.0000＞：（回车）（得左下角点。）

指定右上角点＜960.0000，650.0000＞：420,297（回车）（得右上角点。）

2. 单位

单位（UNITS）是指图形单位。在屏幕上显示的只是屏幕单位，但屏幕单位应该对应一个真实的单位，如"mm"。此外，还可以设定角度类型、绘图精度和方向。

(1) 菜单：［格式］▶［单位］。

(2) 键盘：UNITS（回车）。

执行该命令后，弹出"图形单位"对话框，土建图设置的长度单位一般为"mm"，精度为"0"；角度单位设为十进制，精度为"0"，如图 11-11 所示。

3. 对象捕捉

对象捕捉就是在命令状态下，通过预先设置或临时点击等方式来精确"抓住"对象的某一点。如圆心、交点、线段的中点、端点等。不同的对象可以设置不同的捕捉模式。

设定对象捕捉方式有以下几种方法：

(1) 快捷菜单：在绘图区，通过"Shift"键＋鼠标右键，弹出如图 11-12 所示的快捷菜单。

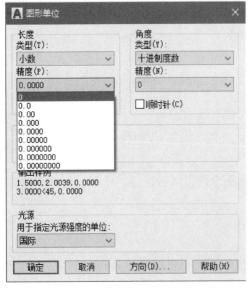

图 11-11　"图形单位"对话框

图 11-12　对象捕捉快捷菜单

（2）键盘输入包含前三个字母的词，如在提示输入点时输入"MID"，此时会用中点捕捉模式覆盖其他对象捕捉模式，同时可以用诸如"END，PER，QUA""QUI，END"的方式输入多个对象捕捉模式。

（3）通过菜单［工具］▸［绘图设置］，弹出"草图设置"对话框，在"对象捕捉"选项卡中设置，如图 11-13 所示。

（4）在状态行的"对象捕捉"功能按钮上点击鼠标右键，选择"对象捕捉设置"可以弹出如图 11-13 所示的"对象捕捉"选项卡。

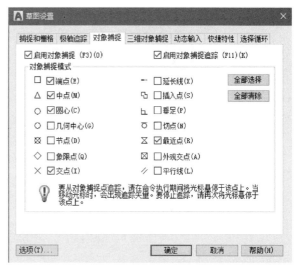

图 11-13 "对象捕捉"选项卡

4. 图层

图层（LAYER）可以理解为透明的玻璃板，在不同的"玻璃板"分类绘制不同的图线、符号、文字等，叠加在一起即形成综合后的图形。

在土木工程设计中，建筑图、结构图、水暖图、电气图等都是一个逻辑意义上的层，对于图线、尺寸、文字、符号等，都可以放置在不同的图层上。

在图层中可以设定每层的颜色、线型、线宽等。图层的设置有以下几种方法：

图 11-14 图层的工具钮

（1）菜单：［格式］▸［图层］。

（2）工具钮：如图 11-14 所示。

（3）键盘：LAYER（回车）。

在弹出的图 11-15 所示的"图层特性"对话框中，点击 ⬛，可依次增加新层，并给其赋名，如图 11-16 所示。

每个图层可以设置一种颜色，在此层所绘制的实体就是该颜色。除非用户在绘图时另外设置颜色，即颜色不"随层"。点击图层列表中的颜色小框，在弹出的"选择颜色"对话框中选择颜色，如图 11-17 所示。点击图层列表中的线宽项，在弹出的"线宽设置"对话框中选择线宽，如图 11-18 所示。设置线宽后，勾选方框如 ☑显示线宽(D) 即可显示线宽，默认的状态不显示线宽。点击图层列表中的线型项，在弹出的"线型管理器"对话框中选择线型，如图 11-19 所示。如果需要加载其他线型，可以点击图 11-19 中的按钮 加载(L)...，在弹出的图 11-20 所示"加载或重载线型"对话框中选择所需的线型。

绘图只能在当前层上进行。在"图层特性"对话框中选中要置为当前的层，点击 ✔ 按钮，此层即变成当前层，如图 11-15 所示。图层可以关闭或打开、冻结或解冻、加锁或解锁。通过关闭或打开图层可以控制该层实体的可见性。关闭的图层不显示、不打印。冻结的图层不参与运算，可提高工作效率，当前层不能冻结。加锁层的实体不能做任何编辑，但图形实体可见，可引用。

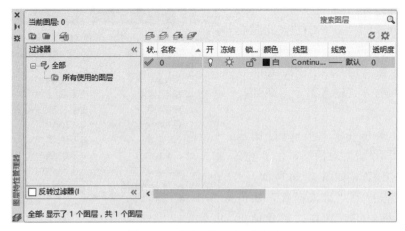

图 11-15 "图层特性"对话框

图 11-16 建立新图层并赋予图层名称

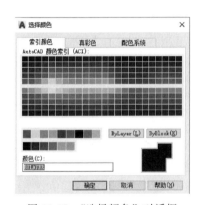

图 11-17 "选择颜色"对话框

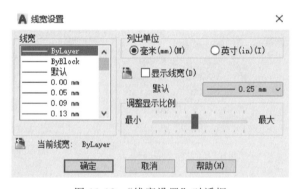

图 11-18 "线宽设置"对话框

图 11-19 "线型管理器"对话框

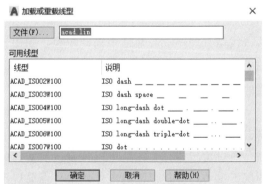

图 11-20 "加载或重载线型"对话框

五、绘图的一般流程

① 设置绘图环境，准备绘图；
② 调用绘图命令绘图；
③ 调用编辑命令修改图形；
④ 填充材料图例等；
⑤ 进行尺寸及其他标注；
⑥ 保存并进行图形输出。

第二节　常用的二维绘图、编辑命令

二维绘图命令是 AutoCAD 的基础部分，也是在实际应用中使用最多的命令。无论多么复杂的二维图形，都是由一些点、线、圆、弧、椭圆等简单基本的图元组合而成，为此 AutoCAD 系统提供了一系列画基本图元的命令，利用这些命令的组合并通过一些编辑命令的修改和补充，就可以很方便地绘制所需要的二维图形。

一、常用绘图命令

图 11-21 为"绘图"工具栏，依次排列有：直线（LINE）、结构线（CONSTRUCTION LINE）、多段线（POLY LINE）、正多边形（POLYGON）、矩形（RECTANGLE）、圆弧（ARE）、圆（CIRCLE）、云线（REVCLOUD）、样条曲线（SPLINE）、椭圆（ELLIPSE）、椭圆弧（ELLIPSE ARC）、插入块（INSERT BLOCK）、创建块（MAKE BLOCK）、点（POINT）、图案填充（HATCH）、渐变色（GRAD IENT）、面域（REGION）、表格（TABLE）、多行文字（MULTILINE TEXT）、添加选定对象（ADDSELECTED）等二十个按钮，点击任一按钮即调用相应的命令。

图 11-21　"绘图"工具栏

二、常用编辑命令

1. 构建对象选择集

在进行每一次编辑操作时，都需要选择被操作的对象，也就是要明确对哪个或哪些对象进行编辑，这时需要构建选择集。

（1）点选方式　在选择对象时，用光标在被选择的对象上点击，即选择了该对象。如在图 11-22（a）所示的直线上点击，点取

(a)　　　　　　　　(b)

图 11-22　点选方式

的直线即以亮度方式显示，并以蓝色小方框显示两个端点和一个中点，如图 11-22（b）所示。

以亮度方式显示的蓝色小方框点通常称作"夹点"或"穴点"或"关键点"，即图形对象上可以控制对象位置、大小的关键点。比如直线，其中的中点可以控制直线位置，两个端点可以控制直线的长度和位置，所以一条直线有三个关键点。

（2）窗选方式 在指定两个角点的矩形范围内选取对象，如图 11-23 所示。通过指定对角点来定义矩形区域，使该区域包含或部分包含对象。

① 窗口选择：从左向右拖动光标，形成实线矩形区域（以蓝色显示），以仅选择完全位于矩形区域中的对象，如图 11-23（a）所示。

② 交叉窗口选择：从右向左拖动光标，形成虚线矩形区域（以绿色显示），以选择矩形窗口包围或相交的对象，如图 11-23（b）所示。

(a)用窗口选择对象   (b)用交叉窗口选择对象

图 11-23 窗选方式

（3）全选方式

① 菜单：［编辑］▶［全部选择］。

② 键盘：Ctrl＋A。

在"选择对象"提示下键入"ALL"后按回车，选择模型空间或当前布局中除冻结图层或锁定图层之外的所有对象。

此外还有前一方式、最后方式、不规则窗口方式、不规则交叉窗口方式、围线方式、扣除方式、返回到加入方式、交替选择对象、组方式、快速选择对象等。

2. 基本编辑命令

理论上来说，当掌握基本绘图命令之后，就可以进行二维绘图了。事实上，如果要达到快速精确绘图，还必须熟练地掌握基本编辑命令，因为在二维绘图工作中，大量的工作需要编辑命令来完成。图 11-24 为"修改"工具栏，该工具栏依次排列有：删除（ERASE）、复制（COPY）、镜像（MIRROR）、偏移（OFFSET）、矩形阵列（ARRAY）、移动（MOVE）、旋转（ROTATE）、缩放（SCALE）、拉伸（STRETCH）、修剪（TRIM）、延伸（EXTEND）、打断于点（BREAK AT POINT）、打断于（BREAK）、合并（JOIN）、倒角（CHAMFER）、圆角（FILLET）、光顺曲线（BLEND）、分解（EXPLODE）等十八个按钮。

图 11-24 "修改"工具栏

第三节 尺寸标注

尺寸标注是绘图的重要环节，形体的大小和相对位置就是通过尺寸来表示的。利用 AutoCAD 的尺寸标注命令，可以方便快速地标注出图形的各种尺寸。在执行标注命令时，AutoCAD 可以自动测量所标注的尺寸大小。

1. 标注样式

（1）菜单：［格式］▶［标注样式］。

（2）工具钮：点击按钮 ■。

（3）键盘：DIMSTYLE（回车）。

执行"标注样式"命令后，弹出"标注样式管理器"对话框，如图 11-25 所示。尺寸标注样式控制着尺寸标注的外观特性，默认的标注样式为"Standard"。

选中所设标注样式后，用 置为当前(U) 将已有尺寸格式设为当前样式，点击 修改(M)... ，打开"修改标注样式"对话框，如图 11-26 所示。

①"线"选项卡：用于设定尺寸线、尺寸界线的格式和特性，如图 11-26 所示。

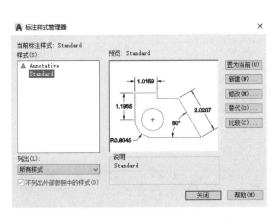

图 11-25 "标注样式管理器"对话框

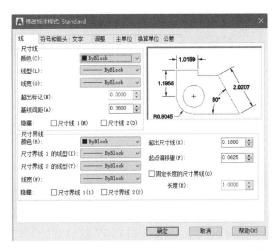

图 11-26 "修改标注样式"对话框和"线"选项卡

②"符号和箭头"选项卡：用于设定箭头、圆心标记、弧长符号和半径折弯标注等的格式和位置，如图 11-27 所示。

③"文字"选项卡：用于设定文字外观、文字位置和文字对齐等，如图 11-28 所示。

④"调整"选项卡：用于设定调整选项、文字位置、标注特征比例、优化，如图 11-29 所示。

⑤"主单位"选项卡：用于设定主单位的格式和精度，如图 11-30 所示。

2. 标注类型

在设定完标注样式后，即可进行尺寸标注。按照所标注的对象不同，可以将尺寸分成长度尺寸、半径、直径、坐标、指引线、圆心标记等；按照尺寸形式的不同，可以将尺寸分成水平、垂直、对齐、连续、基线等。图 11-31 为"尺寸标注"工具栏。

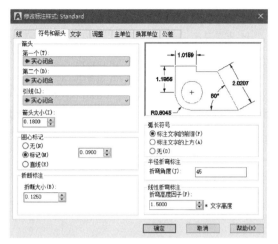

图 11-27 "符号和箭头"选项卡

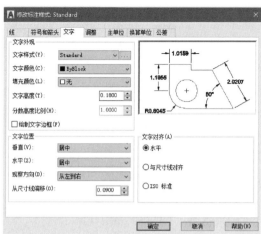

图 11-28 "文字"选项卡

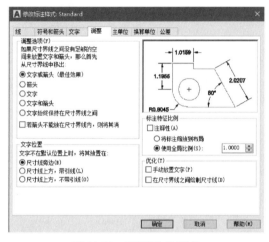

图 11-29 "调整"选项卡

图 11-30 "主单位"选项卡

图 11-31 "尺寸标注"工具栏

第四节 图形输出

将 AutoCAD 中绘制的图形输出在绘图纸上，称为图形的输出。图形的输出一般使用打印机或绘图仪。图形输出的基本步骤如下。

1. **准备打印输出** 打开打印机或绘图仪，确认其处于准备打印输出状态。
2. **打印设置**

（1）菜单：［文件］➤［打印］。

（2）工具钮：点击按钮 🖨。

（3）键盘：PLOT（或 PRINT）（回车）。

执行该命令后，弹出"打印"对话框，点击右下角的 ⊙ 按钮，将对话框完全展开，如图 11-32 所示。在 打印机/绘图仪 选项中选择打印机或绘图仪（与所连接的机器型号一致）；在

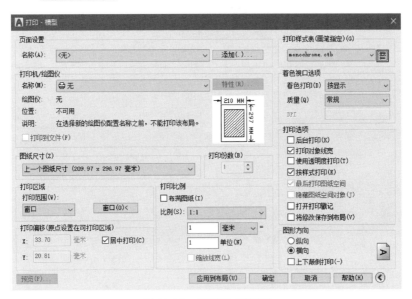

图 11-32 "打印"对话框

图纸尺寸(Z) 中选择打印图纸的幅面（应等于或小于机器所能输出的最大图幅）；在 打印份数(B) 中确定打印数量；在右上角的 打印样式表(画笔指定)(G) 中选择 "mon-ochrome.ctb" 选项，确认后，点击右上方的 🗒 按钮，在弹出的对话框中进行线宽设定，如图 11-33 所示。此外，还可以设置绘图偏移量、图纸的放置方位（横放或竖放）、输出比例等，在 打印区域 中确定图形的输出方式（一般选窗口）。系统切换到图形编辑状态，用鼠标框选需打印的范围后，系统再回到打印输出对话框，可点击 预览(P)... 进行预览。点击鼠标右键弹出"预览"菜单，如图 11-34 所示。如所显示的图形位置适当，则点击 打印 进

图 11-33 "打印样式表编辑器"对话框

行打印输出，否则，点击 退出 返回图 11-32 重新进行设定。设置完成后也可点击图 11-32 中的 确定 进行打印。

图 11-34 "预览"菜单

参 考 文 献

［1］ 周佳新. 土建工程制图. 2 版. 北京：中国电力出版社，2016.

［2］ 周佳新. 园林工程识图. 北京：化学工业出版社，2008.

［3］ 周佳新，张久红. 建筑工程识图. 3 版. 北京：化学工业出版社，2016.

［4］ 周佳新，姚大鹏. 建筑结构识图. 3 版. 北京：化学工业出版社，2016.

［5］ 周佳新，刘鹏，张楠. 道桥工程识图. 北京：化学工业出版社，2014.

［6］ 邓学雄，太良平，梁圣复，等. 建筑图学. 2 版. 北京：高等教育出版社，2015.

［7］ 丁建梅，周佳新. 土木工程制图. 北京：人民交通出版社，2007.

［8］ 王强，张小平. 建筑工程制图与识图. 3 版. 北京：机械工业出版社，2017.

［9］ 丁宇明，黄水生. 土建工程制图. 3 版. 北京：高等教育出版社，2012.

［10］ 朱育万，等. 画法几何及土木工程制图. 5 版. 北京：高等教育出版社，2015.

［11］ 何斌，等. 建筑制图. 7 版. 北京：高等教育出版社，2014.

［12］ 大连理工大学工程画教研室. 画法几何学. 7 版. 北京：高等教育出版社，2016.